蛋鸡场盈利八招

DANJICHANG YINGLI BAZHAO

王松 张涛 赵坤 主编

化学工业出版社
·北京·

图书在版编目（CIP）数据

蛋鸡场盈利八招/王松，张涛，赵坤主编．—北京：化学工业出版社，2018.8
ISBN 978-7-122-32415-3

Ⅰ．①蛋…　Ⅱ．①王…　②张…　③赵…　Ⅲ．①卵用鸡-养鸡场-经营管理　Ⅳ．①S831.4

中国版本图书馆CIP数据核字（2018）第129925号

责任编辑：邵桂林　　　文字编辑：赵爱萍
责任校对：边　涛　　　装帧设计：张　辉

出版发行：化学工业出版社（北京市东城区青年湖南街13号　邮政编码100011）
印　　刷：北京京华铭诚工贸有限公司
装　　订：北京瑞隆泰达装订有限公司
850mm×1168mm　1/32　印张9¼　字数275千字
2018年9月北京第1版第1次印刷

购书咨询：010-64518888（传真：010-64519686）　售后服务：010-64518899
网　　址：http：//www.cip.com.cn
凡购买本书，如有缺损质量问题，本社销售中心负责调换。

定　　价：39.00元

编写人员名单

主　　编　王　松　张　涛　赵　坤

副 主 编　周　坤　韩瑾瑾　刘锋亮

编写人员（按姓氏笔画排列）

王　松（河南科技学院）

刘锋亮（河南省黄泛区欣鑫牧业股份有限公司）

陈　奎（驻马店市动物疫病预防控制中心）

张　涛（焦作市畜牧兽医综合执法大队）

杨　涛（河南农业职业学院）

周　坤（驻马店市动物疫病预防控制中心）

赵　坤（河南科技学院）

韩俊伟（新乡市动物卫生监督所）

韩瑾瑾（焦作市畜牧兽医综合执法大队）

魏刚才（河南科技学院）

前　言

我国是蛋鸡大国，蛋鸡存栏量和鸡蛋产量连续多年处于世界首位，蛋鸡业成为我国畜牧业中发展最快的产业。蛋鸡业以其投资少、见效快、效益好等特点深受养殖者青睐，成为人们创业致富的一个好途径。但是，近年来由于我国蛋鸡业的规模化、集约化、智能化，蛋鸡养殖数量处于较高水平，鸡蛋供求处于基本平衡，鸡蛋价格波动明显，养殖效益很不稳定，有的蛋鸡场甚至出现亏损。

影响蛋鸡效益的因素可以归纳为三大因素，即市场、养殖技术、经营管理。其中，市场变化虽不能为鸡场完全掌控，但如果鸡场能够掌握市场变化规律，根据市场情况对生产计划进行必要调整，可以缓解市场变化对鸡场的巨大冲击。对于一个鸡场来说，关键是要练好内功，即通过不断学习和应用新技术，加强经营管理，提高蛋鸡的生产性能，降低生产消耗，生产出更多更优质的产品，才能在剧烈的市场变化中处于不败之地。为此，我们组织有关人员编写了《蛋鸡场盈利八招》一书，本书结合生产实际，详细介绍了蛋鸡场盈利的关键养殖技术和经营管理知识，有利于蛋鸡场提高盈利能力。

本书从选择优质雏鸡、培育优质育成新母鸡、让蛋鸡多产蛋、使鸡群更健康、尽量降低生产消耗、增加产品价值、注意细节管理以及常见问题的处理八个方面进行了系统介绍。本书注重科学性、实用性、先进性和通俗易懂，适合蛋鸡场（专业户）、养殖技术推广员、兽医工作者等阅读。

由于笔者水平所限，书中定有疏漏之处，恳请同行专家和读者不吝指正。

编　者

2018 年 6 月

目　录

第一招 ▸ 选择优质雏鸡

第二招 ▸ 培育优质育成新母鸡

第七招▸ 注意细节管理

第八招▸ 注重常见问题处理

参考文献▸

第一招 选择优质雏鸡

【注意的几个问题】

（1）优质雏鸡的标准

●雏鸡品种优良

●雏鸡健康无病

●雏鸡大小一致

●雏鸡抗体水平一致

（2）影响雏鸡质量的因素

●种鸡

◇引种质量（如遗传品质差，引进的不是核心群或优质种鸡）

◇净化程度（如不净化或净化不彻底）

◇生物安全

◇饲养管理

◇种蛋管理

●孵化

◇孵化条件

◇孵化管理

◇雏鸡出壳管理

◇雏鸡的储运管理

（3）劣质雏鸡的危害

●发病死亡多

◇适应能力差

◇抗体生成能力弱

◇病原污染易发病和死亡

●成年后生产性能差

◇缺乏高产潜力（品种可降低产蛋率 20% ～ 50%，霉形体污染可降低 5% ～ 10%，沙门菌感染可降低 5% 左右）。

◇影响育成母鸡质量（5 ～ 6 周龄、18 周龄体重不达标，均匀度低）

●效益差

（4）雏鸡选择的误区

●品种越新越好

●只要是优良品种都好

●贪图便宜，购买廉价的雏鸡

●就近方便。到就近的小孵化场购买雏鸡。

（5）获得优质雏鸡的措施

●选择优良品种（选择高产配套杂交鸡种）

●到规范化的种鸡场选购雏鸡

●签订购销合同

●选择健康的雏鸡

●加强运输管理

一、优质初生雏鸡的鉴定

初生雏鸡质量鉴定标准包括两个方面：即内在质量和外在质量。

（一）内在质量

1. 品种是否优良纯正

品种是否优良纯正反映了雏鸡内在品质的优劣，反映了雏鸡是否

具有高产的潜力。品种优良是指品种适应市场需求和高产。如果放养进行绿色或有机产品生产，要选择能满足市场要求、产品均一并具有较高生产潜力的地方品种；如果是进行商品蛋生产一定要选择利用现代育种技术培育或选育的专门化品系然后进行品系杂交，配合力测定后进行配套组合而成的高产配套杂交品种，这样的雏鸡具有高产的潜力。纯正是指各级繁育场能够按照合法途径引进各个品系的种鸡，并按照不同品系要求进行严格的选育，按照杂交配套组合模式进行杂交制种，保证优良品种鸡的质量。否则，不是正常途径引种，不进行严格的选育，不按配套模式要求的品系杂交，生产出的雏鸡品种就不优良纯正，这样的雏鸡就是劣质鸡。

2. 雏体是否洁净

优质的初生雏鸡应该洁净，未被沙门菌、霉形体等特定病原和大肠杆菌、铜绿假单胞菌、葡萄球菌、霉菌等污染。病原污染也会严重影响初生雏鸡的质量，使雏鸡成为劣质雏鸡。

3. 雏鸡体内抗体情况

种鸡体内抗体可以循环到种蛋内，通过种蛋再传递给雏鸡，这种抗体称作母源抗体，母源抗体可以防止雏鸡在出壳的前 1 ～ 2 周发生传染病。优质初生雏鸡体内母源抗体水平应该符合要求并且抗体水平均匀整齐。另外，雏鸡出壳后孵化场都要对雏鸡进行马立克病的疫苗接种，免疫接种时，疫苗质量良好，接种方法得当，接种剂量准确，避免或减少马立克病的发生。

（二）外在质量

1. 雏鸡体质是否健壮

优质初生雏鸡应该按时出壳（一般在 20 ～ 21.5 天），绒毛长短适中，洁净有光泽；精神活泼，反应灵敏，叫声清脆；抓起后雏鸡挣扎有力，触摸腹部，大小适中，柔软有弹性。脐部愈合良好，无钉脐；腿站立行走稳健；初生雏鸡处理要得当，避免用福尔马林熏蒸引起眼结膜炎或角膜炎；无畸形。劣质鸡出壳时间要么推迟，要么提前。绒毛脏乱，蛋黄吸收不良，腹部硬大，呈绿色，脐部潮湿带血污，愈合不良，有的有钉脐。雏鸡站立不稳，常两腿或一腿叉开，两眼时开时闭，精神不振，叫声无力或尖叫，呈痛苦状，对光、声反应迟钝，体形臃肿或干瘪。

2. 雏鸡体重是否均匀一致

优质初生雏鸡体重应在 35 克以上，或为原蛋重的 65%。孵出的同批雏鸡大小要一致，均匀整齐。

二、选择优良的品种

品种的作用显得越来越重要，只有选择优良品种，才能生产出优质雏鸡，才能为蛋鸡高产高效奠定基础。现在运用先进的遗传学原理和育种技术选育出专门化的高产品系，然后进行杂交并测定其是否具有杂交优势，固定具有杂交优势的品系，形成配套组合，生产出优良的高产配套杂交品种鸡。

（一）优良蛋鸡品种的特征

1. 生产性能高

具有较高的生产潜力，生产性能能够充分表现，一般年平均产蛋率达 75% ～ 80%，每只入舍母鸡平均年产蛋总重 18 ～ 20 千克；饲料报酬好，蛋料比应达到 1∶（2.2 ～ 2.5）；死亡淘汰率低。育雏期不超过 5%，育成期不超过 3%，产蛋期不超过 8%；生产性能表现一致，每个个体都能高产。

2. 适应性和抗病力强

鸡的体质健壮，具有较强的适应性和抗病力；群体发育均匀整齐，大小一致。

3. 产品质量好

蛋壳质量好，蛋重大小适中，蛋壳颜色均一，破蛋率低，具有较

高的市场价值。

（二）优良蛋鸡品种的繁育

1. 品系选育

利用先进的遗传学原理和育种技术，从同一品种或不同品种中选育出符合人们需要的各具不同性状的品系，如消耗饲料少的品系、产蛋多的品系、蛋壳质量好的品系等。

2. 配套杂交

利用选育出的多个不同品系，进行广泛的杂交试验，并进行配合力（杂交优势）测定，然后根据测定结果，固定具有高配合力的杂交组合，然后生产出高产配套杂交鸡。所以，高产配套杂交鸡是利用两个以上专门化配套系（配套系是指来源于同一品种或不同品种间的具有配合力的品系）进行杂交而生产出来的。

杂交组合中，参与配套的品系叫配套系。根据参与配套系的多少，形成不同的杂交模式。现代养鸡生产中的杂交模式如下。

（1）两系杂交　两个品系进行配套杂交，这是最简单、最原始的杂交模式。从纯系育种群到商品群的距离短，因而遗传进展传递快。不足之处是不能在父母代利用杂交优势来提高繁殖性能，扩繁层次少，供种量有限。目前基本不用。

（2）三系杂交　三个品系进行配套杂交，其父母代母本是二元杂种，所以其繁殖性能可以获得一定杂交优势，再与父系杂交可在商品代产生杂种优势。扩繁层次增加，供种数量较大提高。三系杂交是一种相对较好的配套形式（图 1-1）。

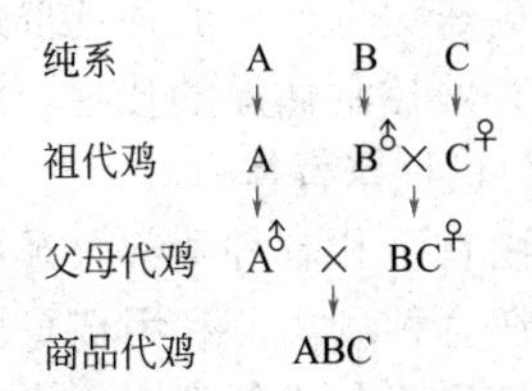

图 1-1　三系杂交配套示意图

（3）四系杂交　四个品系进行配套杂交，是仿照玉米自交系双杂交模式建立的。从鸡育种中积累的资料看，四系杂种的生产性能没有明显超过两系杂种和三系杂种的。但从育种公司的商业角度看，四系配套有利于控制种源、保证供种的连续性（图1-2）。

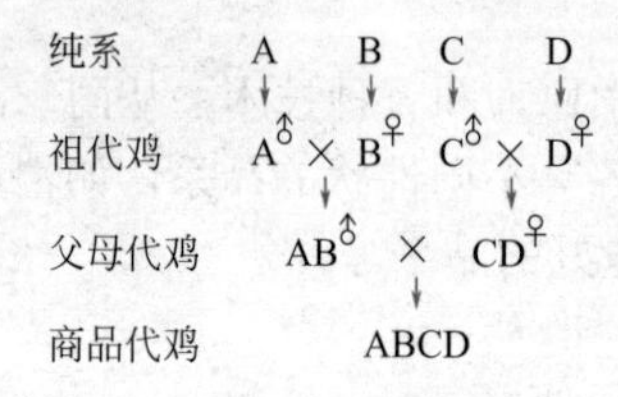

图1-2　四系杂交配套示意图

（4）五系杂交　五系配套比较烦琐复杂，生产中还没有推广。

3. 良种繁育体系

良种繁育体系是把育种和制种工作的各个环节有机地结合起来，形成一个分工明确、联系密切、管理严格的体系，以保证获得优质低成本的高产配套杂交鸡，并尽快扩繁推广。只有建立健全良种繁育体系并加强管理，才能使各级种鸡场合理布局，才能使良种迅速推广，才能使良种生产过程中的各个环节不出问题而保证良种质量；建立健全良种繁育体系，可以从源头抓起，严格管理，有利于控制病原的传播，特别是一些可以垂直传播的病原，从而提高鸡群的生产性能，减少饲料消耗，极大地降低生产成本。如净化后的100只曾祖代母本母系鸡（每只母鸡生产50只母雏鸡）可以生产5000套祖代鸡（每只母鸡生产60只母雏鸡），生产30万套父母代鸡（每只母鸡生产85只母雏鸡），生产2550万只未被垂直传染的商品代鸡。原种场培育无特定病原的洁净鸡群，祖代场和父母代场的种鸡群进行严格净化和加强孵化场防疫卫生，就可以有效控制病原的传播。所以，获得优质的、洁净的雏鸡，必须建立健全良种繁育体系。

良种繁育体系主要由育种和制种两部分组成。第一部分是育种部分，进行选育、定型。在育种场内，利用选育出的具有符合人们特定要求的十几个或几十个纯系鸡种进行杂交组合，经过配合力测定，选出具有明显杂交优势（生产性能最好）的杂交组合，固定下来形成配

套系进入下一部分。第二部分是制种部分，利用育种场提供的配套纯系进行扩繁（杂交制种）。扩繁过程中，必须按照固定的配套模式向下垂直传递，即祖代鸡只能生产父母代鸡，而父母代鸡只能生产商品代鸡，商品代鸡是整个繁育的终点，不能再作为种用。良种繁育体系结构图及各场的作用如图 1-3。

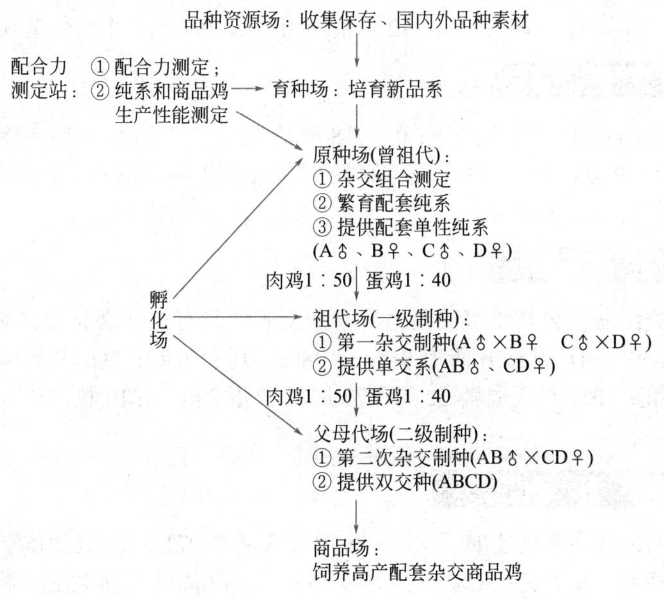

图 1-3　良种繁育体系结构图

（三）优良的蛋鸡品种

1. 海兰 W-36 白壳蛋鸡

海兰 W-36 白壳蛋鸡是由美国海兰国际公司培育的白壳蛋鸡。依快慢羽可自别雌雄，母雏为快羽，公雏为慢羽。商品代生产性能如下：0 ～ 18 周龄成活率 97%，耗料 5.67 千克，18 周龄体重 1280 克；50% 产蛋日龄 159 天，平均蛋重 62 克，72 周龄产蛋数 292 枚，72 周龄体重 1.76 千克，料蛋比（2.1 ～ 2.3）∶1。

2. 伊莎巴布考克 B-300 白壳蛋鸡

伊莎巴布考克 B-300 白壳蛋鸡是由法国伊莎公司培育的轻型蛋鸡品种之一，是目前世界上著名的蛋鸡鸡种，以其优良的生产性能、低死亡率和高饲料转化率深受养鸡场喜爱，在我国各地广泛饲养，商品鸡生产性能：20 周龄成活率 97%，18 周龄体重 1290 克，18 周龄耗料 6.02 千克，高峰期产蛋率 93%，72 周龄产蛋枚数 290 枚，平均蛋重 62 克。

3. 海赛克斯白壳蛋鸡

商品代生产性能如下：0 ～ 18 周龄成活率 95% ～ 96%，18 周龄体重 1160 克，耗料 5.8 千克；50% 产蛋周龄 23 周，72 周龄产蛋数 300 枚，平均蛋重 60.7 克。

4. 海兰褐壳蛋鸡

美国海兰公司培育的四系配套杂交鸡。具有抗马立克和白血病的基因。0 ～ 18 周龄成活率 96% ～ 98%，耗料 6.8 千克；18 周龄体重 1660 克；50% 产蛋周龄 22 周，72 周龄产蛋 290 ～ 310 枚，平均蛋重 66.8 克。

5. 海赛克斯褐壳蛋鸡

商品代生产性能如下：0 ～ 18 周龄成活率 97%，18 周龄体重 1400 克，耗料 5.8 千克；50% 产蛋周龄 158 天，72 周龄产蛋数 300 枚，平均蛋重 60.7 克。

6. 迪卡 • 沃伦褐壳蛋鸡

迪卡 • 沃伦褐壳蛋鸡是由美国迪卡家禽研究公司培育的优良蛋用鸡种，该品种饲养效益高，生产性能稳定可靠，商品代生产性能如下：20 周龄成活率 97%，50% 开产日龄 161 天，20 周龄体重 1700 克，72 周龄产蛋数 280 ～ 300 枚，20 周耗料 7.7 千克，料蛋比（2.28 ～ 2.43）∶1。

7. 伊莎褐壳蛋鸡

法国伊莎公司培育的四系配套杂交鸡。商品代生产性能如下：18 周龄成活率 97%，18 周龄体重 1540 ～ 1600 克，50% 开产日龄 161 天，

高峰产蛋的周龄26周，76周龄产蛋数320～330枚，全期平均蛋重62.8克，料蛋比（2.06～2.16）∶1。

8. 罗曼褐壳蛋鸡

罗曼褐是由原联邦德国罗曼公司培育的四系配套蛋用鸡种。该鸡种具生产性能优异、生活力强、适应性好等特点。商品代生产性能如下：产蛋50%开产日龄152～158天，72周龄产蛋数285～295枚，平均蛋重64克；20周龄耗料7.4～8千克，21～72周龄耗料44.2千克，料蛋比（2.3～2.4）∶1；20周龄体重1.5～1.6千克，72周龄体重2.2～2.4千克；1～20周龄成活率97%～98%，1～72周龄存活率94%～96%。

9. 伊莎新红褐蛋鸡

法国伊莎公司培育的四系配套杂交鸡。商品代生产性能如下：18周龄成活率98.5%，18周龄体重1750克，50%开产日龄19～20周，高峰期95%以上产蛋时间17周，72周龄产蛋数315～325枚，全期平均蛋重65克，料蛋比(2.07～2.13)∶1。

10. 新罗曼褐壳蛋鸡

德国罗曼公司培育的四系配套蛋用鸡种。该鸡种取代罗曼鸡。商品代生产性能如下：产蛋50%开产日龄150～160天，72周龄产蛋数290～300枚，平均蛋重64克；20周龄耗料7.4～7.8千克，产蛋期平均耗料112～122克，料蛋比（2.1～2.3）∶1；20周龄体重1.5～1.6千克，72周龄体重1.9～2.2千克；20周龄成活率97%～98%，1～72周龄存活率94%～96%。

11. 伊莎巴布考克B-380褐壳蛋鸡

法国伊莎公司培育的高产品种。商品蛋鸡中有35%～45%的鸡只体表附有黑色羽毛，可以清晰地与其他品种辨别。其生产性能如下：18周龄成活率98%，18周龄体重1540～1600克，76周龄产蛋337枚，90%以上产蛋率维持6个月，平均蛋重63克，饲料转化比2.10∶1，具有较强的适应性、抗逆性。

12.“农大 3 号”节粮小型蛋鸡配套系（蛋用型，褐壳蛋鸡）

由中国农业大学育成的三元杂交的矮小型蛋鸡配套系。中国农业大学从 1990 年开始，把 dw 基因导入到普通褐壳蛋鸡中，经过十几年的选育提高，培育出了繁殖性能高、节省饲料的矮小型褐壳和粉壳蛋鸡纯系。饲养节粮小型蛋鸡在高产的同时能节省 20% 左右的饲料，并且能有更高的饲养密度，从而能获得更大的经济效益。

商品代蛋鸡为矮小型，单冠，羽毛颜色以白色为主，部分鸡有少量褐色羽毛，体型紧凑，成年体重 1550g 左右。蛋壳颜色褐壳或浅褐壳，平均蛋重 55 ～ 58g。商品代生产性能如表 1-1。

表 1-1 “农大 3 号”商品代生产性能指标

生长发育阶段（0 ～ 120 日龄）		产蛋阶段（120 ～ 504 日龄）	
7 日龄体重 / 克	55	母鸡 120 日龄体重 / 克	1200
14 日龄体重 / 克	100	产蛋期成活率 /%	95 ～ 96
21 日龄体重 / 克	150	50% 产蛋日龄 / 天	148 ～ 153
28 日龄体重 / 克	195	高峰产蛋率 /%	94 以上
35 日龄体重 / 克	245	入舍鸡产蛋数 (72 周龄)/ 个	278
42 日龄体重 / 克	305	饲养日产蛋数 (72 周龄) / 个	288
120 日龄体重 / 克	1200	平均蛋重 / 克	55 ～ 58
育雏育成期成活率 /%	96	后期蛋重 / 克	60.0
育雏育成期耗料 / 千克	5.5	产蛋总重 / 千克	15.6 ～ 16.7
		母鸡淘汰体重 / 千克	1.55
		产蛋期日耗料 / 克	87
		高峰日耗料 / 克	90
		料蛋比	(2.0 ～ 2.1)∶1

13. 京白 939 粉壳蛋鸡

京白 939 粉壳蛋鸡是北京种禽公司新近培育的粉壳蛋鸡高产配套系。它具有产蛋多、耗料少、体型小、抗逆性强等特点。商品代能通过羽速鉴别雌雄。主要生产性能指标是：0 ～ 20 周龄成活率为

95% ～ 98%；20 周龄体重 1.45 ～ 1.46 千克；达 50% 产蛋率平均日龄 155 ～ 160 天；24 ～ 25 周进入产蛋高峰期；高峰期最高产蛋率 96.5%；72 周龄入舍鸡产蛋数 270 ～ 280 枚，成活率达 93%；72 周龄入舍鸡产蛋量 16.74 ～ 17.36 千克；21 ～ 72 周龄成活率 92% ～ 94%；21 ～ 72 周龄平均料蛋比（2.30 ～ 2.35）∶1。

14. 京红 1 号

京红 1 号是在我国饲养环境下自主培育出的优良褐壳蛋鸡配套系，具有适应性强、开产早、产蛋量高、耗料低等特点。实现“京红 1 号”配套系父母代父本、母本和商品代雏鸡的自别雌雄，即其父母代父本利用洛岛红的“三白”特征实现外观自别，准确率高达 98.6%；父母代母本利用快慢羽速自别，鉴别准确率 99%；商品代雏鸡通过金银羽色自别，准确率 100%。其推广应用可降低对国外进口鸡种的依赖，完善良种繁育体系。京红 1 号父母代种鸡生产性能见表 1-2。

表 1-2　京红 1 号父母代种鸡生产性能

分期	测定指标	生产性能
育雏育成期（0 ～ 18 周龄）	成活率	公鸡 95% ～ 97%；母鸡 96% ～ 98%
	18 周龄体重 / 克	公鸡 2330 ～ 2430；母鸡 1410 ～ 1510
产蛋期（19 ～ 68 周龄）	成活率	公鸡 92% ～ 94%；母鸡 92% ～ 95%
	达到 50% 产蛋率的日龄 / 天	143 ～ 150
	入舍鸡产蛋数（HH）/ 个	268 ～ 273
	饲养日产蛋数（HD）/ 个	278 ～ 289
	入舍鸡产合格种蛋数 / 个	235 ～ 244
	受精率	91% ～ 93%
	受精蛋孵化率	92% ～ 95%
	健母雏 / 只	94 ～ 100
	68 周龄体重 / 克	公鸡 2800 ～ 2900；母鸡 1910 ～ 2010

72 周龄饲养日产蛋数 311 枚，产蛋总重 19.5 千克，产蛋期料蛋比 2.2∶1。

15. 京粉 1 号

京粉 1 号是在我国饲养环境下自主培育出的优良浅褐壳蛋鸡配套系，具有适应性强、产蛋量高、耗料低等特点。实现“京粉 1 号”配套系父母代父本、母本和商品代雏鸡的自别雌雄，即其父母代父本利用洛岛红的“三白”特征实现外观自别，准确率高达 98.6%；父母代母本利用快慢羽速自别，鉴别准确率 99%，商品代雏鸡利用快慢羽速自别雌雄，鉴别准确率达 99% 以上。京粉 1 号父母代种鸡生产性能见表 1-3。

表 1-3　京粉 1 号父母代种鸡生产性能

分期	测定指标	生产性能
育雏育成期（0 ～ 18 周龄）	成活率	公鸡 94% ～ 96%；母鸡 95% ～ 97%
	18 周龄体重 / 克	公鸡 2330 ～ 2430；母鸡 1220 ～ 1320
产蛋期（19 ～ 68 周龄）	成活率	公鸡 92% ～ 94%；母鸡 92% ～ 95%
	达到 50% 产蛋率的日龄 / 天	138 ～ 146
	入舍鸡产蛋数（HH）/ 个	270 ～ 280
	饲养日产蛋数（HD）/ 个	282 ～ 292
	入舍鸡产合格种蛋数 / 个	242 ～ 250
	受精率	92% ～ 95%
	受精蛋孵化率	93% ～ 96%
	健母雏 / 只	96 ～ 105
	68 周龄体重 / 克	公鸡 2800 ～ 2900；母鸡 1600 ～ 1700

商品代 72 周龄产蛋总重可达 18.9 千克以上，死淘率在 10% 以内，产蛋高峰稳定，90% 产蛋率可维持 6 ～ 10 个月。504 天（72 周）蛋鸡体重达 1700 ～ 1800 克。

（四）优良品种的选择

不同品种有其特殊的生产潜力和适应性，其生产性能在不同的地区有不同的表现，有的品种在某个地区表现优良，在另一个地区可能表现得不那么优良。近二十年来我们国家先后从国外引进蛋鸡品种多

达二三十个，真正能够在我国推广饲养的却寥寥无几，有的种鸡场由于引种不善出现亏损甚至倒闭。由于消费习惯和市场销售等因素，也影响到品种的选择。生产实际中，选择品种主要考虑如下方面。

1. 市场需要

市场经济条件下，生产者只有根据市场需要来进行生产，才能获得较好的效益，蛋鸡生产也不例外。由于消费习惯不同，有些地区喜好白壳蛋，有些地区喜好褐壳蛋，而有些地区喜好粉壳蛋，导致价格和销售量的差异，应根据本地消费习惯来选择不同类型的品种。如果本地饲养蛋鸡数量较多，蛋品外销，选择褐壳蛋鸡品种较好，因为褐壳蛋鸡的蛋壳质量好，适宜运输。粉壳蛋鸡的蛋壳质量也好，但喜好粉壳蛋的区域很小，外销量有限，不能盲目大量饲养。小鸡蛋受欢迎的地区或鸡蛋以枚计价销售的地区，选择体型小、蛋重小的鸡种；以重量计价或喜欢大鸡蛋的地区，选择蛋重大的鸡种。淘汰鸡价格高或喜欢大型淘汰鸡的地区，选择褐壳蛋鸡更有效益。

2. 饲养条件

鸡场规划、布局科学，隔离条件好，鸡舍设计合理，环境控制能力强的条件下，可以选择产蛋性状特别突出的品种。因为良好稳定的环境可以保证高产鸡的性能发挥。也可以饲养白壳蛋鸡，不仅能高产，而且能节约饲料消耗。炎热地区饲养体型小的蛋鸡品种，有利于降低热应激对生产的不良影响。因为体型小的鸡种产热量少，抗热应激能力强；寒冷地区选择体型大的褐壳蛋鸡品种，有利于降低冷应激对生产的不良影响。如果鸡场环境不安静，噪声大，应激因素多的情况下，应选择褐壳蛋鸡品种，因为褐壳蛋鸡性情温顺，适应力强，对应激敏感性低。如果饲养经验不丰富，饲养管理技术水平低，最好选择易于饲养管理的褐壳或粉壳蛋鸡品种。

3. 饲料条件

饲料原料缺乏，饲料价格高的地区宜养体重小而产蛋性能好，饲料转化率较高的鸡种。饲料原料质量不好或饲料配制技术水平低的场户选择褐壳蛋鸡品种（褐壳蛋鸡品种的适应力好于白壳蛋鸡品种）。

4. 品种实际表现

高产配套杂交品种较多，资料介绍都很优秀，但实际表现差异很大。所以具体选择品种时，既要了解资料介绍的生产性能，更要看其实际表现，不要盲目选择新的品种。一些新的品种，资料介绍得非常好，但生产实践中不一定表现好，有的甚至不如过去饲养的优良品种。所以不要一见有新的品种就引进，把鸡场变成检验品种性能的试验场。有的种鸡场由于盲目引种，结果引进品种后不能打开市场而导致亏损倒闭。有的商品鸡场盲目选择新品种，结果饲养效果还不如一些老品种。如过去我们饲养的伊莎巴布考克白壳蛋鸡和罗曼褐壳蛋鸡的生产性能表现就比现在某些品种优良。

三、引进优质雏鸡

（一）到规范的种鸡场订购雏鸡

虽是同一鸡种，由于引种渠道、种鸡场的设置（如场址选择、规划布局、鸡舍条件、设施设备等）、种鸡群的管理（如健康状况、免疫接种、日粮营养、日龄、环境、卫生、饲养技术和应激情况等）、孵化（孵化条件、孵化技术、雏鸡处理等）和售后服务（如运输）等，初生雏鸡（鸡苗）的质量也有很大的差异。有的种鸡场引种渠道正常，设备设施完善，饲养管理严格，孵化技术水平高，生产的雏鸡内在质量高。而有的种鸡场引种渠道不正常，环境条件差（有些种鸡场特别是父母代场场址选择不当、规划布局不合理、种鸡舍保温性能差、隔离防疫设施不完善、环境控制能力弱而造成温热环境不稳定、病原污染严重）、管理不严格（一些种鸡场卫生防疫制度不健全，饲养管理制度和种蛋雏鸡生产程序不规范，或不能严格按照制度和规程来执行，管理混乱，种鸡和种蛋、雏鸡的质量难以保证），净化不力（种鸡场应该对沙门菌、支原体等特定病原进行严格净化，淘汰阳性鸡，并维持鸡群阴性，农业部畜牧兽医局严格规定了切实有效净化养鸡场沙门菌的综合措施，但少数种鸡场不认真执行国家规定，不进行或不严格进行鸡的沙门菌检验，也不淘汰沙门菌检验阳性的母鸡，致使种蛋带菌，

并呈现从祖代—父母代—商品代愈来愈多的放大现象。鸡支原体病已成为危害生产的重要疾病，我国商品鸡群支原体感染率较高与种鸡场的污染密不可分，严重影响了商品鸡群生产潜力的发挥，极大增加了养鸡业的成本。孵化场卫生条件差等，生产的雏鸡质量差。所以订购雏鸡要到大型的，有种禽种蛋经营许可证的，饲养管理规范和信誉度高的种鸡场，他们出售的雏鸡质量较高，售后服务也好。虽然其价格高一些，但以后产蛋期产蛋多一些，疾病死亡少一些，饲料转化率好一些，增加的收入要远远多于购买雏鸡的投入。现在许多小的种鸡场和孵化场生产的雏鸡是不符合要求的，鸡场和孵化场环境条件极差，管理水平极低。有的甚至就没有登记注册，没有种禽种蛋经营许可证，即使有也是含有“水分”的。之所以能够存在，一是主管部门管理不力，二是有一定市场。有些养殖户（场）缺乏科技专业知识和技术指导，观念和认识有偏差，不注重经济核算，考虑眼前利益多，考虑长远利益少，购买不符合要求、没有注册登记的种鸡场的雏鸡，结果是“捡了个芝麻，丢了个西瓜”。所以千万不能贪图小便宜购买质量差的、价格低的雏鸡。订购雏鸡时要通过了解、咨询来选择种鸡场和孵化场，减少盲目性。

订购初生雏鸡要签订购销合同，来规范购销双方的责任、权利和义务，特别对购买方更有必要，有利于以后出现问题时及时和妥善解决，避免和减少损失。购销合同应显示主要内容有：雏鸡的品种、数量、价格、路耗、提鸡时间、付款地点和方式、预交定金、运输情况；雏鸡的质量，如健雏率（98%）、马立克疫苗免疫率（100%）和发生率（双方商榷），母源抗体水平、沙门菌净化率等；违约责任及处理方法等。

（二）选择健壮雏鸡

雏鸡选择可从以下四个方面进行。

1. 雏鸡的外在表现

健康雏鸡表现活泼好动，反应灵敏，叫声洪亮。用手轻敲雏鸡盒，雏鸡眼睛圆睁，站立或走动，会发出清脆悦耳的叫声。弱雏伏地不动，反应迟钝或没有反应；健雏无畸形、交叉喙、眼部问题以及髁关节肿大或站立困难、跛行等。

2. 绒毛

健雏的绒毛颜色符合品种特征、丰满有光泽、洁净无污染，长短和密度适中。弱雏的表现有绒毛黏着碎蛋壳或壳膜或绒毛黏有黏液而呈束状。

3. 手握感觉

用手触摸雏鸡，健雏挣扎有力，腹部柔软有弹性，脐部平整光滑无钉手感觉，绒毛覆盖无毛区；弱雏握在手中挣扎无力，腹部膨大松软或小而坚硬，脐部红肿，有钉脐或卵黄外露，有血痂、黏液或有干缩的血管。

4. 体重

同一品种和批次的雏鸡大小要均匀一致。体重过大和过小都会影响以后育成效果。

（三）加强雏鸡运输和安置管理

雏鸡的运输是一项技术性要求强的工作，运输要迅速及时，且安全舒适地到达目的地。

1. 接雏时间

适宜的时间应在雏鸡羽毛干燥后（一般出壳后 12 小时），运抵目的地的时间通常在雏鸡出壳后 24 小时内。如果远距离运输，也不能超过 36 小时，以减少路途脱水和死亡。如果有可能，最好在出壳后 24 小时内就开始饲喂。

2. 装运工具

运雏时最好选用专门的运雏箱（如硬纸箱、塑料箱、木箱等），规格一般长 60 厘米、宽 45 厘米、高 20 厘米，内分 2 个或 4 个格，箱壁四周适当设通气孔，箱底要平而且柔软，箱体不得变形。在运雏前要注意运雏箱的冲洗和消毒，根据季节不同每箱可装 80 ～ 100 只雏鸡。运输工具可选用车、船、飞机等。

3. 携带证件

运输车司机要携带行车证、驾驶证等相关证件；押运人员要携带身份证、检疫证（由供种场当地县级畜牧兽医行政主管部门开具并加盖有公章）、种畜禽生产经营许可证、引种证明、发票等有关证明，避免路途扣押延长运输时间。

4. 装车运输

主要考虑防止缺氧闷热造成窒息死亡或寒冷冻死，防止感冒、拉稀。装车时箱与箱之间要留有空隙，确保通风。夏季运雏要注意通风防暑，避开中午运输，防止烈日曝晒发生中暑死亡。冬季运输要注意防寒保温，防止感冒及冻死，同时也要注意通风换气，不能包裹过严，防止出汗或窒息死亡；春、秋季节运输气候比较适宜，春、夏、秋季节运雏要配备防雨用具。如果天气不适而又必须运雏时，就要加强防护措施，在途中还要勤检查，观察雏鸡的精神状态是否正常，以便及早发现问题及时采取措施。无论采用哪种运雏工具，要做到迅速、平稳，尽量避免剧烈震动，防止急刹车，尽量缩短运输时间，以便及时开食、放水。

5. 雏鸡的安置

雏鸡运到目的地后，将全部装雏盒移至育雏舍内，分放在每个育雏器附近，保持盒与盒之间的空气流通，把雏鸡取出放入指定的育雏器内，再把所有的育雏盒移出舍外，对一次性纸盒要烧掉；对重复使用的塑料盒、木箱等应清除箱底的垫料并将其烧毁，下次使用前对育雏盒进行彻底清洗和消毒。

第二招 培育优质育成新母鸡

【注意的几个问题】

（1）育成优质新母鸡（18 ～ 20 周龄时的育成鸡）的重要性

●获得较高产蛋率

●降低死亡淘汰率

●提高饲料转化率

●增大蛋重

（2）影响育成新母鸡质量的因素

●雏鸡质量

●开食饮水时间

●饲料品质

●饲养管理

●环境条件

●体型控制

◇ 5 周龄体重达标情况

◇体重和胫长称测调整

◇均匀度控制

●疾病

●应激

（3）雏鸡和育成鸡的生理特点

●雏鸡

◇生长发育迅速

◇体温调节机能弱

◇消化机能尚未健全

◇抗病能力差

◇胆小，群居性强

●育成鸡

◇对外界适应能力增强

◇生长迅速，脂肪和钙磷沉积能力强

◇性器官发育快

（4）5 周龄体重定终身

●器官发育具有严格的顺序性，1 ～ 6 周是雏鸡免疫消化器官发育的关键阶段。35 天体重大，消化器官和免疫器官发育好，终生死淘率低。

●35 天体重与开产体重密切相关，35 天体重越大，开产时体重越大，体成熟与性成熟同步。

●35 天的体重跟终生产蛋性能呈正相关，35 天体重大，终生产蛋性能好，产蛋量越多。

（5）青年鸡发育良好的指标　蛋鸡的高产稳产青年鸡是关键，优质青年鸡必须要做到：胫长、体重、均匀度、龙骨胸肌和羽毛 5 项发育周周达标。

●胫长要达标。胫骨长短与产蛋多少有关系、与蛋壳质量有关系、与鸡的啄癖有关系；35 日龄胫长不达标，终生将很难达标；胫长每增加 1 毫米约多产 3 枚鸡蛋。

●体重要达标。0 ～ 6 周的料增重比 2.15∶1、7 ～ 12 周是 3.5∶1、13 ～ 18 周是 5.92∶1，所以要尽量保持前期体重达标。体重达标的鸡群有开产早、爬峰快、高峰维持期长、死淘率低、料蛋比低等优点。

●均匀度要达标。新的标准是合格鸡群 80% ～ 85%（高峰维持期 4 个月以上），良好鸡群 85% ～ 90%（高峰维持期 6 个月以上）、优秀鸡群 90% 以上（高峰维持期 8 个月以上），这样良种的性能才得以展现，

150日龄产蛋率才能上90%。

●龙骨胸肌要达标。正常的鸡龙骨应圆滑且无弯曲凹陷，饲养良好群体龙骨合格的比例要在95%以上。理想的胸肌标示着良好的体能储备，以保障蛋鸡的高产稳产。

●羽毛同步发育要达标。雏鸡头部羽毛应在35天之前褪完，颈部羽毛应在38天左右褪完，过晚说明鸡发育迟缓，仍要按照育雏鸡来饲养管理。颈羽脱落后采食量增加2%，胸羽脱落后采食量增加3%，二者都脱落了采食量则增加10%。

一、优质新母鸡质量标准及鉴定

培育优质育成新母鸡（养育到18～20周龄的母鸡）是提高产蛋期生产性能的基础。

（一）个体质量

个体质量即是单个鸡的质量，每一只鸡都要健康。确定方法是观察鸡群外貌和触摸品质。

1. 精神状态

活蹦乱跳，反应灵敏是健康鸡；无精打采，行动迟缓，对外来刺激无反应或过分强烈是不健康鸡。食欲旺盛，采食有力是健康鸡；采食无力，食欲不强是不健康鸡。体型良好，羽毛紧凑光洁是健康鸡；羽毛松蓬污乱是不健康鸡。

2. 鸡体各部状态

鸡冠、脸、肉髯颜色鲜红，眼睛突出，鼻孔洁净是健康鸡，否则是不健康鸡。肛门羽毛清洁，粪便正常是健康鸡；肛门羽毛粘有污物，粪便异常是不健康鸡。

3. 触诊

鸡挣扎有力，胸骨平直，肌肉和脂肪配比良好是健康鸡，否则是不健康鸡。

通过以上检查，一般可确定鸡的体表是否健康。如怀疑鸡群发生隐性感染，可进行实验室检查。

（二）群体质量

群体质量就是整个鸡群质量。其标准包括以下几方面。

1. 品种质量

品种要纯正优良。商品蛋鸡场应选择高产配套杂交鸡种，种鸡场应选择优质纯正不混杂的种蛋和种鸡。雏鸡应来源于持有生产许可证的场家，以避免鸡种混杂，保证鸡种质量。若外购育成鸡，则应从外表细致观察来判定其品种。

2. 体型及其均匀度

鸡的体型发育情况是由体重和骨骼两个方面共同决定的。只有体重和骨骼发育良好、协调一致的育成鸡，才有良好的表现。同时，鸡的饲养是群体饲养，必须保证每只鸡体型都好，也就是鸡群高度均匀一致。

（1）体重及均匀性　鸡的体重随鸡种而异，不同的鸡种有不同的体重要求，育种场家提供了某鸡种的标准体重，育成鸡群的平均体重应与标准相符。平均体重是测定值的总和除以测定次数，即从鸡群中随意捕捉 100 只，测定每只体重，求其平均值。平均体重大于或小于标准体重，成鸡阶段产蛋数量会减少。资料显示育成鸡（18 ～ 20 周）平均体重与标准体重相差 ±45 克，则每只鸡年少产蛋 4 枚左右。日本岩本之晴试验，将 18 周龄的鸡分为 5 种（特重、重、平均、较轻、特轻）并调查其性能，如表 2-1。

表 2-1　育成鸡体重对产蛋的影响

20 周体重	母鸡只日产蛋率 /%	入舍母鸡产蛋率 /%	死亡率 /%	料耗量 /[克 /（只•天）]	平均蛋重 / 克	扣除饲料费收益次序
特轻	55.1	49	18.5	94.3	58.5	4
轻	64.5	61.6	9.6	114.7	60.1	3
平均	64.6	62.2	7.3	116.5	60.4	1
重	64.0	62.4	5.7	118.8	63.0	2
特重	62.5	59	9.9	127.0	63.7	5

平均体重符合标准，并不一定鸡群中每只鸡都符合标准。还要了解鸡群体重均匀性，要求体重均匀性好。体重均匀状况常用体重均匀度表示，即平均体重 ±10% 范围内鸡的只数占鸡群总只数的百分比。均匀度愈高，体重愈均匀一致。一般将均匀度在 80% 以上鸡群视为均匀一致鸡群。平均体重符合要求，均匀度不同其产蛋量也不同，如表 2-2。

表 2-2　性成熟体重均匀度变化对产蛋影响

均匀度 /%	每只鸡在一个产蛋周期内多产蛋数 / 枚	均匀度 /%	每只鸡在一个产蛋周期内多产蛋数 / 枚
91 以上	10	63 ～ 69	−4
84 ～ 90	7	56 ～ 62	−8
77 ～ 83	4	55 以下	−12
70 ～ 76	0		

（2）胫长及均匀性　体重指标是衡量鸡群发育状况的较好指标，但单纯用体重指标衡量育成鸡的质量也有一些缺陷。比如，骨架大的瘦鸡和骨架小的肥鸡，其体重指标都可能接近甚至完全符合体重标准，但二者均不是理想的蛋用或种用鸡的体型。因为鸡的体型是由骨骼发育状况和鸡的肥瘦度这两个参数共同决定的，因此育种公司在制订体重指标时也给出骨骼发育标准。胫长（跗关节至爪垫部的垂直长度）与骨骼的发育状况有强相关性，且测量（结合称重同时测定）起来方便简单，因此，骨骼发育状况常用胫长来表示。骨骼发育的均匀状况常用胫长均匀度表示，即平均胫长 ±5% 范围内的鸡数占鸡群总只数的百分比。胫长均匀度大于 90% 的鸡群视为骨骼发育均匀鸡群。

（3）体型综合指数　一般来讲，均匀性好的鸡群，体重均匀度应大于 80%，胫长均匀度应大于 90%，体型综合指数应小于 ±5%。如果体型综合指数大于 ±5 % 说明鸡群体型较差；体型综合指数是正值，表示鸡群偏肥；体型综合指数是负值，表示鸡群偏瘦。

体型综合指数（±%）= 体重误差 − 胫长

（是指跗关节到脚垫部距离）误差

3. 抗体检测

鸡群抗体水平的高低反映鸡群对疾病的抵抗力和健康状况，所以

育成鸡（18～20周）抗体检测结果是鉴定其质量优劣的重要指标之一。若育成鸡群的抗体结果符合安全指标，又无特定病原（如慢性呼吸道病、淋巴性白血病、白痢等病原）感染，其质量就优。否则质量就差，因为这样的育成鸡群在成鸡阶段就很可能发生疾病，影响生产性能发挥。自己培育雏鸡时要结合本地区和本鸡群实际情况，制订、实施正确的免疫接种程序，以使鸡体内保持较高的抗体水平；并严格卫生、消毒、隔离制度，避免特定病原的感染，保证鸡群健康安全。如果是购入的育成鸡，应了解卖方的免疫程序及抗体检测结果，必要时可抽查检测，以确切了解鸡群的抗体情况。

二、优质育成新母鸡的饲养方式

培育方式有平面饲养和立体饲养，不同方式各有特点，根据实际情况选择适宜的培育方式。

（一）平面饲养

1. 更换垫料饲养

一般把鸡养在铺有垫料的地面上，垫料厚3～5厘米，经常更换。育雏前期可在垫料上铺上黄纸，有利于饲喂和雏鸡活动。换上料槽后可去掉黄纸，根据垫料的潮湿程度更换或部分更换。垫料可重复利用。对垫料的要求是：重量轻、吸湿性好、易干燥、柔软有弹性、廉价适于做肥料。常用的垫料有：稻壳、花生壳、松木刨花、锯屑、玉米芯、秸秆等。这种方式的优点是简单易行，农户容易做到，但缺点也较突出，雏鸡经常与粪便接触，容易感染疾病，饲养密度小，占地面积大，管理不够方便，劳动强度大。

2. 厚垫料饲养

厚垫料育雏指在地面上铺上10～15厘米厚的垫料，雏鸡生活在垫料上，以后经常将新鲜的垫料覆盖于原有垫料上，到饲养结束才一次清理垫料和废弃物。这种方式的优点是劳动强度小，雏鸡感到舒适（由于原料本身能发热，雏鸡腹部受热良好），并能为雏鸡提供某些维生素（厚垫料中微生物的活动可以产生维生素 B_{12}，有利于促进雏鸡的食欲和新陈代谢，提高蛋白质利用率）。

3. 网上饲养

现阶段，大多数商品蛋鸡场培育期常采用这一方式，就是将雏鸡养在离地面 80 ～ 100 厘米高的网上。网面的构成材料种类较多，有钢制的（钢板网、钢编网）、木制的和竹制的，现在常用的是竹制的，将多个竹片串起来，制成竹片间距为 1.2 ～ 1.5 厘米竹排，将多个竹排组合形成育雏网面，育雏前期再在上面铺上塑料网，可以避免别断雏鸡脚趾，雏鸡感觉舒适。育成期可以撤掉塑料网面。网上饲养的优点是粪便直接落入网下，鸡不与粪便接触，减少了病原感染的机会，尤其是大大减少了球虫病爆发的危险，同时，由于养在网上，提高了饲养密度，减少了鸡舍建筑面积，可减少投资，提高经济效益。

（二）立体饲养

立体饲养也是笼养。就是把鸡养在多层笼内，这样可以增加饲养密度，减少建筑面积和占用土地面积，便于机械化饲养，管理定额高，适合于规模化饲养。育雏笼由笼架、笼体、料槽、水槽和托粪盘构成。规模不等，一般笼架长 100 厘米，宽 60 ～ 80 厘米，高 150 厘米。从离地 30 厘米起，每 40 厘米为一层，可设三层或四层，笼底与托粪盘相距 10 厘米。

三、优质育成新母鸡培育的准备

准备工作做得好坏关系到培育期的成活率和新母鸡质量，直接影响培育效果。

（一）鸡舍准备

1. 培育鸡舍的要求

鸡舍直接影响舍内温热环境的维护和卫生防疫，对培育鸡舍的要求如下。

（1）较好的保温隔热能力　育雏期需要保持较高的温度，鸡舍的保温隔热能力影响舍内温度的稳定。保温隔热能力好，有利于冬天的保温和夏季的隔热。

① 专用育雏舍　由于雏鸡需要较高的环境温度，育雏期需要人工加温，所以，对保温性能要求更高些。鸡舍的维护结构设计要合理，具有一定的厚度，设置天花板，精细施工。为减少散热和保温可以缩小窗户面积（每间可留宽高各 1 米的窗户 2 个）和降低育雏舍的高度（高度一般为 2.5 ～ 2.8 米）。

② 专用育成舍　专用育成舍饲养大雏鸡。大雏鸡对环境温度的适应能力较强，一般常温可以适应（但寒冷冬季和炎热夏季还需要采取措施保暖降温）。大雏鸡的呼吸量和排泄量大，需要较大的通风量，因此窗户面积要大［宽 × 高为（1.2 ～ 1.5）米 ×1.8 米］，同时，设置必要的通风换气口。

③ 育雏育成舍　不仅要考虑保温，还要考虑通风和隔热。设置的窗户面积可以大一些，育雏期封闭，育成期可以根据温度情况打开。设置活动式天花板，育雏期封闭，育成期根据温度要求撩开。适当提高鸡舍房檐高度（3 ～ 3.2 米），并设置通风换气系统。

（2）良好的卫生条件　鸡舍的地面要硬化，墙体要粉刷光滑，有利于冲洗和清洁消毒。

（3）适宜的鸡舍面积　面积大小关系到饲养密度，影响培育效果，必须有适宜的鸡舍面积。培育方式不同、鸡的种类不同、饲养阶段不同，需要的面积不同，鸡舍面积根据培育方式、种类、数量来确定。

2. 鸡舍的消毒

鸡入舍前对鸡舍进行彻底全面的清洁消毒。清洁消毒的方法和步骤如下。

（1）清理、清扫、清洗　先清理鸡舍内的设备、用具和一切杂物，然后清扫鸡舍。清扫前在舍内喷洒消毒液，可以防止尘埃飞扬。把舍内墙壁、天花板、地面的角角落落清扫得干净。清扫后用高压水冲洗机清洗育雏舍。不能移动的设备用具也要清扫消毒。

（2）墙壁、地面消毒　育雏舍的墙壁可用 10% 石灰乳 +5% 火碱溶液抹白，新建育雏舍可用 5% 的火碱溶液或 5% 的福尔马林溶液喷洒。地面用 5% 的火碱溶液喷洒。

（3）设备用具消毒　把移出的设备、用具，如料盘、料桶、饮水器等清洗干净，然后用 5% 的福尔马林溶液喷洒或在消毒池内浸泡 3 ～ 5 小时，移入育雏舍。

（4）熏蒸消毒　把育雏使用的设备用具移入舍内后，封闭门窗进行熏蒸消毒。常用的药品是福尔马林和高锰酸钾。根据育雏舍的污浊程度，选用不同的熏蒸浓度，见表 2-3。

表 2-3　不同熏蒸浓度的药物使用量

药品名称	Ⅰ	Ⅱ	Ⅲ
福尔马林 /（毫升 / 米 ^{3} 空间）	14	28	42
高锰酸钾 /（克 / 米 ^{3} 空间）	7	14	21

① 封闭育雏舍的窗和所有缝隙。根据育雏舍的空间分别计算好福尔马林和高锰酸钾的用量。

② 把高锰酸钾放入陶瓷或瓦制的容器内（育雏舍面积大时可以多放几个容器），将福尔马林溶液缓缓倒入，迅速撤离，封闭好门。

③ 熏蒸效果最佳的环境温度是 24℃以上，相对湿度 75% ～ 80%，熏蒸时间 24 ～ 48 小时。熏蒸后打开门窗通风换气 1 ～ 2 天，使其中甲醛气体逸出。不立即使用的可以不打开门窗，待用前再打开门窗通风。

④ 熏蒸时的注意事项：熏蒸时两种药物反应剧烈，因此盛装药品的容器尽量大一些；熏蒸后可以检查药物反应情况。若残渣是一些微湿的褐色粉末，则表明反应良好。若残渣呈紫色，则表明福尔马林量不足或药效降低。若残渣太湿，则表明高锰酸钾量不足或药效降低。

（5）育雏舍周围环境消毒　用 10% 的甲醛或 5% ～ 8% 的火碱溶液喷洒育雏舍周围和道路。

（二）设备用具准备

1. 供温设备

幼雏需人工供温，较实用的供温设备有以下几种。

（1）煤炉供温　指在育雏室内设置煤炉和排烟通道，燃料用炭块、煤球、煤块均可，保温良好的房舍，每 20 ～ 30 米 ^{2} 设置一个炉即可。为了防止舍内空气污染，可以紧挨墙砌煤炉，把煤炉的进风口和掏灰口设置在墙外。煤炉供温省燃料，温度易上升，但费人力，温度不稳定。

（2）保姆伞供温　形状像伞样，撑开吊起，伞内侧安装有加温和控温装置（如电热丝、电热管、温度控制器等），伞下一定区域温度升高，达到育雏温度。雏鸡在伞下活动，采食和饮水。伞的直径大小不同，养育的雏鸡数量不等。现在伞的材料多是耐高温的尼龙，可以折叠，使用比较方便。其优点是育雏数量多，雏鸡可以在伞下选择适宜的温度带，换气良好；不足是育雏舍内还需要保持一定的温度（需要保持 24℃）。适用于地面平养、网上平养。

（3）烟道供温　根据烟道的设置，可分为地下烟道育雏和地上烟道育雏两种形式。在育雏室，顺着房的前后墙地下或地上修建两个直通火道，火门留在育雏室中央或一端，烟道最后从育雏室墙上用烟囱通往室外。烟道供温温度稳定，舍内卫生，但浪费燃料。

（4）热水热气供温　大型鸡场育雏数量较多，可在育雏舍内安装散热片和管道，利用锅炉产生的热气或热水使育雏舍内温度升高。此法育雏舍清洁卫生，育雏温度稳定，但投入较大。

（5）热风炉供温　将热风炉产生的热风引入育雏舍内，使舍内温度升高。

2. 用具

（1）饲喂饮水用具　育雏期的饲喂用具有开食盘（每 100 只鸡 1 个）、长形料槽（每只鸡 5 厘米）或料桶（每 15 只鸡 1 个）。育成期的饲喂用具有大号料桶（每 10 只鸡 1 个）或长形料槽（每只鸡 10 厘米）；饮水用具有壶式饮水器（育雏期每 50 只鸡 1 个小号或中号饮水器；育成期可用中号或大号饮水器）、乳头饮水器或勺式饮水器。

（2）防疫消毒用具　防疫用具有滴管、连续注射器、气雾机等；消毒用具有喷雾器。

（3）断喙用具　自动断喙器。

（4）称重用具　专用称鸡的秤或天平或台秤（误差小于 20 克），

游标卡尺。

（三）药品准备

准备的药品包括：疫苗等生物制品；防治白痢、球虫的药物（如球痢灵、杜球、三字球虫粉等）；抗应激剂（如维生素 C、速溶多维）；营养剂（如葡萄糖、白糖、红糖、奶粉、多维电解质等）；消毒药（酸类、醛类、氯制剂等，准备 3 ～ 5 种消毒药交替使用）。

（四）人员准备

提前对饲养人员进行培训，以便掌握基本的饲养管理知识和技术。育雏人员在育雏前 1 周左右到位并着手工作。

（五）饲料准备

不同的饲养阶段需要不同的饲料。育雏料在雏鸡入舍前 1 天进入育雏舍，每次配制的饲料不要太多，能够饲喂 5 ～ 7 天即可，太多存放时间长饲料容易变质或营养损失。

（六）温度调试

安装好供温设备后要调试，观察温度能否上升到要求的温度，需要多长时间才能上升到。如果达不到要求，要采取措施尽早解决。育雏前 2 天，要使温度上升到育雏温度且保持稳定。根据供温设备情况提前升温，避免雏鸡入舍时温度达不到要求影响育雏效果。

四、优质育成新母鸡培育的环境条件

环境条件影响鸡的生长发育和健康，只有根据育雏育成期鸡生理和行为特点提供适宜的环境条件，才能保证鸡正常的生长发育。

（一）温度

雏鸡体温调节机能不健全，防寒能力差。刚出壳的小鸡体温比成年鸡体温低 2 ～ 3℃，4 日龄才开始慢慢地上升，到 10 日龄才能达到

成年鸡体温，到21日龄，体温调节机能逐渐趋于完善。刚出壳的幼雏只有稀短的绒毛，没有羽毛，保温隔热能力很差，难以适应外界环境温度的变化，随着日龄增加和发育，到4～5周龄，才长出第一身羽毛，然后脱换，在8周龄长出第二身羽毛，羽毛比较致密丰满，才具有适应外界环境温度变化的能力，所以育雏期需要根据雏鸡需要提供适宜温度。

1. 适宜温度

温度是培育的首要条件，温度不仅影响雏鸡的体温调节、运动、采食、饮水及饲料营养消化吸收和休息等生理环节，还影响机体的代谢、抗体产生、体质状况等。只有适宜的温度才有利于雏鸡的生长发育和成活率的提高。适宜的育雏温度见表2-4。

表2-4　适宜的育雏温度

周龄/天	1～2	1	2	3	4	5	6	7～20
温度/℃	33～35	30～33	28～30	26～28	24～26	21～24	18～21	16～18

2. 温度不适宜时雏鸡的表现和危害

（1）高温　幼雏远离热源，两翅和嘴张开，呼吸加深加快，发出吱吱鸣叫声，采食量减少，饮水量增加，精神差。若幼雏长时间处于高温环境，采食量下降，饮水频繁，鸡群体质减弱，生长缓慢，易患呼吸道疾病和啄癖，体重轻，均匀度差，羽毛生长不良。炎热的夏季育雏育成时容易发生。温度过高容易出现在炎热季节，由于育雏舍的隔热能力差、缺乏降温设施以及育雏人员缺乏育雏知识、盲目地升高育雏温度或责任心不强、对供温设备管理不善等原因引起。雏鸡对高温的适应能力强于低温，但在高温高湿和通风不良的情况下，雏鸡的代谢受到严重阻碍，难以适应，伸颈扬头或伏地频频喘气，瘫软不动，衰竭死亡。

（2）低温　雏鸡对低温比较敏感，生产中由于低温而影响雏鸡生长发育和引起死亡的较为常见。低温时表现：温度低的情况下，雏鸡拥挤叠堆，向热源靠近。行动迟缓，缩颈躬背，羽毛蓬松，不愿采食和饮水，发出尖而短的叫声。休息时不是头颈伸直，睡姿很安详，而是站立、雏体萎缩，眼睛半开半闭，休息不安静；低温时，雏鸡不愿采食和运动，拥挤叠堆，相互挤压，引起窒息死亡；雏鸡受冻下痢，易发生感冒。消化吸收发生障碍，卵黄吸收不良，腹部硬、大、发绿。雏鸡不能很好地休息，体质衰弱，甚至死亡。育雏温度的骤然下降雏鸡会发生严重的血管反应，循环衰竭，窒息死亡。低温或温度忽高忽低时，雏鸡生理代谢失调，并能使卵黄周围的血管收缩，从而阻碍了雏鸡获取抗体，严重影响雏鸡抗体水平和抵抗力，开产后易发生马立克病；温度过低，鸡白痢的感染率和发生率会有较大的提高。雏鸡对低温的适应能力较弱，7～8日龄的雏鸡10～13℃的低温加上较高的湿度影响，经几个小时就会死亡。即使30日龄的雏鸡遇到15℃以下的低温也会引起大批死亡。低温时，雏鸡生长发育受阻，鸡体重不能达标，生长发育参差不齐，整齐度差，影响育成新母鸡质量和以后生产性能的提高。

（3）忽高忽低　育雏期间温度忽高忽低，不稳定，对雏鸡的生理活动影响很大。育雏温度的骤然下降雏鸡会发生严重的血管反应，循环衰竭，窒息死亡；育雏温度的骤然升高，雏鸡体表血管充血，加强散热消耗大量的能量，抵抗力明显降低。忽冷忽热，雏鸡很难适应，不仅影响生长发育，而且影响抗体水平，抵抗力差，易发生疾病，后期马立克病的发生率较高。

3. 育雏舍温度控制

（1）提高育雏舍的保温隔热性能　加强育雏舍的保温隔热性能设计和精心施工。育雏舍的保温隔热性能不仅影响到育雏温度的维持和稳定，而且影响到燃料成本费用的高低。生产中，有的育雏舍过于简陋，如屋顶一层石棉瓦或屋顶很薄，大量的热量逸出舍外，育雏温度很难达到和保持。屋顶和墙壁是育雏舍最易散热的部位，要达到一定的厚度，要选择隔热材料，结构要合理，屋顶最好设置天棚。天棚可以选用塑料布、彩条布等隔热性能好、廉价、方便的材料。育雏舍要避开狭长谷地或冬季的风口地带，因为这些地方冬季风多风大，舍内温度不易稳定。

（2）供温设施要稳定可靠　根据本场情况选择适宜的供温设备。大中型鸡场一般选用热气、热水和热风炉供温，小型鸡场和专业户多

选用火炉供温。无论选用什么样的供温设备，安装好后一定要试温，通过试温，观察能不能达到育雏温度，达到育雏温度需要多长时间，温度稳定不稳定，受外界气候影响大小等。供温设备应能满足一年四季需要，特别是冬季的供温需要。如果不能达到要求的温度，一定采取措施加以解决，雏鸡入舍后温度上不去再采取措施一方面也不可能很快奏效，另一方面会影响一系列工作安排，如开食、饮水、消毒、疾病预防等，必然带来一定损失。观察开启供温设备后多长时间温度可以升到育雏温度，这样，可以在雏鸡入舍前适宜的时间开始供温，使温度提前上升到育雏温度，然后稳定 1 ～ 2 天再让雏鸡入舍。

（3）根据雏鸡行为表现调整温度　育雏温度是否适宜，受到多种因素影响，如品种种类、育雏季节、育雏方式、雏鸡体质及应激情况等。雏鸡对温度是比较敏感的，雏鸡的行为（采食、饮水、睡眠及活动情况）是育雏温度是否适宜的判断标准。只要雏鸡精神活泼，采食饮水正常，育雏区内均匀分布，休息时很安静，这时的育雏温度就是最适宜的，生产中就应该保持这样的温度。温度低的情况下，雏鸡拥挤叠堆，向热源靠近；行动迟缓，缩颈躬背，羽毛蓬松，不愿采食和饮水，发出尖而短的叫声。休息时不是头颈伸直、睡姿很安详，而是站立、雏体萎缩，眼睛半开半闭，休息不安静，应该提高育雏温度。

（4）防止育雏温度过高　夏季育雏时，由于外界温度高，如果育雏舍隔热性能不良，舍内饲养密度过高，会出现温度过高的情况。可以通过加强通风、喷水蒸发降温等方式降低舍内温度。

4. 适时脱温

育雏结束后要脱温。过去在春季育雏的情况下，雏鸡 6 周龄可以脱温（因为外界气温较高，雏鸡可以适应）。但现在一年四季都可育雏，育雏季节不同，脱温时间就有很大差异（温度高的季节脱温早，冬季脱温晚），脱温要慎重，根据育雏季节和雏鸡的体质确定脱温时间，并逐渐脱温，使鸡有一个适应的过程。同时还要注意晚上和寒流突然袭击对雏鸡的不良影响，随时做好保温的准备。

5. 育成期温度控制

育雏结束后进入育成期，舍内温度控制在 16 ～ 18℃最适宜。育成鸡对温度有一定的适应能力，春季和秋季较为适宜育成鸡的生长发育；冬季应注意保温，但要避免舍内空气污浊；夏季育成，舍内温度容易过高，特别是过于简陋、隔热性能差的育成舍，舍内温度更高，影响育成鸡的采食量，影响生长，体重不易达标，必须采取降温措施，如安装风机或在舍内喷水等来控制舍内温度。

6. 温度的测定

育雏温度的测定用普通温度计即可，但育雏前对温度计校正，作上记号；温度计的位置直接影响到育雏温度的准确性，温度计位置过高测得的温度比要求的育雏温度低而影响育雏效果的情况生产中常有出现。使用保姆伞育雏，温度计挂在距伞边缘 15 厘米，高度与鸡背相平（大约距地面 5 厘米）处。暖房式加温，温度计挂在距地面、网面或笼底面 5 厘米高处。育雏期不仅要保证适宜的育雏温度，还要保证适宜的舍内温度。

（二）湿度

适宜湿度雏鸡感到舒适，有利于机体健康和生长发育；育雏舍内过于干燥，雏鸡体内水分随着呼吸而大量散发，则腹腔内的剩余卵黄吸收困难，同时由于干燥饮水过多，易引起拉稀，脚爪发干，羽毛生长缓慢，体质瘦弱；育雏舍内过于潮湿，由于育雏温度较高，且育雏舍内水源多，容易造成高温高湿环境，在此环境中，雏鸡闷热不适，呼吸困难，羽毛凌乱污秽，易患呼吸道疾病，增加死亡率。一般育雏前期为防止雏鸡脱水，相对湿度较高，为 70% ～ 75%，可以采取在舍内火炉上放置水壶、在舍内喷热水等方法提高湿度；10 ～ 20 天，相对湿度降到 65% 左右；20 日龄以后，由于雏鸡采食量、饮水量、排泄量增加，育雏舍易潮湿，所以要加强通风，更换潮湿的垫料和清理粪便，以保证舍内相对湿度在 50% ～ 60%。育成舍内容易潮湿，要注意适量通风，保持舍内干燥，湿度以 55% ～ 60% 为宜。

（三）通风换气

新鲜的空气有利于雏鸡的生长发育和健康。鸡的体温高，呼吸快，代谢旺盛，呼出二氧化碳多。雏鸡日粮营养含量丰富，消化吸收率低，

粪便中含有大量的有机物，有机物发酵分解产生的氨气（NH_3）和硫化氢（H_2S）多，人工加温时燃料不完全燃烧也可产生一氧化碳（CO）。有害气体含量超标，危害鸡体健康，影响生长发育。加强通风换气可以驱除舍内污浊气体，换进新鲜空气。同时，通风换气还可以减少舍内的水汽、尘埃和微生物，调节舍内温度。

育雏期应在保持温度的前提下，进行适量通风换气。舍内空气污浊时可以适当提高舍内温度而加强通风。

通风换气的方法有自然通风和机械通风两种，自然通风的具体做法是：在育雏室设通风窗，气温高时，尽量打开通风窗（或通气孔），气温低时把它关好；机械通风多用于规模较大的养鸡场，可根据育雏舍的面积和所饲养雏鸡数量，选购和安装风机。育雏舍内空气以人进入舍内不刺激鼻、眼，不觉胸闷为适宜。通风时要切忌间隙风，以免雏鸡着凉感冒。

育成鸡采食量和排泄量大，产生的有害气体多。但育成鸡对环境温度适应能力强，可以加大通风换气量。尤其是在冬季和早春鸡舍密封的情况下，若不注意通风换气，容易发生呼吸道疾病，影响生长发育。

（四）饲养密度

饲养密度过大，雏鸡发育不均匀，易发生疾病，死亡率高。饲养密度过大是我国普遍存在的问题，虽然建筑成本降低了，但培育的新母鸡质量差造成损失会更大。所以保持适宜饲养密度是必要的。育雏、育成期饲养密度要求见表 2-5、表 2-6。

表 2-5　育雏期不同饲养方式的饲养密度　　单位：只 / 米 ^{2}

周龄 / 周	地面平养	网上平养	立体笼养
1 ～ 2	35 ～ 40	40 ～ 50	60
3 ～ 4	25 ～ 35	30 ～ 40	40
5 ～ 6	20 ～ 25	25	35
7 ～ 8	15 ～ 20	20	30

表 2-6　育成期不同饲养方式的饲养密度　　单位：只 / 米²

品种	地面平养	网上平养	网上 - 地面结合平养	笼养
白壳蛋鸡	8.5	11.5	9.5	30
褐壳蛋鸡	6.5	9.5	8.5	25
轻型蛋种鸡	5.5	9	7.5	20
中型蛋种鸡	4.5	7	6	15

注：笼养是指 1 米² 笼底面积的饲养数量。

（五）光照

光照是影响鸡体生长发育和生殖系统发育的最重要因素，12 周龄以后的光照时数对育成鸡性成熟的影响比较明显。10 周龄以前可保持较长光照时数，使鸡体采食较多饲料，获得充足的营养更好生长。12 周龄以后光照时数要恒定或渐减。

1. 密闭舍

密闭舍不受外界光照影响，育成期光照时数一般恒定为 8 ～ 10 小时。光照方案见表 2-7。

表 2-7　密闭舍光照参考方案

周龄 / 周	1 ～ 3 天	4 ～ 7 天	2	3 ～ 4	5 ～ 6	7 ～ 8	8 ～ 10	11 ～ 18	19	20	21 周龄以后
光照时数 / 小时	23	22	20	18	16	14	12	8 ～ 10	11	12	每周增加 0.5 小时直至 15.5 小时恒定
光照强度 / 勒克斯	20 ～ 30	20 ～ 30	10 ～ 15	10 ～ 15	5 ～ 8	5 ～ 8	5 ～ 8	5 ～ 8	5 ～ 8	5 ～ 8	10 勒克斯左右

2. 开放舍或有窗舍

开放舍或有窗舍由于受外界自然光照影响，需要根据外界自然光照变化制订光照方案。光照方案制订方法有渐减法和恒定法。其具体

方法如下。

（1）渐减法　查出本批出壳雏鸡20周龄时的自然光照时数（A），再加上7小时，作为第1周光照时数，以后每周减少20分钟，20周龄以后，每周增加20～30分钟，直至15.5～16小时恒定。方案：1～3天，23小时；4～7天（A+7）小时；以后每周减少20分钟；20周龄时自然光照时数为A。20周后每周增光20～30分钟直至达到16小时恒定。

（2）恒定法　查出该批雏鸡20周龄内最长的自然光照时数（B），作为育雏育成期光照时数，20周龄以后，每周增加20～30分钟，直至15.5～16小时恒定。方案：1～3天，23小时；4～7天，22小时；8～14天，20小时；15～21天，18小时；22～28天，16小时；以后保持B直至20周龄；20周后每周增光20～30分钟直至16小时为止。

（六）卫生

雏鸡体小质弱，对环境的适应力和抗病力都很差，容易发病，特别是传染病。所以入舍前要加强对育雏舍和育成舍的消毒，加强环境和出入人员、用具设备消毒，经常带鸡消毒，并封闭育雏育成舍，做好隔离，减少污染和感染。

五、优质新母鸡培育的饲养技术

（一）饮水

水在鸡体内占有很高的比例，且是重要的营养素。鸡的消化吸收、废弃物的排泄、体温调节等都需要水，如果饮水不良，必然会影响生长发育。所以，蛋鸡的培育期必须保证供应充足的饮水。

1. 开食前饮水

雏鸡出壳后体内水分容易消耗，所以，一般应在出壳24～48小时让雏鸡饮到水。雏鸡入舍后先饮水，可以缓解运输途中给雏鸡造成的脱水和路途疲劳，提高雏鸡的适应力。出壳过久饮不到水会引起雏鸡脱水和虚弱，而脱水和虚弱又直接影响到雏鸡尽快学会饮水和采食。

为保证雏鸡入舍就能饮到水，在雏鸡入舍前1～3小时将灌有水的饮水器放入舍内。为减轻路途疲劳和脱水，可让雏鸡饮营养水。即水中加入5%～8%的糖（白糖、红糖或葡萄糖等），或2%～3%的奶粉，或多维电解质营养液；为缓解应激，可在水中加入维生素C或其他抗应激剂。

如果雏鸡不知道或不愿意饮水，应采用人工诱导或驱赶的方法（把雏鸡的喙浸入水中几次，雏鸡知道水源后会饮水，其他雏鸡也会学着饮水）使雏鸡尽早学会饮水，对个别不饮水的雏鸡可以用滴管滴服。

2. 饮水器及饮用的水

小型鸡用小号饮水器，中型或大型鸡用中号饮水器。保姆伞育雏，饮水器放在育雏伞的边缘外的垫料上；暖房式育雏（整个育雏舍内温度达到育雏温度），饮水器放在网面上、地面上或育雏笼的底网上。饮水器边缘高度与鸡背相平。

0～3日龄雏鸡饮用温开水，水温为16～20℃，以后可饮洁净的自来水或深井水。

3. 雏鸡饮水时注意事项

一是将饮水器均匀放在育雏舍光亮温暖、靠近料盘的地方。

二是保证饮水器中经常有水，发现饮水器中无水，立即加水，不要待所有饮水器无水时再加水（雏鸡有定位饮水习惯），避免鸡群缺水后的暴饮。

三是饮药水要现用现配以免失效，掌握准确药量，防止过高或过低，过高易引起中毒，过低无疗效。

四是经常刷洗饮水器水盘，保持干净卫生。

五是饮水免疫的前后2天，饮用水和饮水器不能含有消毒剂，否则会降低疫苗效果，甚至使疫苗失效。

六是注意观察雏鸡是否都能饮到水。发现饮不到水的要查找原因，立即解决。若饮水器少，要增加饮水器数量，若光线暗或不均匀，要增加光线强度，若温度不适宜，要调整温度。

七是过去有些鸡场或饲养户在开食前不让雏鸡饮水，害怕饮水引起雏鸡拉稀的做法是没有科学道理。拉稀并不是饮水引起的，不让饮

水容易引起脱水或影响雏鸡早期生长。

4. 育成期饮水

育成期自由饮水，饮用的水要清洁卫生，每 1 ～ 2 周对水进行一次消毒。

5. 培育期鸡饮水量

如表 2-8。

表 2-8　雏鸡的正常饮水量　　　单位：毫升 /（日 • 只）

周龄	1 ～ 2	3	4	5	6	7	8	9	10 ～ 20
饮水量	自由饮水	40 ～ 50	45 ～ 55	55 ～ 65	65 ～ 75	75 ～ 85	85 ～ 90	90 ～ 100	100 ～ 200

（二）饲料营养

1. 饲养标准

见附表 1-1 ～附表 1-3。

2. 常用饲料

见附表 2-1。

3. 培育期日粮配方设计的要点

（1）蛋用雏鸡饲料配方　蛋鸡育雏期和育成鸡的营养状况，与产蛋鸡的性成熟、产蛋期产蛋率、蛋重和经济效益密切相关。育雏期（1 ～ 42 日龄）生长强度大，是一生性能的奠基时期，而其消化系统尚未发育完善，胃容积小且研磨饲料的能力很差，同时消化道内缺乏一些消化酶，所以消化能力差。因此，设计的配合饲料要求品质好、养分含量高、易消化、粗纤维含量低。

① 营养水平高且平衡　雏鸡生长速度快，对营养缺乏敏感，所以，设计的配方营养水平高而平衡，这点虽在制订饲养标准时已有考虑到，设计配方时还需重视。

② 饲料易消化且无毒素　易消化且无毒素，这一点在饲养标准上

无明显规定。因此，棉籽饼、菜籽饼、亚麻（即胡麻）饼等有毒原料，羽毛粉、皮革粉、蹄角粉等不易消化的原料以及粗饲料、麸皮等大体积的原料，都应限制在配方中的用量，一般不要超过 2%，粗饲料一般不用。

③ 选用优质饲料原料　雏鸡饲料一般选用优质饲料原料，例如玉米、豆粕、优质鱼粉、小麦麸等营养浓度高且易消化的原料。可按照各种饲料所含养分和适口性多样配合。

④ 注意钙的含量　生产中常见雏鸡和育成鸡饲料中钙含量超过其营养需要，使其钙摄入量过大，这会严重影响鸡的生长发育，甚至影响日后产蛋性能；钙含量超标严重还会导致代谢紊乱、甚至发病，而这种疾病无法用药物治愈。

⑤ 适宜体格发育　饲养蛋用雏鸡和青年鸡的目的是使鸡体格和体质（而不仅是体重）良好发育，所以，配制的日粮要有利于雏鸡健康生长发育、羽被覆盖良好、维生素 A 和维生素 D 等养分储存充分，以获得较高产蛋潜力。当然，雏鸡产蛋潜力不仅取决于日粮，而且还在很大程度上取决于光照、疾病防治措施和饲养管理措施。

（2）青年蛋鸡饲料配方　青年鸡（7 ～ 10 周龄和 11 ～ 18 周龄）生长迅速，发育旺盛，各器官发育已健全，对外界适应能力增强，采食量增多。

① 维生素和微量元素供给充足　青年阶段，是骨骼和肌肉生长发育较快的时期，应喂给可增强骨骼、肌肉、内脏发育的饲料，为延长成年鸡的产蛋时间和提高产蛋率打下良好的基础。增加维生素和微量元素的供给量，增加青饲料、糠麸类和块根块茎类饲料的供给量。

② 适量钙质　青年阶段采食量增加，生长速度减慢，且体内脂肪沉积也随日龄增加而逐渐积累，生殖系统发育也逐渐成熟。产蛋前期，母鸡体重增加 400 ～ 500 克。骨骼增重 15 ～ 20 克，其中 4 ～ 5 克为钙的沉积。大约从 16 周龄起小母鸡逐渐进入性成熟阶段，此时成熟卵细胞不断释放雌激素，雌激素和雄激素相互作用诱发髓骨在骨腔中的形成。尤其在开产前 14 天内，大量钙沉积到长骨中。因此钙的摄入量增加，应注意供给钙。髓骨约占性成熟小母鸡全部骨重的 72%。髓骨的生理功能是作为一种容易抽调的钙源，供母鸡产蛋时利用。蛋壳形成时约有 25% 的钙来自髓骨，其余 75% 由日粮提供。

③ 合理使用非常规饲料原料　青年鸡日粮蛋白质含量应随体重增加而减少，但应保证氨基酸的供给和平衡，特别注意钙的供给；应控制采食量，控制生长，抑制性成熟，防止脂肪积累，使育成鸡有良好体况并保持鸡群体重均匀。若喂给高蛋白质、高能量日粮，会使蛋鸡性成熟提前，脂肪积累太多，体重过大，产蛋量低，蛋小并影响终身产蛋量，所以蛋鸡育成根据体重情况进行适当限制饲喂。一般认为，育成期采用限制饲养，使鸡体重降低 7% ～ 11%，耗料降低 16% ～ 18%，而对死亡率和产蛋性能无不良影响。一般在 9 ～ 20 周龄期间，在保证胫长和体重生长达到正常标准的前提下，尽量用较差的饲料原料。这不仅可充分利用饲料资源，降低饲料成本，且可适当锻炼鸡的消化能力，有利于此后产蛋。例如适当增加日粮体积以增加其消化道容积；降低能量含量以减少脂肪沉积，刺激生殖系统发育。

在设计饲料配方时，棉籽饼、菜籽饼、亚麻（胡麻）饼等有毒饲料，一般在蛋用青年鸡饲料配方中可用到 6%；羽毛粉、皮革粉不易消化的原料可用到 3%；粗饲料、麸皮等大体积原料，都可在配方中用到最大允许用量。用石粉做钙源而不用贝壳。

4. 育雏育成鸡饲料配方

见表 2-9、表 2-10。

表 2-9　0 ～ 6 周龄生长蛋鸡饲料配方

原料组成 /%	配方 1	配方 2	配方 3	配方 4	配方 5	配方 6	配方 7
黄玉米（粗蛋白 8.7%）	63.4	62.30	64.0	65.05	64.00	58.00	62.60
小米		6.0				7.00	6.00
小麦麸	9.00	8.45	6.40	7.10	7.40	8.75	8.55
大豆粕（粗蛋白 47.9%）	15.00	8.50	14.00	21.00	13.00	12.00	8.50
鱼粉（进口）	9.50	9.00	9.0		9.00	9.00	9.00
苜蓿粉		3.00	3.50	4.0	3.50	2.50	2.50
骨粉	2.00	1.50	2.00	1.30	2.00	1.50	1.50
食盐	0.10	0.25	0.10	0.20	0.10	0.25	0.25
蛋氨酸				0.15			

续表

原料组成 /%	配方 1	配方 2	配方 3	配方 4	配方 5	配方 6	配方 7
赖氨酸				0.20			
1% 雏鸡预混料	1	1	1	1	1	1	1
合计	100	100	100	100	100	100	100
原料组成 /%	配方 8	配方 9	配方 10	配方 11	配方 12	配方 13	配方 14
黄玉米（粗蛋白 8.7%）	50.50	61.50	58.50	60.0	64.00	57.00	
玉米胚饼	8.00	8.00					61.16
小米	10.50						
高粱			5.50				10.00
大麦			2.00			2.8	5.00
小麦麸	3.00	1.50	4.40	14.46	6.50	11.50	
大豆粕	17.55	17.0	16.80	10.0	14.00	20.70	15.00
鱼粉（进口）	7.00			10.00	9.00	5.00	3.00
鱼粉（国产）		9.00	10.00				
苜蓿粉					3.50		3.50
槐叶粉				4.00		2.00	
骨粉	1.50	2.00	1.50		2.00		1.00
石粉	0.50		0.30	0.30			
磷酸氢钙				0.04			
食盐	0.30			0.20			0.25
蛋氨酸	0.15						0.03
赖氨酸							0.06
1% 雏鸡预混料	1.0	1.0	1.0	1.0	1.0	1.0	1.0
合计	100	100	100	100	100	100	100

表 2-10　9 ～ 18 周龄生长蛋鸡饲料配方

原料组成 /%	配方 1	配方 2	配方 3	配方 4	配方 5	配方 6	配方 7
玉米	41.00	37.90	40.03	38.90	30.00	69.02	67.21
大麦（裸）					8.00		
糙米	27.14	31.00	31.00	30.00	35.00		

续表

原料组成 /%	配方 1	配方 2	配方 3	配方 4	配方 5	配方 6	配方 7
小麦麸	5.00	9.00	7.00	10.07		7.60	7.69
大豆粕（47.9% 粗蛋白）		10.00	10.00		11.00	12.00	14.00
花生仁粕		3.00			4.00	1.00	2.00
大豆饼	14.00			3.00			
米糠粕	3.00			9.00			
棉籽饼		3	3.00				2.00
菜籽粕	3.00			3.00			
向日葵仁粕（33.5% 粗蛋白）						5.00	
苜蓿草粉（17.2% 粗蛋白）			3.00			1.00	
玉米 DDGS					5.00	0.09	2.00
鱼粉（60.2% 粗蛋白）	2.80	3.00	3.00	3.00	2.00	1.00	2.00
磷酸氢钙（无水）	0.54	0.51	0.52	0.56	0.97	0.82	0.84
石粉	2.00	1.29	1.07	1.21	2.00	1.18	1.00
食盐	0.52	0.25	0.25	0.25	1.00	0.26	0.22
蛋氨酸		0.05	0.07		0.03	0.01	
赖氨酸			0.06	0.01		0.02	0.04
生长鸡 1% 预混	1.00	1.00	1.00	1.00	1.00	1.00	1.00
总计	100	100	100	100	100	100	100

原料组成 /%	配方 8	配方 9	配方 10	配方 11	配方 12	配方 13	配方 14
玉米	68.21	69.23	70.10	71.66	68.81	70.01	69.18
小麦麸	7.27	7.53	8.00	2.19	5.59	3.47	3.24
大豆粕	9.00	2.00		14.00	13.00	13.00	13.00
米糠粕	3.00				3.00		
花生仁粕							3.00
大豆饼		14.00	10.50				
棉籽饼				3.66			
菜籽粕	3.00						
玉米蛋白粉			2.00		3.00		

续表

原料组成 /%	配方 8	配方 9	配方 10	配方 11	配方 12	配方 13	配方 14
玉米胚芽饼		2.00				3.00	3.00
玉米 DDGS							3.00
向日葵仁粕	4.00			5.00	3.00	3.00	
苜蓿草粉						2.00	
麦芽根			2.00				2.00
蚕豆粉浆蛋白粉	0.38		2.00			2.06	
鱼粉（60.2% 粗蛋白）	2.00	2.00	2.00				
磷酸氢钙（无水）	0.69	0.78	1.00	0.99	1.23	0.99	0.94
石粉	1.19	1.15	1.00	1.18	1.00	1.13	1.25
食盐	0.24	0.27	0.27	0.29	0.30	0.30	0.25
蛋氨酸		0.04	0.03	0.01		0.04	0.04
赖氨酸	0.02		0.10	0.02	0.07		0.10
生长鸡 1% 预混	1.00	1.00	1.00	1.00	1.00	1.00	1.00
总计	100.00	100.00	100.00	100.00	100.00	100.00	100.00

（三）饲喂

1. 雏鸡的开食

雏鸡首次喂料叫开食。雏鸡开食越早越好，入舍后可以饮水和开食同时进行。最重要的是保证雏鸡出壳后尽快学会采食，学会采食时间越早，采食的饲料越多，越有利于早期生长和体重达标。

开食最合适的饲喂用具是大而扁平的容器或料盘。因其面积大，雏鸡容易接触到饲料和采食饲料，易学会采食。每个规格为 40 厘米 ×60 厘米的开食盘可容纳 100 只雏鸡采食。有的鸡场在地面或网面上铺上厚实、粗糙并有高度吸湿性的黄纸。开食料过去常用小米、玉米，南方也有用大米的。如将小米煮七成熟后，控控水即可。现在常用配合饲料，将全价配合饲料用温水拌湿（手握成块一松即散），撒在开食盘或黄纸上面让鸡采食。湿拌料可以提高适口性，又能保证雏鸡采食的

营养物质全面（因许多微量物质都是粉状，雏鸡不愿采食或不易采食，拌湿后，粉可以粘在粒料上，雏鸡一并采食）。对不采食的雏鸡群要人工诱导其采食，即用食指轻敲纸面或食盘，发出小鸡啄食的声响，诱导雏鸡跟着手指啄食，有一部分小鸡啄食，很快会使全群采食。

开食后，第一天喂料要少撒勤添，每 1 ～ 2 小时添料一次，添料的过程也是诱导雏鸡采食的一种措施。开食后要注意观察雏鸡的采食情况，保证每只雏鸡都吃到饲料，尽早学会采食。开食几小时后，雏鸡的嗉囊应是饱的，若不饱应检查其原因（如光线太弱或不均匀、食盘太少或撒料不匀、温度不适宜、体质弱或其他情况）并加以解决和纠正。开食好的鸡采食积极、速度快，采食量逐日增加。

2. 饲喂

（1）饲喂次数　在前两周每天喂六次，其中早晨 5 点和晚上 10 点各有一次；3 ～ 4 周每天喂 5 次；5 周以后每天喂 4 次。育成期一般每天饲喂 1 ～ 2 次。

（2）饲喂方法　进雏前 3 ～ 5 天，饲料撒在黄纸或料盘上，让雏鸡采食，以后改用料桶或料槽。前两周每次饲喂不宜过饱。幼雏贪吃，容易采食过量，引起消化不良，一般每次采食九成饱即可，采食时间约 45 分钟。3 周以后可以自由采食，每天饲喂量参考见表 2-11。生产中要根据鸡的采食情况灵活掌握喂料量，下次添料时余料多或吃得不净，说明上次喂料量较多，可以适当减少一些，否则，应适当增加喂料量。既要保证雏鸡吃好，获得充足营养，又要避免饲料的浪费。

表 2-11　不同品种雏鸡的参考喂料量

周龄	白壳蛋鸡（海兰 W-36）		褐壳蛋鸡（新红褐）	
	给料量 / [克 /（天•只）]	体重范围 / 克	给料量 / [克 /（天•只）]	体重范围 / 克
1	10	50 ～ 70	11	50 ～ 80
2	16	100 ～ 140	19	100 ～ 140
3	19	160 ～ 200	25	180 ～ 220
4	29	220 ～ 280	31	260 ～ 320
5	38	290 ～ 350	37	360 ～ 400

续表

周龄	白壳蛋鸡（海兰 W-36）		褐壳蛋鸡（新红褐）	
	给料量 / [克 /（天•只）]	体重范围 / 克	给料量 / [克 /（天•只）]	体重范围 / 克
6	41	350 ～ 430	43	440 ～ 540
7	43	430 ～ 510	49	540 ～ 600
8	46	510 ～ 590	53	620 ～ 710
9	48	590 ～ 680	57	720 ～ 810
10	51	690 ～ 780	61	810 ～ 890
11	53	780 ～ 870	65	900 ～ 980
12	54	870 ～ 960	69	1000 ～ 1100
13	56	960 ～ 1040	73	1130 ～ 1230
14	57	1040 ～ 1110	76	1230 ～ 1310
15	59	1110 ～ 1160	79	1330 ～ 1420
16	61	1160 ～ 1220	82	1500 ～ 1620
17	62	1220 ～ 1270	85	1650 ～ 1710
18	64	1270 ～ 1300	88	1710 ～ 1790

育成期喂料量根据鸡群的体重发育情况掌握。如果体重超标，可进行适当的限制饲养；体重符合标准，自由采食；体重不达标，应加强饲喂。为保证每只鸡都获得需要的采食量，饲喂用具要充足。不同品种雏鸡的参考喂料量见表 2-11。

（3）料中加入药物　为了预防沙门菌病、球虫病的发生，可以在饲料中加入药物。料中加药时，剂量要准确、拌料要均匀，以防药物中毒。生产中痢特灵、球虫药中毒情况时有发生。

（4）定期饲喂沙砾　鸡无牙齿，食物靠肌胃蠕动和胃内沙砾研磨。4 周龄时，每 100 只鸡喂 250 克中等大小的不溶性沙砾（不溶性是指不溶于盐酸。可以将沙砾放入盛有盐酸的烧杯中，如果有气泡说明是可溶性的）。8 周龄后，垫料平养每 100 只鸡每周补充 450 ～ 500 克，网上平养和笼养每 100 只鸡每 4 ～ 6 周补充 450 ～ 500 克不溶性沙砾，粒径为 3 ～ 4 毫米，一天用完。

3. 饲料的更换

育雏期鸡的消化道容积小，消化能力弱，需要营养平衡、全面、浓度高且易于消化吸收的雏鸡料。雏鸡进入育成期后，胃肠容积增大，消化能力增强，采食量与日俱增，其蛋白质需要量相对稳定，所以应使用蛋白质含量较低的育成料，这样能以尽可能低的成本生产出优质的新母鸡。否则，会导致新母鸡早熟，增加培育费用，甚至会引起痛风等疾病。但由雏鸡料到育成料，应该注意不能按周龄来确定（传统饲养是按周龄确定的），而是按体重确定，即何时雏鸡体重达标何时更换育成料。

育成料的蛋白质含量降低，可以适当增加粗饲料和青饲料，保证维生素和矿物质需要及平衡。对于生长中的育成鸡，钙的含量要适宜，如果饲料中钙质不足，会导致鸡群生长发育缓慢，骨骼发育不良，轻者骨脆易折、变形弯曲，发生软骨病；严重者发展成佝偻病。如果钙含量过高，则易造成钙盐在肾脏中的沉积，危害肾脏的正常发育，影响肾脏的正常功能，阻碍尿酸的排出，引起鸡的痛风病。育成料中适宜的含钙量为0.6%～0.9%。接近产蛋，鸡的钙沉积能力极大增强，可以将大量的钙质沉积在骨骼内，为以后产蛋提供钙质。所以，育成到17周龄左右，应换成钙含量较高（饲料中的钙含量由0.9%增加至2.5%～3%，一般在产蛋的前2周内鸡储存钙质能力较强）的预产期饲料。

饲料的更换一般应有5～7天的过渡期。

六、优质育成新母鸡培育的管理技术

（一）保持适宜的环境条件

控制好温度、湿度、通风、光照、密度、营养等环境条件，特别要做好保温和脱温工作。

（二）让雏鸡尽快熟悉环境

育雏伞育雏时，伞内要安装一个小的白光灯或红光灯以调教雏鸡

熟悉环境。2～3天雏鸡熟悉热源后方可去掉。育雏器周围最好加上护栏（冬季用板材，夏季用金属网），以防雏鸡远离热源，随着日龄增加，逐渐扩大护栏面积或移去护栏。

暖房式（整个舍内温度达到育雏温度）加温的育雏舍，在育雏前期可以把雏鸡固定在一个较小的范围内，这样可以提高饲槽和饮水器的密度，有利于雏鸡学会采食和饮水。同时，育雏空间较小，有利于保持育雏温度和节约燃料。

笼养时，育雏的前两周内笼底要铺上厚实粗糙并有良好吸湿性的纸张，这样笼底平整，易于保持育雏温度，雏鸡活动舒适。

（三）垫料管理

地面平养一般要使用垫料，开始垫料厚度为5厘米，3周内保持垫料稍微潮湿，不能过于干燥，否则易引起脱水，以后保持垫料干燥，其湿度为25%。加强靠近热源垫料的管理，因鸡只常逗留于此，易污浊潮湿，垫料污浊潮湿要及时更换，可以减少霉菌感染，未发生传染病的情况下，潮湿的垫料在阳光下干燥、暴晒（最好消毒）后可以重复利用。

（四）分群、稀群和转群

随着日龄增加，鸡群会出现大小、强弱差异，公雏的第二性征也会明显，所以要利用防疫、转群、饲喂等机会进行大小分群、强弱分群和公母分群，有利于鸡群生长发育整齐和减少死亡。鸡群不要过大，一般每群以1000～2000只为宜。育雏后期和育成期及时淘汰体重过小的、瘦弱的、残疾的、畸形的等无饲养价值的鸡，降低育成鸡的培育费用。

随着日龄增加，鸡的体型增大，需要不断扩大饲养面积，疏散鸡群。根据不同日龄和不同饲养方式的密度要求合理扩大饲养面积，避免鸡群拥挤，影响生长发育和均匀整齐。

育雏结束，需要转入育成舍或部分转入育成舍。转群时，抓鸡要抓鸡脚，提鸡腿。抓鸡和放鸡的动作要柔和，避免动作粗暴引起损伤和严重应激。转群前要在料槽和水槽中放上料和水，保持鸡舍明亮，在饲料和饮水中加入多种维生素，以减少应激。

（五）加强对弱雏的管理

随着日龄增加，雏鸡群内会出现体质瘦弱的个体。注意及时挑出小鸡、弱鸡和病鸡，隔离饲养，可在饲料中添加糖、奶粉等营养剂，或加入维生素 C 或速溶多维等抗应激剂，必要时可使用土霉素、链霉素、呋喃唑酮等抗菌药物等，并精心管理，以期跟上整个鸡群的发育。

（六）注意观察鸡群

观察鸡群能及时发现问题，把疾患消灭于萌芽状态。所以每天都要细致地观察鸡群。观察从以下几个方面进行。

1. 采食情况

正常的鸡群采食积极，食欲旺盛。触摸嗉囊饱满。个别鸡不食或采食不积极应隔离观察。有较多的鸡不食或不积极，应该引起高度重视，应找出原因。其原因一般有：一是突然更换饲料，如两种饲料的品质或饲料原料差异很大，突然更换，鸡只没有适应引起不食或少食；二是饲料的腐败变质，如酸败、霉变等；三是环境条件不适宜，如育雏期温度过低或过高、温度不稳定、育成期温度过高等；四是疾病，如鸡群发生较为严重的疾病。

2. 精神状态

健康的鸡活泼好动；不健康的鸡会呆立一边或离群独卧、低头垂翅等。

3. 呼吸系统情况

观察有无咳嗽、流鼻、呼吸困难等症状，在晚上夜深人静时，蹲在鸡舍内静听雏鸡的呼吸音，正常应该是安静，听不到异常声音。如有异常声音，应引起高度重视，做进一步的检查。

4. 粪便检查

粪便可以反映鸡群的健康状态，正常的粪便多为不干不湿黑色圆锥状顶端有少量尿酸盐沉着，发生疾病时粪便会有不同的表现。如鸡白痢排出的是白色带泡状的稀薄粪便；球虫病排出的是带血或肉状粪便；法氏囊排出的是稀薄的白色水样粪便等。粪便观察可以在早上开灯后，因为晚上鸡只卧在笼内或网上排粪，鸡群没有活动前粪便的状态容易观察。

（七）断喙

鸡的饲养管理过程中，由于种种原因，如饲养密度大、光照强、通气不良、饲料不全价及机体自身因素等会引起鸡群内个体之间互啄，形成啄癖，包括啄羽、啄肛、啄翅、啄趾等，轻则伤残，重者造成死亡，所以生产中要对雏鸡进行断喙。同时，断喙可节省饲料，减少饲料浪费，使鸡群发育整齐。

1. 断喙的时间

蛋用雏鸡一般在 8 ～ 10 日龄断喙，可在以后转群或上笼时补断。断喙时间晚，喙质硬，不好断。断喙过早，雏鸡体质弱，适应能力差，都会引起较严重的应激反应。

2. 断喙的用具

较好的用具是自动断喙器。在农村，可将 500 瓦的电烙铁固定在椅子上代用，以烙代切，会对雏鸡造成较大的应激。

3. 断喙的方法

用拇指捏住鸡头后部，食指捏住下喙咽喉部，将上下喙合拢，放入断喙器的小孔内，借助于灼热的刀片，切除鸡上下喙的一部分，灼烧组织可防止出血，断去上喙长度的 1/2，下喙长度的 1/3。

4. 断喙注意事项

（1）断喙标准　断过的喙应上短下长才合要求，断喙不可过长，一则易出血不易止血，二则影响以后的采食，引起生长缓慢。

（2）断喙器的温度要适宜　准确掌握断喙温度，在 650 ～ 750℃为适宜（断喙器刀片呈暗红色）。温度太高，会将喙烫软变形；温度低，起不到断喙之作用，即使断去喙，也会引起出血、感染。

（3）避免应激和出血　断喙对鸡是一大应激，鸡群发病期间不能断喙，待病痊愈后再断喙。在免疫期间最好不进行断喙，避免影响抗

体生成，有的鸡场为了减少抓鸡次数，在断喙时同时免疫接种，应在饮水或饲料中添加足量的抗应激剂。防止断喙后出血，在断喙前后3天，料内加维生素K，每千克饲料中加5毫克。

（4）饲槽内有较厚饲料　断喙后食槽应有厚1～2厘米的饲料，以避免雏鸡采食时与槽底接触引起喙痛影响以后采食。

（5）断喙器卫生　断喙器保持清洁，以防断喙时交叉感染（多场共用一个断喙器时，在断喙前要进行熏蒸消毒）。

（八）体型控制

体重指标反映了鸡的体重增加情况，胫长指标反映了鸡的骨骼发育情况，体重指标和胫长指标的综合构成了鸡的体型，可以全面准确地反映鸡的发育情况。体型良好的鸡群，即体重和胫长指标都符合标准的鸡，骨骼和体重协调增长，内部器官发育充分，以后才会有很好的生产性能。所以育成期应该重点控制鸡的体型，尽量使每只鸡的体型都符合要求，这样的鸡群不仅生长发育良好，而且均匀整齐。

标准体重和胫长是育种场家在育种过程中得出的能产生最佳生物学指标和经济效益而获得的体重和胫长指标。各育种者不仅为其培育的品系规定了18～20周龄的体重和胫长标准，而且也规定了整个育雏、育成期内各周龄应该达到的标准，这一点非常重要，养鸡者可以利用这些标准来控制鸡体的生长发育，使每周的体重和胫长与标准吻合。否则，等到后期发现鸡体发育出现问题时再来调整以为时过晚，必然会影响到育成新母鸡的质量，从而影响以后生产性能。所以育成鸡的体型控制需要在整个育成期内通过称测体重和胫长、计算、调整来完成的。

1. 体重和胫长标准

体重达标的鸡群则具有开产早、爬峰快、高峰维持期长、死淘率低、料蛋比低等优点（0～6周的料增重比是2.15∶1，7～12周是3.5∶1，13～18周是5.92∶1，所以要尽量保持前期体重达标）。胫骨长短与产蛋多少、蛋壳质量、鸡的啄癖有关系。35日龄胫长不达标，终生将很难达标。胫长每增加1毫米约多产3枚鸡蛋。伊莎褐壳蛋鸡的体重和胫骨长度标准见表2-12。

2. 测定方法

一般可以从 3 ～ 4 周龄开始称测体重和胫长，每周或每两周称测一次；称测时间安排在相应周龄的同一时间进行，隔日限食的在停喂日的下午称重（要求空腹）；称测的样品鸡要达到一定数量，大群饲养应抽测 2% ～ 5% 的鸡，群小时不得少于 100 只，在分隔栏内饲养的鸡群，每个栏抽测 50 只鸡。选取样品要随机，一般是在鸡栏的对角线上任取两点，随机将鸡围起，所围的数量应接近抽测的鸡数，不要太多，也不要太少，然后用准确性好的秤逐只称重，称重后用游标卡尺测定脚垫部到肘关节顶部的直线距离（胫长），并编号记录体重和胫长。

表 2-12　伊莎褐壳母鸡体重、胫骨长度

周龄 / 周	1	2	4	6	8	10	12	14	16	18	20	22
体重 / 克	70	114	280	360	620	810	935	1105	1280	1450	1450	1620
胫长 / 毫米					72	85	94	98	100	101	101	101

3. 计算

计算平均体重、平均胫长和体重、胫长均匀度。计算公式：

平均体重 = 所称鸡数总体重 ÷ 所称鸡只数

平均胫长 = 所称鸡数总胫长 ÷ 所称鸡只数

体重均匀度 = [（平均体重 ±10% 范围内鸡只数）÷ 鸡群总只数] ×100%

胫长均匀度 = [（平均胫长 ±5% 范围内鸡只数）÷ 鸡群总只数] ×100%

如果平均体重和平均胫长与标准相符，体重均匀度≥ 80%，胫长均匀度≥ 90%，说明鸡群生长发育良好，以后必有较好的生产性能。

4. 调整

如果称测后与标准不符，要着手进行调整。

（1）体重、胫长调整　胫长达标情况下，如果体重超出标准，下周不增加喂料量，直至与标准相符再恢复应该的喂料量。如果体重低于标准，下周增加喂料量，平均体重与标准相差多少克，增加多少克饲料，并在 2 ～ 3 周添完；胫长不达标，说明骨骼发育落后于体重增

加，增加饲料的幅度可以缓慢一些，同时适当提高饲料中维生素、微量元素和矿物质含量；胫长超标，鸡群只是较瘦，可以大幅度增加喂料量，必要时提高日粮能量水平。如果多次调整后体重仍不达标，则应检查日粮的营养水平，可能是日粮质量太差。

（2）均匀度调整　评价鸡群质量更重要的标准应是均匀度，即整齐度。传统标准是体重均匀度≥85%是极好鸡群，体重均匀度在80%～85%是很好，体重均匀度在75%～80%是好，体重均匀度在70%～75%是一般，体重均匀度70%以下就是差。新的标准是：合格鸡群产蛋率80%～85%（高峰维持期4个月以上），良好鸡群产蛋率85%～90%（高峰维持期6个月以上），优秀鸡群产蛋率90%以上（高峰维持期8个月以上），这样良种的性能才能得以展现，150日龄产蛋率才能上90%。

如果体重均匀度低于80%，要寻找原因，着手解决。若找不到原因，就要整群。把鸡群内的鸡分为超标、达标和不达标三个小群隔开饲养，分别进行不同的饲养管理，其饲养管理方法见表2-13。整群对所有鸡群都具有意义，虽然增加了工作的强度和难度，但可以提高鸡群的整齐度，使以后产蛋率上升快，高峰上得高。

表2-13　不同鸡群的饲养管理方法

类别	饲料	饮水	密度
超标	限制饲养	限制饮水	正常
达标	正常饲养	正常饮水	正常
不达标	提高饲料中营养含量或使用抗生素、助消化剂；增加饲喂次数；适当延长采食时间	正常饮水，水中可以添加营养剂和抗应激剂等	降低饲养密度

（九）卫生防疫

1. 隔离

育雏期间进行封闭育雏，避免闲杂人员入内。饲养管理人员进入要进行严格的消毒。设备、用具、饲料等进入也要消毒。

2. 卫生

保持育雏和育成舍清洁卫生，垃圾和污物放在指定地点，不要随意乱倒。定期清理粪便，饲养人员保持个人卫生。保持饲喂用具、饮水用具卫生。

3. 消毒

除了进入的人员、设备及用具严格消毒外，还要定期进行鸡舍和环境消毒。育雏期每周带鸡消毒 2 ～ 3 次，育成期每周 1 ～ 2 次；鸡舍周围环境每周消毒 1 次。饲喂用具每周消毒 1 次，饮水用具每周消毒 2 ～ 3 次，同时对水源也要定期进行消毒。

4. 制订严格的免疫接种程序并进行确切的操作

（十）做好记录和统计

1. 做好记录

做好记录有利于了解鸡群状况和发育情况，有利于经济核算和降低饲养成本，有利于总结经验和吸取教训，提高饲养管理和技术水平。

（1）每日记录　记录的内容主要包括雏鸡的日龄、周龄、鸡数变动情况、喂料量、温度、湿度、通风换气、外界气候变化、鸡群精神状态。

（2）用药记录　药品名称、产地、含量、失效期、剂量、用药途径及用药效果。

（3）防疫记录　防疫时间、疫病种类、疫苗名称、来源、失效期、防疫方法。

（4）其他记录　各种消耗、支出以及收入等。

2. 填写周报表和统计计算

（1）育雏育成鸡周报表　见表 2-14。

（2）培育鸡生产成本计算

每只雏鸡成本 =（雏鸡的饲养费用 − 副产品价值）÷ 育雏期末成活的雏鸡数

表 2-14　育雏育成鸡周报表

周龄　　1　　批次　　品种　　数量　　鸡舍栋号

日期	日龄	鸡数	死淘数	喂料量	温度	湿度	通风	光照	其他
	1								
	2								
	3								
	4								
	5								
	6								
	7								

标准体重　　平均体重　　平均体重均匀度

标准胫长　　平均胫长　　平均胫长均匀度

填表人：

第三招 让蛋鸡多产蛋

【提示】

蛋鸡阶段是收获期。只有在培育出优质新母鸡的基础上，加强产蛋期科学的饲养管理，才能保证蛋鸡有较高的产蛋量，获得较好的效益。蛋鸡的饲养管理要点有二。一是要保证营养物质的摄取量。蛋鸡各种营养物质要尽可能地全面平衡，如缺乏某种或某些营养素，就会形成一些限制作用，使形成蛋的某些物质供应不足，产蛋率达不到应有的水平，甚至对鸡的健康有不良影响。同时必须了解蛋鸡的采食量及日粮中能量和蛋白质水平，并根据鸡的采食量及时地对日粮进行调整和更换，以满足蛋鸡对营养素的需要和节约饲料费用。二是要进行科学的管理，保证适宜环境条件，减少各种应激，控制好疾病，使鸡群的生产潜力充分发挥，生产出数量多、质量好的蛋品。

【注意的几个问题】

（1）影响蛋鸡产蛋量的因素

●品种

◇品种影响蛋鸡产蛋量，其权重可以占到50%。没有高产的遗传潜力，不可能有高的产蛋量。现代杂交品种的推广应用，极大地提高了蛋鸡的产蛋量。

●育成的新母鸡质量

◇育成的新母鸡（18～20周龄的小母鸡）质量至关重要。只有培育出体重达标，体型良好，均匀整齐的育成新母鸡，才能为产蛋期的高产奠定良好的基础。

●产蛋期管理

◇饲养

◇环境条件 温度、湿度、通风、光照以及有害气体等。

◇应激

●疾病

（2）我国蛋鸡产蛋量低的原因分析

●品种质量差 我国现在饲养的蛋鸡多是利用良种繁育体系繁育的优良高产配套杂交鸡，与过去饲养的标准品种鸡和一般杂交鸡相比，生产性能虽有了大幅度提高，但与国外同类品种相比，存在质量差的问题。其原因如下。

◇我国引进的鸡种质量差

我国对种鸡饲养规模宏观调控不力，使许多场家争相引种，同时各类育种公司为了占领中国市场也纷纷降低种鸡价格，国际上的一些小育种公司也以低价向中国倾销种鸡，使我国种鸡严重过剩，由于种鸡的严重过剩，种鸡场效益严重滑坡，甚至亏损，有的种鸡场为降低成本，引进的曾祖代或祖代鸡不是核心群，质量低，有的甚至非正常途径引种，直接影响到引进种鸡的质量和后代生产性能的发挥。

◇不进行评估鉴定而盲目引进

品种的性能不仅仅是生产性能，而且还包括适应性，良种应是在一定地区、一定饲养水平、一定市场需求条件下的生产性能表现优良的品种。国外培育的品种由于受到培育地的气候、环境、饲养和疾病控制等条件影响，有些品种虽具有高产潜力但在我国不能充分表现。许多种鸡场不进行鉴定评估而只根据其广告和宣传盲目引种，结果引入的虽是“良种”，实际表现不良。

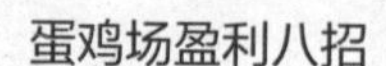

◇种鸡场管理不善

某些祖代种鸡场和许多父母代场场址选择不当、规划布局不合理、种鸡舍保温性能差、隔离防疫设施不完善、环境控制能力弱而造成温热环境不稳定、病原污染严重、鸡群抵抗力差、容易发病；卫生防疫制度不健全，饲养管理制度和种蛋雏鸡生产程序不规范，或不能严格按照制度和规程来执行；管理混乱；少数祖代场和多数父母代场不进行或不严格进行鸡的沙门菌检验，也不淘汰沙门菌检验阳性的母鸡，致使种蛋带菌，雏鸡污染及种鸡群鸡支原体污染严重，这些都影响鸡的质量。

◇雏鸡选择不当

购买的雏鸡弱雏多，导致发育不良，影响以后产蛋量。

●环境条件差

优良的品种对环境条件要求也高。由于受观念和经济条件的限制，对鸡场的规划布局和鸡舍的设计不重视或投入不足，鸡场隔离条件差，饲养密度高，鸡舍不能保温隔热导致舍外舍内环境差，如温度不适宜，夏季过高而冬季过低，舍内有害气体、微粒、微生物含量高等；粪便等废弃物处理不当，污水到处横流，病原污染严重，一方面造成对环境的巨大污染，另一方面降低了鸡场的疾病控制能力；设备选型不当、设备不配套、严重短缺或不能正常使用使鸡舍环境控制能力差等导致环境条件不良，蛋鸡的产蛋性能不能发挥，产蛋量低。

●疾病

饲养数量的增加、饲养环境的恶化、从业人员观念的陈旧、疾病控制措施的不力等导致我国禽病多发，危害严重。疾病的频繁发生已成为严重制约我国家禽业持续发展和效益提高的主要因素。目前我国禽病多达几十种，病情复杂，诊治困难。生产中常发的多达十多种（如新城疫、传染性法氏囊炎、马立克病、传染性支气管炎、传染性喉气管炎、禽流感、脑脊髓炎、减蛋综合征、传染性鼻炎、大肠杆菌病、沙门菌病、禽霍乱、支原体病、球虫病、卡氏白细胞病等），旧病换“新颜”（如新城疫的非典型化，马立克病毒、法氏囊病毒和新城疫病毒的变异和增强，传染性支气管炎病毒的新致病型出现），混合感染和继发感染常常发生（如支原体、大肠杆菌与禽流感、新城疫、传支、传喉、法氏囊的混合感染或继发感染，法氏囊与禽流感、新城疫的混

合感染，免疫抑制性病原体与其他病原体混合感染等），免疫抑制性疾病危害严重（传染性法氏囊炎、马立克病、传染性贫血、网状内皮组织增生症、传染性喉气管炎、传染性腺胃炎等病毒的感染导致家禽对多种疫苗的免疫应答下降，甚至引起免疫失败），蛋传疾病普遍存在（我国良种繁育体系不完善，管理不严格，许多种禽场不进行净化或净化不彻底使沙门菌、支原体、禽白血病病毒、禽腺病毒垂直传播），寄生虫病和营养代谢病呈上升趋势等，使疾病，特别是传染病的防治难度加大，严重影响鸡群健康和生产性能的发挥，同时也影响蛋品的质量。

●饲养管理不善

舍内高密度饲养，特别是笼养蛋鸡，需要全面、平衡、充足的营养供给，需要精心的饲养管理，高产品种的生产潜力才能发挥。否则，会直接影响蛋鸡产蛋量的提高。

◇营养问题

饲料配方设计不合理。如饲养标准选择的不当，不能根据实际情况科学地调整蛋鸡饲料的营养浓度；饲料原料选择不当，或为降低饲料成本大量使用劣质的、不易消化吸收的饲料原料等导致营养不平衡、不充足、不能利用等问题，影响产蛋量提高。

◇饲养管理问题

由于观念问题，人们注重经验而不易接收科学的饲养管理技术，导致一些先进技术不能在生产中推广应用，饲养管理水平低，经营方式粗放等，直接影响蛋鸡的产蛋量。

（3）蛋鸡的产蛋规律

●产蛋期

母鸡从开始产蛋到产蛋结束（72 周龄左右淘汰），构成了一个产蛋期，如果进行强制换羽，可以再利用第二个或第三个产蛋期。产蛋母鸡的产蛋期可以分为三个阶段，即：始产期、主产期和终产期。

◇始产期

从开始产第一枚蛋到正常产蛋，经过 3 ～ 4 周（鸡群越均匀整齐，时间越短）。其特征是：产蛋间隔时间长（如有的鸡产一个蛋后，第二天不产蛋）；双黄蛋多；软壳蛋多；一天内产一个正常蛋，产一个异状蛋或软壳蛋。其原因是产蛋模式没有形成，排卵和产蛋没有规律性。

◇主产期

始产期后进入主产期，产蛋模式趋于正常，每一只母鸡均具有自己特有的产蛋模式（产蛋模式是指母鸡产一个蛋或连续产若干个蛋后紧接着停产一天或一天以上。产蛋模式可以重复出现形成了产蛋的周期性），产蛋率迅速提高，达到产蛋高峰，然后稳定一段时间缓慢下降。主产期是母鸡产蛋年中最长的时期，对产蛋量起决定作用。主产期的长短与育成新母鸡的质量、产蛋期环境条件、饲养管理水平和市场行情等因素有关。

◇终产期

产蛋量下降比较迅速时期。母鸡产蛋量的多少，依赖于产蛋期的长短和产蛋期中产蛋率的高低。产蛋期一定的情况下，产蛋率越高，产蛋量越多；产蛋率一定的情况下，产蛋期越长，产蛋量越多。

●蛋鸡产蛋曲线

鸡群产蛋有一定的规律性，反映在整个产蛋期内产蛋率变化有一定模式。用图绘制出来，即所谓产蛋曲线，它是以产蛋率为纵坐标，鸡群的生长周龄为横坐标，根据鸡群在整个产蛋期中每周的平均产蛋率以图解形式表示，绘制出来的曲线（从产蛋率达到 5% 时开始绘制）。鸡群正常的产蛋率曲线如图 3-1 所示。

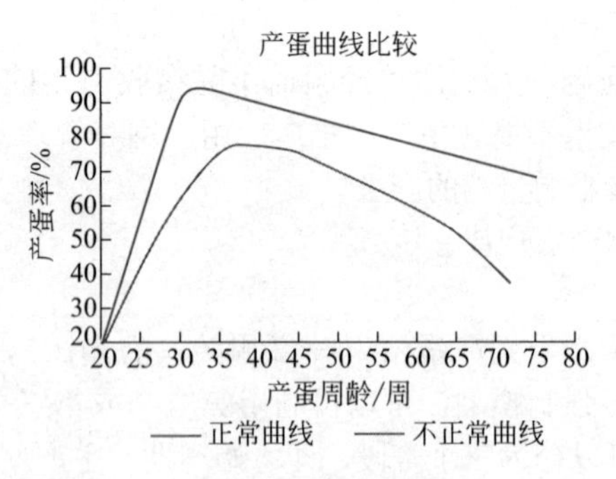

图 3-1　产蛋曲线图

从图 3-1 可以看出：开产初期，产蛋曲线坡度陡峭，说明产蛋率上升迅速。从产蛋率 5% 开始，经过 5 ～ 6 周产蛋率上升到 85% 以上，然后，上升幅度减缓，再经 2 ～ 3 周可以上升到高峰 90% 以上，并能维持 8 ～ 12 周。如果育成新母鸡质量差、饲养管理不当或鸡群患病等

原因使开产初期（产蛋率快速上升阶段）产蛋率徘徊不上或下降，影响极为严重，将推迟产蛋高峰的到来，并降低高峰期峰值，缩短高峰期产蛋持续时间，产蛋量减少，降低饲养全过程的经济效益。

产蛋高峰过后，产蛋率开始下降。下降十分平稳，曲线呈一条斜的直线，每周下降幅度为0.4%～0.5%，正常情况下不超过1%，直到72周龄，产蛋率下降至65%～70%。饲养管理过程中的不良刺激也会造成高峰期产蛋率下降，下降后就不可能再恢复到原来的水平。所以在整个产蛋期内采取良好的措施保证较高的和稳定的产蛋率，才能获得较多的产蛋量。

（4）提高产蛋量的措施

●提高蛋鸡高峰产蛋率

●延长蛋鸡主产蛋期

一、保证营养物质的摄取量

（一）蛋鸡的营养需要

见附表1-1～附表1-3。

（二）蛋鸡的常用饲料

见附表2-1。

（三）蛋鸡日粮配制要点

1. 开产前蛋鸡饲料配方

从开产前2～3周至开产后1周，母鸡体重增加340～450克，其后体重增加特别慢。研究表明，产蛋早期（开产后的前2～3个月）适当增加营养即能量和蛋白质摄入量，对尽快达到产蛋高峰很重要。能量摄入量与第一枚蛋重的关系比蛋白质更重要，能量摄入量严重影响产蛋量。因此开产后前2～3周到产蛋高峰期这段时间的能量需要，对产蛋鸡一生至关重要。

在产蛋初期饲粮中添加1.5%～2.0%的脂肪非常有效，不仅能提高日粮能量水平，而且能改善日粮适口性，提高采食量。日量蛋白质、氨基酸含量影响产蛋期的产蛋量和蛋重，但对产蛋初期的蛋重无明显影响。

蛋鸡开产前应提高日粮营养浓度，为今后产蛋做好准备，因为它们既要产蛋还要生长发育。然而有报道说，开产前两周应降低营养浓度。一般在蛋鸡开产前维持青年鸡日粮的营养浓度，也不用优质饲料原料，只是钙和磷的浓度分别提高到 2% 和 3.5%，仍用石粉做钙源；直到产蛋率达 5% 时才开始逐渐换用高峰期蛋鸡饲料。

2. 开产后蛋鸡饲料配方设计

青年母鸡开产是其一生中最关键的阶段。开产后的 8 ～ 10 周，母鸡必须摄取足够养分以使其产蛋率增加到 90% 左右，并且使体重增加 25%。产蛋高峰期蛋鸡新陈代谢旺盛，应增加投入，尽量给予品质优良的配合饲料，既满足相应品种的饲养标准、营养浓度高而平衡，且又易消化吸收，这是获得持续高产的关键。褐壳蛋鸡采食量较大，体型也大，饲养标准一般也比白亮蛋鸡高。产蛋期前 8 ～ 10 周的日粮能量不低于 11.6 兆焦 / 千克，粗蛋白质含量不低于 18%（含有足量氨基酸），钙含量为 3.55%，且为粗颗粒钙。可添加 2.0% ～ 2.5% 的脂肪，至少含 2.0% 的亚油酸，使用粗粉料。

（四）饲料参考配方

蛋鸡 19（或 20）周龄至开产的饲料配方见表 3-1。

表 3-1　蛋鸡 19（或 20）周龄至开产的饲料配方

原料组成 /%	配方 1	配方 2	配方 3	配方 4	配方 5	配方 6	配方 7
黄玉米	66.00	67.50	72.00	65.00	65.80	66.00	66.00
小麦麸	2.80	4.80	5.30	6.40	3.60	5.00	5.00
大豆粕	10.00			8.00	9.30	5.30	5.30
亚麻粕	9.50	9.50	7.00		10.00		6.50
鱼粉（进口）		6.50	3.00	6.50		6.50	
苜蓿粉	2.00	2.00	3.00	4.90	2.00	7.40	7.40
骨粉	1.00	1.00	1.00	1.00	1.00	1.50	1.50

续表

原料组成 /%	配方 1	配方 2	配方 3	配方 4	配方 5	配方 6	配方 7
石粉	7.50	7.50	7.50	7.00	7.00	7.00	7.00
食盐	0.20	0.20	0.20	0.20	0.30	0.30	0.30
1% 生长鸡预混剂	1.0	1.0	1.0	1.0	1.0	1.0	1.0
合计	100	100	100	100	100	100	100
原料组成 /%	配方 8	配方 9	配方 10	配方 11	配方 12	配方 13	配方 14
黄玉米	66.00	60.00	62.25	71.00	66.50	62.00	71.50
高粱		3.00					
小麦麸	8.80	2.75	3.00	3.90	13.15	4.00	8.45
大豆粕	7.50	7.00	8.00		3.50	18.00	5.00
菜籽粕		6.00	4.00			4.00	5.00
棉仁粕		7.00	4.00			3.00	
亚麻粕				12.00			
鱼粉（进口）	5.00	2.00	6.00		5.00		0.60
苜蓿粉	3.00	3.00	1.50	3.00	2.50		
槐叶粉		4.00	3.00				
骨粉	1.00	2.00	2.00	1.50	1.00	1.70	1.00
石粉	7.50	2.00	5.00	7.00	7.00		7.00
食盐	0.20	0.25	0.25	0.30	0.35	6.00	0.30
蛋氨酸				0.13		0.25	0.09
赖氨酸				0.17		0.05	0.06
1% 生长鸡预混剂	1.0	1.0	1.0	1.0	1.0	1.0	1.0
合计	100	100	100	100	100	100	100

开产至产蛋高峰配方见表 3-2。

表 3-2　开产至产蛋高峰配方

原料组成 /%	配方 1	配方 2	配方 3	配方 4	配方 5	配方 6	配方 7	配方 8
玉米	64.40	62.20	64.59	64.86	64.67	60.82	61.67	67.0
小麦麸	0.55	0.40		0.70	0.37	6.15	6.0	

续表

原料组成 /%	配方 1	配方 2	配方 3	配方 4	配方 5	配方 6	配方 7	配方 8
米糠饼		5.00				6.00		1.6
大豆粕	12.00	15.00	18.00	13.89	16.00	2.99	15.0	11.22
菜籽粕	3.00				3.00	4.00		3.00
麦芽根			1.28					
花生仁粕		3.00				3.00		3.00
向日葵仁粕	3.00							
玉米胚芽饼			1.65					
玉米 DDGS				3.00				
啤酒酵母				4.00				
玉米蛋白粉	3.00				3.00			
鱼粉（60.2% 粗蛋白）	3.62	4.00	4.00	3.00	2.24	7.00	6.0	5.00
磷酸氢钙（无水）	1.13	1.08	1.09	1.31	1.39		2.50	0.96
石粉	8.00	8.00	8.00	8.00	8.00	8.81	7.00	6.75
食盐	0.19	0.19	0.20	0.15	0.24	0.13	0.30	0.37
砂砾							0.50	
蛋氨酸	0.06	0.10	0.09	0.09	0.07	0.10	0.03	0.10
赖氨酸	0.05	0.03	0.10		0.02			
1% 蛋鸡预混剂	1.00	1.00	1.00	1.00	1.00	1.0	1.0	1.0
总计	100	100	100	100	100	100	100	100

原料组成 /%	配方 9	配方 10	配方 11	配方 12	配方 13	配方 14	配方 15
玉米	33.72	32.95	33.27	31.38			
高粱					5.72	4.07	3.96
糙米	30.00	30.00	30.00	30.00	56.00	58.00	58.00
小麦麸	2.56	4.36	1.30	4.42	4.75	5.00	2.40
米糠饼							4.00
蚕豆粉浆蛋白粉						3.00	
大豆粕	16.00	16.00	17.00	17.00	13.98	14.00	15.00
玉米蛋白粉				5.00	3.00		
花生粕		3.00					

续表

原料组成 /%	配方 9	配方 10	配方 11	配方 12	配方 13	配方 14	配方 15
向日葵仁粕			5.00				
菜籽粕	3.00				3.00		
国产鱼粉	4.00	3.00	2.83	1.18	3.00	3.00	3.00
玉米 DDGS							3.00
苜蓿草粉						2.43	
磷酸氢钙（无水）	1.00	1.26	1.29	1.62	1.21	1.16	1.26
石粉	8.00	8.00	8.00	8.00	8.00	8.00	8.00
食盐	0.52	0.23	0.22	0.29	0.24	0.24	0.18
蛋氨酸	0.10	0.10	0.09	0.09	0.10	0.10	0.10
赖氨酸	0.10	0.10		0.02			0.10
1% 蛋鸡预混剂	1.00	1.00	1.00	1.00	1.00	1.00	1.00
总计	100	100	100	100	100	100	100

（五）饲养

1. 开产前后的饲养

应从 17 周龄起把日粮中钙含量由 0.9% 提高到 2.5% ～ 3%，产蛋率达到 20% 左右时换上高产蛋鸡日粮。开产初期产蛋率上升快，蛋重逐渐增加，体重也在不断增加，这时采食量跟不上产蛋的营养需要，被迫动用育成期体内储备的营养物质，结果影响体重增加，以致鸡体瘦弱，抵抗力差，高峰不高，产蛋不稳定。所以，开产初期随着光照时间延长和产蛋率上升应增加采食量，让鸡吃饱吃好，饲料营养走在前头，促进产蛋高峰上升。保证每只鸡每天摄取 18 ～ 19 克粗蛋白质，同时其他营养成分也要充足平衡。开产初期和高峰期无限食必要，但给料量也要适宜，保证每天吃饱吃净，这样既保证鸡群有旺盛的食欲，又避免饲料浪费。开产前后鸡体代谢旺盛需水量较大，要保证充足饮水，如果饮水不足会严重影响产蛋率上升。并会出现较多的脱肛。

2. 产蛋高峰期的饲养

产蛋高峰期蛋重在不断的增大，鸡的体重发育还在进行，需要较

多的营养物质，如果营养物质供应不足，必然会影响产蛋高峰上升的高度和高峰维持的时间。

高峰期日粮的蛋白质、矿物质和维生素水平要高，各种营养素全面平衡。日粮中蛋白质含量为19%～20%，代谢能为11.5兆焦/千克，钙为3.7%～3.9%，有效磷为0.65%～0.7%；配制日粮的饲料原料要优质，尽量少用不易吸收利用的非常规饲料原料。

产蛋高峰期每天饲喂2～4次，喂料时料槽中的料要均匀。鸡的采食量与日粮的能量水平、鸡群健康状况、环境条件和喂料方法等因素有关，一般的耗料标准见表3-3，可供参考。

表3-3 产蛋鸡耗料参考标准

周龄/周	轻型鸡/（克/只•天）	中型鸡/（克/只•天）
20	95	100
21	100	105
22	108	113
23	112	117
24周以后	118	122

生产中，喂料量要适宜，既要保证鸡吃饱吃好，又要不浪费饲料。喂料量的多少应根据鸡群的采食情况来确定。每天早上检查料槽，槽底有很薄的料末，说明前天的喂料量是适宜的。如果槽底很干净，说明喂料量不足；如果槽底有余料，说明喂料量多。槽底有一层薄薄的料末就比较适宜。

鸡群产蛋率上到一定高度不再上升时，为了检验是否由于营养供应问题而影响产蛋率上升，可以采用探索性增料技术来促使产蛋率上升。具体操作是：每只鸡增加2～3克饲料，饲喂1周，观察产蛋率是否上升，如果没有上升，说明不是营养问题，恢复到原先的喂料量；如果上升，再增加1～2克料，再观察1周，产蛋率不上升，停止增加饲料。经过几次增料试探，可以保证鸡群不会因为营养问题而影响产蛋率上升。

3. 产蛋后期的饲养

50周龄以后，鸡群的产蛋率下降，产蛋量减少，体重保持稳定，

饲养管理要点是尽量缓解产蛋率下降幅度，保证蛋壳的良好，最大限度地节约饲料。

产蛋后期蛋鸡需要的营养物质减少，应该进行限制饲养。通过限制饲养减少饲料消耗，降低蛋品生产成本。但生产中，存在着不限制饲养和限制不适度的问题。50周龄后就可以限制饲养，为了适度地限制饲养，既不影响产蛋，又确实节约饲料，采用探索性减料技术。即在高峰期喂料量的基础上每只鸡减少2～3克料，观察1周，产蛋率正常，可以再减2～3克，再观察1周，产蛋下降正常，可以再减料，如果下降幅度增大，应恢复到产蛋下降前的喂料量。这样在产蛋后期经过3～5次的探索调整喂料量，就可以达到适度限制饲养的目的。

（六）饮水

水对产蛋和健康有着重要影响。产蛋期不限水，饮用的水要洁净卫生。水温13～18℃，冬季不低于0℃，夏季不高于27℃。饮水用具勤清洗消毒。乳头饮水器要定期逐个检查，防止不出水或漏水。

二、科学的管理

（一）蛋鸡开产前后的管理

1. 做好转群上笼前的准备工作

（1）检修鸡舍和设备　转群上笼前对鸡舍进行全面检查和修理。认真检查喂料系统、饮水系统、供电照明系统、通风排水系统和笼具、笼架等设备，如有异常立即维修，保证鸡入笼时完好正常使用。

（2）清洁消毒　淘汰鸡后或上笼前2周对蛋鸡舍进行全面清洁消毒。其清洁消毒步骤是：先清扫。清扫干净鸡舍地面、屋顶、墙壁上的粪便和灰尘，清扫干净设备上的垃圾和灰尘。再冲洗。用高压水枪把地面、墙壁、屋顶和设备冲洗干净，特别是地面、墙壁和设备上的粪便。最后彻底消毒。如鸡舍能密封，可用福尔马林和高锰酸钾熏蒸消毒。如果鸡舍不能密封，用5%～8%火碱溶液喷洒地面、墙壁，用5%的甲醛溶液喷洒屋顶和设备。对料库和值班室也要熏蒸消毒。用

5% ～ 8% 火碱溶液喷洒距鸡舍周围 5 米以内的环境和道路。

（3）物品用具准备　所需的各种用具、必需的药品、器械、记录表格和饲料要在入笼前准备好，进行消毒；饲养人员安排好，定人定鸡。

2. 转群上笼

（1）入笼日龄　现代高产配套杂交蛋鸡开产日龄提前，因此，生产中必须在 17 ～ 18 周龄转群上笼。提前入笼使新母鸡在开产前有一段时间熟悉环境，适应环境，互相熟悉，形成和睦的群体，并留有充足时间进行免疫接种和其他工作。如果上笼太晚，会推迟开产时间，影响产蛋率上升，已开产的母鸡由于受到抓、运等强烈应激也可能停产，以致造成卵黄性腹膜炎，增加产蛋期死淘数。

（2）选留淘汰　现代高产配套杂交蛋鸡，要求生长发育良好，均匀整齐，健康无病，否则会影响群体生产性能。入笼时要按品种要求剔除过小鸡、瘦弱鸡和无饲养价值的残鸡，选留精神活泼、体质健壮、体重适宜的优质鸡。

（3）分类入笼　即使育雏育成期饲养管理良好，由于遗传因素和其他因素使鸡群里仍会有一些较小鸡和较大鸡，如果都淘汰掉，成本必然增加，蛋鸡舍内笼位也会空余，造成设备浪费。所以上笼时，把较小的鸡和较大鸡分别装在不同层次的笼内，采取特殊管理措施。如过小鸡装在温度较高、阳光充足的南侧中层笼内，适当提高日粮营养浓度或增加喂料量，促进其生长发育；过大鸡进行适当限制饲养。为避免先入笼的欺负后入笼的鸡，每个笼格内要一次入够。入笼时检查喙是否标准，必要时补断。

3. 免疫接种

开产前要进行最后一次免疫接种，这次免疫接种对预防产蛋期疫病发生有重大关系。要按免疫程序进行。疫苗来源可靠，质量保证保存良好，接种途径适当，接种量准确，接种确切，接种后最好检测抗体水平，检查接种效果，保证鸡体有足够抗体水平来防御疫病发生。

4. 驱虫

开产前做好驱虫工作。100 ～ 120 日龄，每千克体重左旋咪唑 20 ～ 40 毫克或驱蛔灵 200 ～ 300 毫克拌料，每天一次，连用 2 天驱

蛔虫；每千克体重硫双二氯酚100～120毫克拌料，每天一次，连用2天驱绦虫；球虫污染严重时，上笼后连用抗球虫药5～7天。

5. 光照

光照对鸡的繁殖机能影响很大，增加光照能刺激性激素分泌而促进产蛋，此外光照可调节青年鸡的性成熟和使母鸡开产整齐，所以开产前后光照控制非常关键。体重符合标准或稍大于标准体重的鸡群可在16～17周龄将光照时数增至13小时，以后每周增加20～30分钟直至16小时；体重小于标准的鸡群在18～20周开始光照刺激，光照时数逐渐增加，如果突然增加易引起脱肛。光照强度要适宜，不宜过强或过弱，过强易发生啄癖，过弱起不到刺激产蛋的作用。密封舍育成的新母鸡由于育成期光照强度较弱，开产前后光照强度以10～15勒克斯为宜；开放舍育成的新母鸡，育成期受自然光照影响，光照强，开产前后光照强度要加强，一般保持在10～20勒克斯范围内。

6. 减少应激

转群上笼、免疫接种等工作时间最好安排在晚上，捉鸡、提鸡、上笼的动作要轻柔，切忌太粗暴。上笼前在料槽内放上料，水槽中放上水，并保持适宜光照，使鸡入笼后立即能饮到水，吃到料，尽快熟悉环境，减弱应激；饲料更换有过渡期，即将70%前段饲料与30%后段饲料混合饲喂2天后，50%前段饲料与50%后段饲料混合饲喂2天，30%前段饲料与70%后段饲料混合饲喂2天后全部使用后段饲料，避免突然更换饲料引起应激；舍内环境安静，工作程序相对固定，光照制度稳定；开产前后应激因素多，可在饲料或饮水中加入抗应激剂。开产前后每千克饲料添加维生素C 25～50毫克或加倍添加多种维生素；上笼、防疫前后2天在饲料中加入氯丙嗪，剂量为每千克体重30毫克，或前后3天内在饲料中加入延胡索酸，剂量为每千克体重30毫克，或前后3天在饮水中加入速补-14、速补-18等抗应激剂。

7. 卫生

上笼后，鸡对环境不熟悉，加之一系列生产程序，对鸡造成极大应激。随产蛋率上升，机体代谢旺盛，抵抗力差，极易受到病原侵袭，所以必须注意开产前后新母鸡的隔离、卫生和消毒，杜绝外来人员进

入饲养区和鸡舍，饲养人员出入要消毒，保持鸡舍环境、饮水和饲料卫生，定期带鸡消毒，减少或消灭传染源，切断传播途径。生产中开产前后易发生霉形体病和大肠杆菌病，应加强防治。开产前后在饲料中定期添加“克呼散”和“清瘟败毒散”来预防，可收到较好效果。

8. 加强对开产前后新母鸡的观察

新母鸡开产后，由于生理变化剧烈，急躁不安，易引起挂颈、别脖、扎翅等现象，发现不及时引起死亡；产蛋鸡易发生脱肛、啄肛，应加强对开产前后新母鸡的巡视，及时发现，及时处理。注意细致观察采食、粪便和产蛋率情况，以便尽早发现问题，尽早解决，防患于未然，保证生产性能正常发挥。

（二）产蛋高峰期的饲养管理

鸡群产蛋率达到80%时就可以说进入高峰期，一般90%产蛋率可以维持3个多月，有的甚至可以维持5～6个月。维持时间的长短除与育成鸡质量有直接关系外，产蛋期的管理也非常重要。高峰期除了保证充足营养外，还要保持适宜的温度、湿度，夏季温度不超过30℃，冬季不低于5℃。相对湿度为50%～70%。光照时间要恒定。各项工作程序要稳定，饲喂程序和饲养人员不要轻易更换。避免噪声刺激，避免在高峰期进行免疫接种和投药驱虫，尽量减少鸡群应激。

（三）产蛋后期的饲养管理

产蛋后期，母鸡利用和沉积钙的能力降低，蛋壳变薄变脆，易破损。一方面要注意钙质、维生素D的补充，另一方面及时检出破蛋，并且勤拣蛋；由于种种原因，产蛋后期会出现一些低产鸡和停产鸡，要及时进行淘汰。

（四）蛋鸡的日常管理

1. 注意观察鸡群

蛋鸡饲养管理工作，除喂料、拣蛋、打扫卫生等工作外，最重要的就是经常观察鸡群，掌握鸡群的健康及产蛋情况，若发现问题，及

时采取措施，予以解决，观察鸡群包括以下几个内容。

（1）观察精神状态　在清晨鸡舍开灯后，观察鸡的精神状态，若发现精神不振，闭目困倦，两翅下垂，羽毛蓬乱，行为怪异，冠色苍白的鸡，多为病鸡，应及时挑出严格隔离，如有死鸡，应送给有关技术人员剖检，以及时发现和控制病情。

（2）观察鸡群采食和粪便　鸡体健康，产蛋正常的成年鸡群，每天的采食量和粪便颜色比较恒定，如果发现剩料过多、鸡群采食量不够、粪便异常等情况，应及时报告技术人员，查出问题发生的原因，并采取相应措施解决。

（3）观察呼吸道状态　夜间熄灯后，要细心倾听鸡群的呼吸，观察有无异常。如有打呼噜，咳嗽，喷嚏及尖叫声，多为呼吸道疾病或其他传染病，应及时挑出隔离观察，防止扩大传染。

（4）观察舍温的变化　在早春及晚秋季节，气温变化较快，变化幅度大，昼夜温差大，对鸡群的产蛋影响也较大，因而应经常收听天气预报，并观察舍温变化，防止鸡群受到低温寒流或高温热浪的侵袭。

（5）观察有无啄癖鸡　产蛋鸡的啄癖比较多，而且常见，主要有啄肛、啄羽、啄蛋、啄趾等，要经常观察鸡群，发现啄癖鸡，尤其啄肛鸡，应及时挑出，分析发生啄癖的原因，及时采取防制措施。

（6）观察鸡的产蛋情况　加强对鸡群产蛋数量、蛋壳质量、蛋的形状及内部质量等方面的观察，可以掌握鸡群的健康状态和生产情况。鸡群的健康和饲养管理出现问题，都会在产蛋方面有所表现。如营养和饮水供给不足、环境条件骤然变化、发生疾病等都能引起产蛋下降和蛋的质量降低。

2. 淘汰低产鸡和停产鸡

有些病鸡和弱残鸡，在转群入笼时由于没有及时淘汰，产蛋期间不产蛋或产蛋很少。产蛋期内，由于种种原因还会出现低产鸡、停产鸡和病弱鸡，这些鸡吃料而不下蛋，直接影响鸡场的经济效益。一只不产蛋鸡可以消耗掉 5 ～ 7 只产蛋鸡创造的利润，一只低产鸡可以消耗掉 3 ～ 5 只高产蛋鸡创造的利润。所以应经常观察，及时淘汰病弱残鸡和产蛋性能低的鸡。正常鸡群，选择淘汰时，可按表 3-4、表 3-5 中所列项目进行。

表 3-4 产蛋鸡与停产鸡的区别

项目	产蛋鸡	停产鸡
冠、肉髯	大而鲜红，丰满，温润	小而皱缩，苍白，干燥
肛门	大，温润，椭圆形	小，皱缩，圆形
腹部容积	大，柔软，富弹性	小，皱缩，无弹性
两耻骨间距	大，可容 3 指以上	小，可容 2 指以下
换羽	未换	已换或正换

表 3-5 高产鸡与低产鸡的区别

项目	高产鸡	低产鸡
头部	大小适中，清秀，顶宽	粗大，过长或过短
冠	大，致密，鲜红，温暖	小，粗糙，苍白，萎缩
胸	宽深，向前突出，胸骨长而直	发育欠佳，胸骨短而弯曲
尾	尾羽展开，不下垂	尾羽不正，过平或下垂
两耻骨间距	大，可容 3 指以上	小，可容 3 指以下
腹部	大，柔软，富弹性	小，皱缩，无弹性
羽毛	陈旧，残缺不全	整齐新洁

3. 经常检查水槽、料槽，经常刷洗，定期消毒

常言道，病从口入，养鸡也是如此，尤其在炎热的夏天，要做到经常检查料槽，看有无发霉变质的剩料，如果有应及时清除，水槽要求一天刷洗一次，以防止水的污染变质。

4. 经常拣蛋，降低蛋的破损率

破蛋率的高低，会直接影响鸡场的经济效益，根据蛋的破损程度不同，大致可分为三类，即裂纹蛋、流清蛋、烂蛋，破蛋与正常蛋相比，其价格相差一倍，因此应降低蛋的破损率，一般情况下，笼养蛋鸡的破蛋率为 1% ～ 3%，减少破壳蛋的措施之一是增加拣蛋次数，经常拣蛋，每天最少应拣蛋 4 次。

5. 清粪

每天每只鸡要吃进 100 ～ 120 克的饲料，喝进 200 ～ 400 克的水，每只鸡每天的排粪量 100 ～ 120 克，粪尿在舍内发酵分解会产生大量的有害气体。所以要勤清粪，机械清粪每天一次，人工清粪一般每 2 ～ 3 天一次。

6. 保持环境卫生

每天清理清扫鸡舍地面和设备，保持清洁卫生。每天进行适量通风，减少舍内有害气体、微粒和微生物含量。定期对鸡舍和鸡群消毒。

7. 做好生产记录

要管理好鸡群，就必须做好鸡群的生产记录，因为生产记录反映了鸡群的实际生产动态和日常活动的各种情况，通过查看记录，可及时了解生产，正确地指导生产。为了便于记录和总结，可以通过周报表（表 3-6）形式将生产情况直接填入表内。

表 3-6　产蛋鸡群生产情况周报表

鸡种　　　　入舍数　　　　舍号　　　　周龄 21　　　　饲养员

日期	日龄/日	鸡存栏数/只	死淘数及原因	产蛋个数/枚	产蛋重量/克	产蛋率/%	耗料/克	其他
	141							
	142							
	143							
	144							
	145							
	146							
	147							

本周产蛋总数________入舍产蛋率__________饲养日产蛋率_______

本周总蛋重__________平均蛋重____________只鸡产蛋重_________

本周总耗料__________只鸡耗料____________料蛋比_________。

（五）蛋鸡的季节管理

鸡是恒温动物，环境温度的过高过低会影响鸡体的热调节，从而影响机体的健康、产蛋量和饲料转化率。一般成年鸡要求的环境温度为5～27℃，母鸡产蛋最适宜的温度是13～20℃，其中13～16℃产蛋率最高，15.5～20℃料蛋比最好，如果气温超过30℃，产蛋率就会明显下降，蛋重减小，破蛋率提高。气温高于37.8℃，就会造成鸡只死亡。鸡群对低温耐受性较高，也就是说，鸡较耐寒怕热，−2～9℃时，鸡才感到不适，低于−9～−15℃时，鸡活动迟钝，鸡冠受冻。但只要能够保证充足的营养供给，低温对鸡群的影响不大。虽然低温对鸡生产影响小，但会极大增加饲料消耗，降低饲料报酬。

高温高湿环境加剧高温对蛋鸡的不良反应，破坏热平衡，同时传染病、寄生虫病、皮肤病和霉菌病及中毒症容易发生。低温高湿时机体的散热容易，潮湿的空气使鸡的羽毛潮湿，保温性能下降，鸡体感到更加寒冷，加剧了冷应激。鸡易患感冒性疾病，如风湿症、肌肉炎、神经痛等以及消化道疾病（下痢）。高温低湿的环境中，能使鸡体皮肤或外露的黏膜干裂，降低了对微生物的防卫能力；低湿有利于尘埃飞扬，鸡吸入呼吸道后，尘埃可以刺激鼻黏膜和呼吸道黏膜，同时尘埃中的病原一同进入体内，容易感染或诱发呼吸道疾病，特别是慢性呼吸道疾病。有利于某些病原菌的存活，如白色葡萄球菌、金色葡萄球菌、鸡的沙门杆菌以及具有包囊病毒的存活；低湿还易造成雏鸡脱水，不利于羽毛生长，易发生啄癖。

所以，适宜的温热环境极为重要。由于不同季节温热条件不同，对蛋鸡的影响也就不同，春秋季节，温热条件较为适宜，按照常规的饲养管理进行，但夏季和冬季温热条件对蛋鸡极为不利，如果管理不善，会造成较大损失，必须做好夏季和冬季蛋鸡的管理工作。

（1）夏季管理　夏季天气炎热，蚊虫多，鸡群易发生热应激，管理要点是防暑降温。

① 淘汰劣质鸡和肥胖鸡　夏季到来之前，应淘汰停产鸡、低产鸡、伤残鸡、弱鸡、有严重恶癖的劣质鸡和体重过大过于肥胖的鸡，留下身体健康、生产性能好、体重适宜、产蛋正常的鸡，因为劣质鸡和肥胖鸡生产性能差，抵抗力差，易死亡。淘汰后既可降低饲养密度，

减少产热量，又可降低死亡率，降低饲养成本。

② 防暑降温　除了做好保温隔热设计外，可以采取其他的防暑降温措施。

a. 喷水降温　在鸡舍内安装喷雾装置定期进行喷雾，水汽的蒸发吸收鸡舍内大量热量，降低舍内温度；舍内温度过高时，可向鸡头、鸡冠、鸡身进行喷淋，促进体热散发，减少热应激死亡。也可在鸡舍屋顶外侧安装喷淋装置，使水从屋顶流下，形成湿润凉爽的小气候环境。喷水降温时一定要加大通风换气量，防止舍内湿度过高。

b. 隔热降温　在鸡舍屋顶铺盖 20 ～ 25 厘米厚的稻草、秸秆等垫草，可降低舍内温度 3 ～ 5℃；漆白屋顶有利于加强屋顶隔热；在鸡舍周围种植高大的乔木形成阴凉或在鸡舍南侧、西侧种植爬壁植物，搭建遮阳棚，减少太阳的辐射热。

③ 提高营养水平　高温季节，每只鸡每天少吃 10% ～ 20% 的饲料，由于采食量少使营养物质摄取量严重不足，影响生产性能发挥，必须提高日粮营养浓度。高温下，蛋鸡日粮代谢能以 11.93 千焦 / 千克为宜。脂肪比碳水化合物和蛋白质的热增耗低，在日粮中添加 1% ～ 2% 的脂肪代替等能量的碳水化合物有助于减少产热量，减轻热调节负担，同时添加脂肪可改善适口性，增加采食量，帮助降低食物通过胃肠运行速度，提高饲料利用率，缓解对产蛋性能的影响。夏季将日粮粗蛋白质含量提高 1% ～ 2%，以保证蛋鸡在采食量减少的情况下仍有足够的蛋白质用于生产需要。配制日粮时要选用豆粕、鱼粉等优质蛋白质饲料，并添加人工合成氨基酸，保证氨基酸的充足和平衡。夏季要维持日进食 370 毫克的蛋氨酸和 700 毫克的赖氨酸。日粮中如能补充小肽制品效果会更好。高温下，矿物质摄取量减少，利用率降低，影响蛋壳质量，高产鸡易发生软骨症或疲劳症，要相应提高矿物质水平。日粮中钙含量从 3.2% ～ 3.5% 提高到 3.6% ～ 3.8%，并且总钙中应有 50% 颗粒钙，保证每只鸡日进食可利用磷 400 毫克。另外夏季每吨日粮中可额外添加 50 ～ 80 克多种维生素。

④ 调整饲养管理程序　早上 3∶00 ～ 4∶00 点开灯，晚上早关灯，利用夏季天气凉爽的时间喂料，这时鸡的食欲较好，让鸡尽可能多采食，以保证食入所需要营养。傍晚温度高时，让鸡休息，减少产热量。环境温度过高时，用湿拌料喂鸡，但每次要让鸡把料吃净；也可以在

晚上 1 ～ 2 点比较凉爽时补饲。

⑤ 保证清洁饮水　高温炎热天气，鸡呼吸快，体内水分散失较大，饮水量明显增加，因此，要保证饮水充足，不间断水温较低的深井水或冰凉水有利于增加采食量，缓解热应激。饮用水要水质良好，清洁卫生。

⑥ 减少饲料浪费　选择优质全价饲料，自己配料时应选择质量好的原料，劣质料会影响饲料转化率，提高死淘率；炎热季节饲料易发生霉变，要采取措施防止各种原因引起的饲料霉败变质。喂料量要适宜，少喂勤添，每天要净槽，饮水器不漏水，防止饲料在槽内霉变酸败。饲料要新鲜，存放时间不宜太长，配制的成品料不超过一周，以减少微量物质的破坏；饲料中添加酶制剂和微生态制剂有利于饲料的消化吸收。

⑦ 勤拣蛋　舍内温度高，蛋壳薄脆、易破碎，增加拣蛋次数可降低破蛋率。夏天每天最少要拣蛋 2 次，拣蛋动作要轻稳。饲喂、匀料、巡视鸡群时随时拣出薄壳蛋、软壳蛋和破损蛋，减少蛋的损失。

⑧ 搞好疾病防治　一是减少应激。夏季高温气候时蛋鸡自身抵抗力弱，对外界不良因素反应敏感，易发生应激。夏季尽量避免运输转群、免疫接种等人为应激反应，必要时应选择凉爽时进行；鸡群所喂饲料尽可能保持稳定，饲料更换要有 5 ～ 6 天的过渡期。不喂霉变饲料；保持鸡舍环境安静。在饲料或饮水中加入速补 -14、速补 -18、速溶多维、维生素 C 等。二是保持鸡舍、饮水和饲喂用具清洁。进入鸡舍人员和设备用具要消毒。对环境、饮水用具和饲喂用具定期消毒。夏天炎热时每天带鸡消毒，选用高效、低毒、无害消毒剂，既可沉降舍内尘埃，杀灭病原微生物，又可降低舍内温度。三是及时清粪。夏季鸡的饮水量多，粪便稀，舍内温度高，易发酵分解产生有害气体，使舍内空气污浊，因此要及时清粪。最好每天 1 次，保持舍内清洁干燥。四是防虫灭虫。夏季蚊蝇、库蠓、蜱等害虫多，易传播疾病，要做好防虫灭虫工作。及时清理鸡舍内外所有污物，防止舍内供水系统和饮水器漏水，保持环境清洁干燥；粪便要远离鸡舍，可用塑料薄膜覆盖堆积发酵，以防蚊、蝇滋生；定期喷洒对鸡危害小或无毒害的杀虫剂，可杀灭库蠓及蚋等吸血昆虫，经处理过的纱窗能连续杀死库蠓和蚋 3 周以上。将适量的“溴氰菊酯”溶液喷洒在鸡舍内外可有效灭蝇。五是药物预防。夏天每隔一个月在饲料中加抑制和杀灭大肠杆菌、

沙门菌以及治疗肠炎的抗生素如卡那霉素、庆大霉素、氟哌酸、土霉素或中药制剂 3 ～ 5 天能有效降低死淘率，提高生产性能；每千克饲料中加入 30 ～ 50 毫克复方泰灭净或 1 克乙胺嘧啶能有效预防鸡卡氏白细胞原虫病的发生。

（2）冬季管理　冬季温度低，容易影响生产性能，如果封闭过严，又容易发生呼吸道疾病。所以管理重点是既要防寒保温，又要适量通风。

① 防寒保温　温度较低时，产蛋鸡会增加饲料消耗，所以冬季要采取措施防寒保暖。

一是减少鸡舍散失热量。冬季舍内外温差大，鸡舍内热量易散失，散失的多少与鸡舍墙壁和屋顶的保温性有关，加强鸡舍保温管理有利于减少舍内热量散失和保持舍内温度稳定。冬季开放舍要用隔热材料如塑料布封闭敞开部分，北墙窗户可用双层塑料布封严；鸡舍所有的门最好挂上棉帘或草帘；屋顶可用塑料薄膜制作简易天花板，墙壁特别是北墙窗户晚上挂上草帘可增强屋顶和墙壁的保温性能，提高舍内温度 3 ～ 5℃。密闭舍在保证舍内空气新鲜的前提下尽量减少通风量。

二是防止冷风吹袭鸡体。舍内冷风可以来自墙、门、窗等缝隙和进出气口、粪沟的出粪口，局部风速可达 4 ～ 5 米 / 秒，使局部温度下降，对附近笼内蛋鸡的产蛋会有显著的影响，冷风直吹机体，增加机体散热，甚至引起伤风感冒。冬季到来前要检修好鸡舍，堵塞缝隙，进出气口加设挡板，出粪口安装插板，防止冷风对鸡体的侵袭。

三是防止鸡体淋湿。鸡的羽毛有较好的保温性，如果淋湿，保温性差，极大增加鸡体散热，降低鸡的抗寒能力。要经常检修饮水系统，避免水管、饮水器或水槽漏水而淋湿鸡的羽毛和料槽中的饲料。

四是采暖保温。对保温性能差的鸡舍，鸡群数量又少，光靠鸡群自体散失的热量难以维持适宜舍内温度时，应采暖保温措施。有条件的鸡场可利用煤炉、热风机、热水、热气等设备供暖，保持适宜的舍温，提高产蛋率，减少饲料消耗。

② 科学的饲养管理

一是调整日粮营养浓度。冬季外界温度低，鸡体维持需要的能量增多，必须增加饲料中能量含量，使其达到 11.72 ～ 12.35 兆焦 / 千克，蛋白质保持 15% ～ 16%，钙含量为 3% ～ 3.4%。产蛋后期的鸡可适量使用麸皮和少量米糠。

二是调整饲喂程序。早上开灯后要尽快喂鸡，晚上关灯前要尽量把鸡喂饱，缩短产蛋鸡寒夜的空腹时间，缓解冷应激。

三是保证饮水洁净。寒冷季节鸡的饮水量会减少，但断水也能影响鸡的产蛋。保证饮用水不过冷、不结冰，水质良好，清洁卫生。有条件的可饮用温水或刚抽出的深井水。

四是按时清粪。冬季粪便发酵分解虽然缓慢，但由于鸡舍密封严密，舍内有害气体易超标，使空气污浊，因此要按时清粪，每2～3天要清粪一次。

五是排水防潮。冬季鸡舍密封严密，换气量小，舍内易潮湿，要做好鸡舍排水防潮工作。保证排水系统畅通，及时排除舍内污水；饮水系统不漏水；进行适量通风，驱除舍内多余的水汽。

六是适时通风。在保温前提下应注意通风，特别要处理好通风和保温的关系。生产中易出现重视保温忽视通风的情况，结果使舍内空气污浊，氧气含量降低，有害气体含量过高，对鸡群产生强烈应激，甚至诱发呼吸道疾病，引起死亡淘汰，所以通风是十分必要的。冬季舍内气流速度应保持在0.1～0.2米/秒。可利用中午外界气温较高时打开换气窗或换气扇通风。换气时间长短、换气窗开启多少，要根据鸡群密度、舍内温度高低、天气情况、有害气体的刺激程度来决定。

③ 淘汰劣质鸡和并群　为保证鸡群健康和较高的生产性能，要淘汰停产鸡、低产鸡、伤残鸡、瘦弱鸡和有严重恶癖的劣质鸡，降低饲养成本，提高效益；产蛋后期的鸡群死淘过多，舍内鸡只过少时，可适当合并笼格，提高饲养密度。但合并笼格易引起鸡只应激和打斗，一般不要并笼。如要并笼可在晚上进行，把同一笼的鸡与其他笼的鸡合并。合并后细致观察，避免打斗。

④ 搞好疾病防治　冬季鸡舍密封严密，空气流通差，氧气不足，有害气体大量积留，对鸡是一种强烈应激，而且长时间作用还会损伤鸡的呼吸道黏膜；气候干燥，舍内尘埃增多，鸡吸入尘埃也能严重损伤鸡的呼吸道黏膜；另外病原微生物在低温条件下存活时间长，所以鸡在冬季易流行呼吸道疾病，必须做好疾病的综合防治。

一是清洁卫生。饮水、饲喂用具每周要清洗消毒一次。适量通风，保持舍内空气新鲜，避免有害气体超标。保持舍内墙壁、天花板、光照系统、饲喂走道和鸡场环境清洁卫生。做好鸡舍灭鼠工作，防止老

鼠污染饲料和带进疫病。

二是彻底消毒。进入鸡舍人员要消毒；对环境和设备用具定期消毒；每周带鸡消毒 1 ～ 2 次，选用百毒杀、菌毒敌、欧福迪、季胺等高效、广谱、低毒、无害消毒剂，3 ～ 5 种消毒剂交替使用，稀释用水最好是温水，在午后舍内温度高时进行，不要把鸡体喷得过湿；饮用水也要消毒，菌毒净、二氧化氯和百毒杀在蛋和肉中无残留，可饮水消毒，但药物浓度要准确。

三是计划用药。每隔 3 ～ 4 周可在饲料中添加抗菌药物，如土霉素、红霉素、恩诺沙星、泰乐菌素或一些中药制剂如强力呼吸清、支喉康、清瘟败毒散等，连喂 3 ～ 5 天，预防呼吸道病的发生。饲料中加入抗应激剂，减少应激反应，增强机体抵抗力。饲喂一些强力鱼肝油粉有利于保护黏膜完好。

四是免疫接种。冬季易发生新城疫、喉气管炎、支气管炎、禽流感等病毒性传染病，入冬前要加强免疫接种一次，新城疫弱毒苗 3 ～ 4 倍量饮水，禽流感双价油乳剂灭活苗注射 0.5 毫升。

（六）低产鸡群和发病鸡群的管理

1. 低产鸡群的管理

养鸡生产中，由于种种原因，特别是疾病影响，不断出现一些低产鸡群，产蛋率低、产蛋量少、饲料转化率差，给养鸡者带来巨大损失。低产鸡群的管理措施如下。

（1）寻找原因　对于低产鸡，要细致观察全面了解，正确诊断，必要时可进行实验室检验，找出导致低产的原因，然后对症下药，采取措施，促进产蛋上升。

（2）保持适宜的环境条件　舍内温度保持在 10 ～ 30℃，光照时间 15.5 ～ 16 小时，光照强度增加到 15 ～ 20 勒克斯。工作程序要稳定，工作人员要固定，光照方案要恒定，减少应激发生。

（3）供给充足营养　低产鸡群代谢机能差，食欲不强，要加强饲养，供给充足营养，特别是采食量过少的鸡群，更应注意。

① 每天净槽　因鸡采食量少，饲喂者想让鸡多吃料就多添料，料槽中经常有多余的饲料，结果反而影响鸡的食欲。应让鸡每天把槽内

料吃完，使鸡经常保持旺盛食欲，避免料槽内长期剩料而使饲料变味造成浪费。

② 饲料质量优良　营养平衡充足，必要时应提高日粮中各营养成分水平，尤其对于开产初期和高峰期处于炎热季节的鸡群，因受环境温度影响采食量过少，摄取的营养物质严重不足，提高日粮营养浓度，适当增加维生素、微量元素、蛋氨酸、赖氨酸的用量，有利于产蛋率上升。

③ 增强鸡的食欲　在饮水中加入醋，1 份醋加入 10 ～ 20 份水中让鸡自由饮用，连饮 5 ～ 7 天，有助于增强食欲，提高抗病力；每千克饲料中加入土霉素 1 克、维生素 B_{12} 片剂 10 片，维生素 C 片剂 10 片，维生素 E 0.2 克，连用 5 ～ 7 天，有利于帮助消化吸收，增强食欲，增加采食量，提高产蛋率。

（4）使用增蛋剂　可在饲料中添加一些促进产蛋的添加剂，帮助恢复卵巢和输卵管功能，促进产蛋上升。添加沸石，可改善消化功能，充分利用饲料养分，增强体质，防病驱虫；添加松针粉，松针粉中的生物活性物质参与机体功能调节，促进新陈代谢；添加中药增蛋剂，如蛋鸡宝（党参 100 克、黄芪 200 克、茯苓 100 克、白术 100 克、麦芽 100 克、山楂 100 克、六神曲 100 克、菟丝子 100 克、淫羊藿 100 克、蛇床子 100 克，混饲，每千克饲料 20 克）、激蛋散（虎杖 100 克、丹参 100 克、菟丝子 60 克、当归 60 克、川芎 60 克、牡蛎 60 克、地榆 50 克、肉苁蓉 60 克、丁香 20 克、白芍 50 克，混饲，每千克饲料 10 克）、降脂增蛋灵（刺五加、仙茅、何首乌、当归、艾叶各 50 克、党参 80 克、白术 80 克、山楂 40 克、六神曲 40 克、麦芽 40 克、松针 200 克，混饲，每千克饲料 10 克），提高产蛋率效果明显。

（5）多次淘汰　对于产蛋率长期不上升的低产鸡群应进行淘汰。但低产鸡群停产鸡少，低产鸡较多。全群淘汰，特别是产蛋时间短的鸡群损失太大，部分淘汰又不易挑选。按常规外貌观察和触摸方法淘汰会出现挑不出淘汰鸡或淘汰一次产蛋减少一次的情况，挑选难度大。可采用前面介绍的“记摸”淘汰法进行多次淘汰，挑出低产鸡。

2. 发病鸡群

现阶段，鸡场疾病，特别是疫病发生频率高。人们只重视发病时的治疗而忽视了发病后的管理，从而使鸡病愈时间延长，甚至继发其

他疾病，这些都严重地影响鸡的生产性能。发病鸡群管理要点如下。

（1）隔离病鸡，尽快确诊　鸡群发病初期，要把个别病鸡隔离饲养，并注意认真观察大群鸡的表现，如粪便、采食、产蛋、呼吸等是否异常，以协助诊断。对隔离病鸡及时进行剖检诊断，必要时送实验室进行鉴定，以尽快确诊，采取有效措施，避免无的放矢、盲目用药。否则，就会延误治疗的最佳时机，且增加药费投入，甚至给鸡造成较大应激，影响生产性能的恢复。

（2）加强饲养，恢复鸡群抵抗力　鸡群发病后，采食量减少，营养供给不足，体质虚弱，抵抗力差，缓解应激能力减弱，必须加强饲养，尽快恢复鸡群抵抗力。

① 增加日粮中多维素和微量元素的用量　鸡对维生素和微量元素的需要量虽然较少，但它们对鸡体的物质代谢起着重要的作用。鸡群无病时，按常规添加量可以基本满足鸡体的需要，但鸡群发病后，一方面由于采食量减少，摄入体内的维生素和微量元素大大减少，另一方面鸡发病后，对维生素和微量元素的需要量会增加，这样需要量与摄入量不能保持平衡，满足不了鸡体需要，必须增加日粮中维生素和微量元素的含量，维生素用量可增加 1 ～ 2 倍，微量元素量可增加 1 倍；否则就会造成物质代谢的紊乱，抵抗力更差，病愈时间延长，严重影响生产性能的恢复。

② 缓解应激　发病时，鸡群防御能力降低，对环境适应力也差，相对应激原增加，从而加重病情，延迟病愈，因此，鸡发病后，积极治疗的同时，应使用抗应激药物，以提高鸡体抗应激能力，缓解应激。由于鸡群采食量减少，可在饮水中加入速补 -14、速补 -18、延胡索酸、刺五加或维生素 C 等。

③ 加强营养　鸡群发病后，由于采食量大幅度下降，营养摄取量大大减少，体能消耗严重，鸡体将迅速消瘦，体质衰弱，此时可在饮水中加入 5% 牛乳或 5% ～ 8% 的糖（白糖、红糖、葡萄糖等），以防止鸡过度衰弱。

（3）保持适宜的环境条件　鸡群发病后，环境温度要适宜，夏季温度不宜过高，冬季可提高舍内温度，使舍温保持在 10℃以上；病鸡舍要注意通风换气，保持舍内空气新鲜，以免硫化氢等有害气体超标；尽量减少噪声，保持病鸡舍安静，以减少各种有害因素的刺激。

（4）加强环境消毒　鸡群发病后要加强环境消毒，以减少病原微生物的含量，防止重复感染和继发感染。

① 对鸡舍和鸡场环境用火碱、过氧乙酸、复合酸消毒剂等反复消毒，同时对饲喂及饮水用具也要全面清洁消毒。

② 发病期间，要加强带鸡消毒，要选择高效、低毒、广谱、无刺激和腐蚀性的消毒剂。在冬季还要注意稀释消毒剂的水应是35～40℃的温水。

③ 发病后，水、料易被污染，应加强饮水消毒和拌料消毒，以避免病原微生物从口腔进入鸡体。

（5）进行抗体检测　鸡群发病后，体质衰弱，影响抗体的产生或使抗体水平降低，因此病愈后要及时进行抗体检测，了解鸡群的安全状态，并根据检测结果进行必要的免疫接种，防止再次发生疫病。

（6）注意个别病鸡的护理　疫病发生后，除了进行大群治疗外，还要注意对个别病鸡的护理，减少死亡。具体做法是及时挑出病情严重的鸡只，隔离饲养，避免在笼内或圈内被踩死或压死，不采食者，应专门投喂食物和药物，增加营养和加强治疗，需要特殊处理时进行特殊处理。

（7）做好病死鸡的处理　发生疾病，特别是传染病时，出现的病死鸡不要随便乱扔乱放，要放在指定地点，加强隔离消毒。死鸡不能随意销售和屠宰，进行无害化处理，避免再次引起污染。

三、强制换羽延长产蛋期

产蛋鸡经过一年的产蛋后，脱掉旧羽，长出新羽，称为鸡的自然换羽。自然换羽需要时间较长，一般为3～4个月，换羽期间不产蛋。为了缩短自然换羽时间，利用第二个产蛋期，可采用强制换羽，即人为地给鸡群施加某些应激因素（如停料、停水、喂化学药物等）使鸡体代谢紊乱，内分泌失调，从而引起停产并换羽的过程。

强制换羽后使产蛋母鸡体质恢复，可提高第二期产蛋率和蛋的品质，更有效地利用第二产蛋期，并能延长鸡的利用年限。提高种鸡的利用价值，一般商品蛋鸡饲养至72～78周龄，就要淘汰更新鸡群，由于第二产蛋期的产蛋量要低于第一个产蛋期产蛋量的10%～15%，因而商品蛋鸡一般只利用第一个产蛋期，而不再利用第二个产蛋期。

如果是优良种鸡，则要利用第二个、第三个产蛋期，每一个产蛋期结束时，均需进行强制换羽。

（一）强制换羽的时机

雏鸡来源紧张，或育雏育成失败时，蛋鸡舍内没有育成新母鸡补充时，可强制换羽老母鸡；鸡蛋价格较低，饲料价格昂贵，预测近期蛋价上涨的情况下，可以进行强制换羽。换羽后可以利用蛋价较高时期生产鸡蛋获取较好效益；购买雏鸡的成本很高，淘汰老母鸡便宜，可以进行强制换羽，利用第二个产蛋期，降低新母鸡育成成本。如日本的蛋鸡基本上都进行强制换羽，因为淘汰老母鸡不能作为肉食，价值很低，而购买雏鸡的成本较高，所以强制换羽可以降低生产成本。

（二）强制换羽前的准备工作

1. 合理确定强制换羽的时间

一般强制换羽是在鸡群第一产蛋期结束时进行，也就是在鸡群开产一年后进行，核算经济效益时，当产蛋鸡群带来的经济效益较低或收支平衡时，进行强制换羽。

2. 制订强制换羽的方案

根据鸡群的产蛋情况、季节，制订强制换羽方案，在方案实施过程中，非特殊情况，不要随便改变计划。

3. 整顿鸡群

强制换羽前，要对鸡群详细认真挑选，淘汰病、弱、残和脱肛鸡，对于已换过羽的鸡，也应挑出不再进行强制换羽。

4. 防疫注射

在强制换羽前一周，应对鸡群进行驱虫、注射新城疫疫苗和传染性支气管炎疫苗，以提高鸡群的抗病力。

5. 称重

在强制换羽前 1 天，要对鸡群称重，随机抽测 3% ～ 5% 鸡只的

体重，并算出体重平均值，以便了解强制换羽过程中，鸡的失重率和体重的损失情况。

（三）强制换羽的方法

强制换羽的方法有化学法、畜牧学法和综合法。

1. 化学法

化学法是在饲料中加入 2.5% 的氧化锌或 3% 的硫酸锌，连续饲喂 5 ～ 7 天后改用常规饲料饲喂；开始喂含锌饲料时光照保持 8 小时或自然光照，喂常规饲料时逐渐恢复光照到 16 小时。此法换羽时间短，但不彻底，第二个产蛋年产蛋高峰不高。

2. 畜牧学法（饥饿法）

畜牧学法就是停水、停料、减少光照，引起鸡群换羽。方法是：

第 1 ～ 3 天，停水，停料，光照减为 8 小时。

第 4 ～ 10 天，供水，停料，光照减为 8 小时。

第 11 天以后，供水，供料，给料量为正常采食量的 1/5，逐日递增至自由采食，用育成料，光照每周递增 1 小时至 16 小时恒定，产蛋时，改为蛋鸡料。

3. 综合法

综合法是将化学法和畜牧学法结合起来的一种强换方法。方法是：

第 1 ～ 3 天，停水，停料，光照减为 8 小时。

第 4 ～ 10 天，供水，喂给含 2.5% 硫酸锌的饲料，光照减为 8 小时。以后恢复正常蛋鸡料和光照。

此法应激量小，换羽彻底。

（四）衡量强制换羽效果的指标

1. 死亡率

强制换羽过程中鸡群的死亡率不超过 3%，强制换羽结束时，死亡率应控制在 5% 的范围内。

2. 体重失重率

强制换羽方法越严厉，鸡群失重越快，失重率越高，死亡率越高，鸡群的失重一般为25%左右，不应超过30%。

3. 强制换羽的时间

强制换羽后，新的开产日龄过早或过晚都影响第二个产蛋期的产蛋情况，一般以强制换羽开始到结束（产蛋率恢复至50%）的时间50～60天为适宜。

4. 主翼羽的脱换

强制换羽结束时，即产蛋率恢复至50%时，查一下主翼羽脱换根数，如果10根主翼羽有5根以上已脱换，说明强制换羽的方案是合理的，也是成功的，如果少于5根，表明换羽不完全，方案不合理。

（五）强制换羽的注意事项

1. 如果遇到鸡群患病或疫情，应停止强制换羽，改为自由采食。

2. 定期称重

强制换羽开始后5～6天第一次称重，以后每天称重，掌握鸡群失重率，确定最佳的结束时间。

3. 停料后再供给饲料要逐渐进行

强制换羽实施后开始喂料时，应逐渐增加给料量，切忌一次给料过多，造成鸡群嗉囊胀裂死亡或消化不良。

4. 保持环境卫生和安静

加强环境消毒，保持环境安静，避免各种应激因素，并密切观察鸡群，根据实际情况，必要时调整或中止强制换羽方案。

第四招 使鸡群更健康

【提示】

使鸡群更健康，必须注重预防，遵循“防重于治”“养防并重”的原则。加强饲养管理（采用“全进全出”制饲养方式、提供适宜的环境条件、保证舍内空气清新洁净、提供营养全面平衡的优质日粮），增强蛋鸡的抗病力，注重生物安全（隔离卫生、消毒、免疫），避免病原侵入鸡体，以减少疾病的发生。

【注意的几个问题】

（1）致病力和抵抗力

●致病力

◇病原的种类（病毒、细菌、支原体和寄生虫等）和毒力。

◇病原的数量（污染严重、净化不好、卫生差）。

◇病原的入侵途径，如呼吸道、消化道、生殖道黏膜损伤和皮肤破损等。

◇诱发因子，如应激、环境不适、营养缺乏（可逆的、不可逆

的）等。

●抵抗力

◇特异性免疫力，针对某种疫病（或抗原）的特异性抵抗力。

◇非特异性免疫力，皮肤、黏膜、血管屏障的防御作用，正常菌群，炎症反应和吞噬作用等。

◇营养状况。

◇环境应激。

◇治疗药物。

（2）鸡场疫病的控制策略

●注重饲养管理

◇采用“全进全出”制饲养方式。

◇提供适宜的环境条件，如适宜的温度、湿度、光照、密度和气流。

◇保证舍内空气清新洁净，可在进气口安装过滤装置或空气净化器，减少进入舍内空气微粒数量，降低微生物含量，也可在封闭舍内安装空气电净化系统来除尘、防臭和减少病原微生物。

◇根据不同阶段禽营养需求提供营养全面、平衡的优质日粮。

◇科学饲养管理。保证充足的活动空间，减少应激反应，提高机体抵抗力。

●生物安全的措施

◇隔离卫生

隔离即是断绝来往，养殖场的隔离就是减少动物与病畜禽或病原接触机会的措施。良好的隔离可以阻断病原进入养殖场和禽机体，减少禽感染和发病的机会。养殖场的隔离措施包括场址的选择、规划布局、卫生防疫设施的完善（如防疫墙、消毒池及消毒室）、引种的隔离观察（种畜禽的净化）、全进全出的饲养制度及饲养单一动物、进出人员和设备用具消毒、杀虫灭鼠、病死畜禽的无害化处理等。

◇消毒　消毒是指用物理的、化学的和生物学的方法清除或杀灭内外环境（各种物体、场所、饲料饮水及禽体表皮肤、黏膜及浅表体腔）中病原微生物及其他有害微生物。消毒包含两点内容：一是消毒是针对病原微生物和其他有害微生物的，并不要求清除或杀灭所有微生物；二是消毒是相对的而不是绝对的，它只要求将有害微生物的数

量减少到无害程度，而并不要求把所有病原微生物全部杀灭。

消毒是生物安全体系中重要的环节，也是养殖场控制疾病的一个重要措施。一方面，消毒可以减少病原进入养殖场或畜禽舍。另一方面，消毒可以杀灭已进入养殖场或畜禽舍内的病原。总的结果是减少了畜禽周边病原的数量，减少了畜禽被病原感染的机会。养殖场的消毒包括进入人员、设备、车辆消毒，养殖场环境消毒，畜禽舍消毒，水和饲料消毒以及带畜（或禽）消毒等。

◇免疫　免疫是预防、控制疫病的重要辅助手段，也是基本的生物安全措施。免疫接种可以提高畜禽的特异性抵抗力。应根据本地疫病流行状况、动物来源和遗传特征、养殖场防疫状况和隔离水平等在动物防疫监督机构或兽医人员的监督指导下，选择疫苗的种类和免疫程序。注意疫苗必须为正规生产厂家经有关部门批准生产的合格产品。出于防治特定疫病的需要，自行研制的本场（地）毒株疫苗，必须经过动物防疫监督机构严格检验和试验，确认安全后方可应用，并且除在本场应用外，不得出售或用于其他动物养殖场；进行确切免疫接种，并定期进行疫病检测。

一、科学的饲养管理

饲养管理工作不仅影响鸡的生长性能发挥，更影响到鸡的健康和抗病能力。只有科学的饲养管理，才能维持机体健壮，增强机体的抵抗力，提高机体的抗病力。

（一）采用科学的饲养制度

采取“全进全出”的饲养制度。“全进全出”的饲养制度是有效防止疾病传播的措施之一。“全进全出”使得鸡场能够做到净场和充分的消毒，切断了疾病传播的途径，从而避免患病鸡只或病原携带者将病原传染给日龄较小的鸡群。

（二）保证营养需要

饲料为鸡提供营养，鸡依赖从饲料中摄取的营养物质而生长发育、生产和提高抵抗力，从而维持健康和较高的生产性能。养鸡业的规模

化、集约化发展，舍内高密度饲养，鸡所需要的一切环境条件和饲料营养必须完全依赖于人类，没有选择和调节的余地，必须被动地接受，这就意味着人们提供的环境和饲料条件对鸡的影响是决定性的。提供的饲料营养物质不足、过量或不平衡，不仅能直接引起鸡的营养缺乏症和中毒症，而且会影响鸡体的免疫力，增强对疾病的易感性。鸡生长速度快，需要的营养物质多，对营养物质更加敏感，所以必须供给全价平衡日粮，保证营养全面、平衡、充足。选用优质饲料原料是保证供给鸡群全价营养日粮、防止营养代谢病和霉菌毒素中毒病发生的前提条件。规模化鸡场可将所进原料或成品料分析化验之后，再依据实际含量进行饲料的配合，严防购入掺假、发霉等不合格的饲料，造成不必要的经济损失。小型养鸡场和专业户最好从信誉高、有质量保证的大型饲料企业采购饲料。自己配料的养殖户，最好能将所用原料送质检部门化验后再用，以免造成不可挽回的损失。重视饲料的储存，防止饲料腐败变质。科学设计配方，精心配制饲料，保证日粮的全价性和平衡性。

（三）供给充足卫生的饮水

水是最廉价的营养素，也是最重要的营养素，水的供应情况和卫生状况对维护鸡体健康有着重要作用，必须保证充足而洁净卫生的饮水。鸡场饮水的水质检测项目及标准见表 4-1。

表 4-1　鸡场饮水的水质检测项目及标准

检测项目	标准值	检测项目	标准值
色度	＜5	盐离子 /（毫克 / 升）	＜200
混浊度	＜2	过锰酸钾使用量 /（毫克 / 升）	＜10
臭气	无异常	铁 /（毫克 / 升）	＜0.3
味	无异常	普通细菌 /（毫克 / 升）	＜100
氢离子浓度 pH 值	5.8 ～ 8.6	大肠杆菌	未检出
硝酸氮及烟硝酸氮 /（毫克 / 升）	＜10	残留氯 /（毫克 / 升）	0.1 ～ 1.0

1. 适当的水源位置

水源位置要选择远离生产区的管理区内，远离其他污染源（鸡舍与井水水源间应保持 30 米以上的距离），建在地势高燥处。鸡场可以打自建深水井和建水塔，深层地下水经过地层的过滤作用，又是封闭性水源，受污染的机会很少。

2. 加强水源保护

水源附近不得建厕所、粪池、垃圾堆、污水坑等，井水水源周围30米、江河水取水点周围20米、湖泊等水源周围30～50米范围内应划为卫生防护地带，四周不得有任何污染源。保护区内禁止一切破坏水环境生态平衡的活动以及破坏水源林、护岸林、与水源保护相关植被的活动；严禁向保护区内倾倒工业废渣、城市垃圾、粪便及其他废弃物；运输有毒有害物质、油类、粪便的船舶和车辆一般不准进入保护区；保护区内禁止使用剧毒和高残留农药，不得滥用化肥；避免污水流入水源。最易造成水源污染的区域，如病鸡隔离舍化粪池或堆粪场更应远离水源，粪污进行无害化处理，并注意排放时防止流进或渗进饮水水源。

3. 搞好饮水卫生

定期清洗和消毒饮水用具和饮水系统，保持饮水用具的清洁卫生。保证饮水的新鲜。

4. 注意饮水的检测和处理

定期检测水源的水质，污染时要查找原因，及时解决；当水源水质较差时要进行净化和消毒处理。地面水一般水质较差，需经沉淀、过滤和消毒处理，地下水较清洁，可只进行消毒处理，也可不做消毒处理，地面水源常含有泥沙、悬浮物、微生物等。在水流减慢或静止时，泥沙、悬浮物等靠重力逐渐下沉，但水中细小的悬浮物，特别是胶体微粒因带负电荷，相互排斥不易沉降，因此，必须加混凝剂，混凝剂溶于水可形成带正电的胶粒，可吸附水中带负电的胶粒及细小悬浮物，形成大的胶状物而沉淀，这种胶状物吸附能力很强，可吸附水中大量的悬浮物和细菌等一起沉降，这就是水的沉淀处理。常用的混凝剂有铝盐（如明矾、硫酸铝等）和铁盐（如硫酸亚铁、三氯化铁等）。经沉淀处理，可使水中悬浮物沉降70%～95%，微生物减少90%。水的净化还可用过滤池，用滤料将水过滤、沉淀和吸附后，可阻留消除水中大部分悬浮物、微生物等而得以净化。常用滤料为砂，以江河、

湖泊等作分散式给水水源时，可在水边挖渗水井、砂滤井等，也可建砂滤池；集中式给水一般采用砂滤池过滤。经沉淀过滤处理后，水中微生物数量大大减少，但其中仍会存在一些病原微生物，为防止疾病通过饮水传播，还须进行消毒处理。消毒的方法很多，其中加氯消毒法投资少、效果好，较常采用。氯在水中形成次氯酸，次氯酸可进入菌体破坏细菌的糖代谢，使其致死。加氯消毒效果与水的pH值、混浊度、水温、加氯量及接触时间有关。大型集中式给水可用液氯消毒，液氯配成水溶液，加入水中；大型集中式给水或分散式给水多采用漂白粉消毒。

（四）适宜的饲养密度

适宜的饲养密度是保证鸡群正常发育、疾病预防不可忽视的措施之一。密度过大，鸡群拥挤，不但会造成鸡采食困难，而且空气中尘埃和病原微生物数量较多，最终引起鸡群发育不整齐，免疫效果差，易感染疾病和啄癖。密度过小，不利于鸡舍保温，也不经济。密度的大小应随品种、日龄、鸡舍的通风条件、饲养方式和季节等而做调整。饲养密度参考标准见表4-2、表4-3。

表4-2　不同饲养方式、不同类型鸡的育雏育成期饲养密度要求　单位：只/米^2

品种	地面平养		网上平养		地面-网上平养		笼养（每平方笼底面积）	
	育雏	育成	育雏	育成	育雏	育成	育雏	育成
商品来航蛋鸡（轻型）	15	8	20	11.5	16	9	30	20
商品褐壳蛋鸡（中型）	12	7	16	10	14	8	25	15
种用来航鸡	11	5.5	14	9	13	7.5	20	13
种用褐壳鸡	11	4.5	13	7	12	6	20	13

表4-3　不同饲养方式、不同类型产蛋鸡的饲养密度要求　单位：只/米^2

品种	地面平养	网上平养	地面-网上平养	笼养
商品来航蛋鸡（轻型）	7	10	7	22
商品褐壳蛋鸡（中型）	6	8	6	20
种用来航鸡	6	9	8	20
种用褐壳鸡	5	7	6	18

（五）减少应激反应

定期药物预防或疫苗接种多种因素均可对鸡群造成应激，其中包括捕捉、转群、断喙、免疫接种、运输、饲料转换、无规律的供水供料等生产管理因素，以及饲料营养不平衡或营养缺乏、温度过高或过低、湿度过大或过小、不适宜的光照、突然的音响等环境因素。实践中应尽可能通过加强饲养管理和改善环境条件，避免和减轻以上两类应激因素对鸡群的影响，防止应激造成鸡群免疫效果不佳、生产性能和抗病能力降低。

二、创造适宜的环境条件

（一）科学设计建筑鸡舍

鸡场建设包括鸡舍建设和各种设施配套。科学的设计和建筑鸡舍，配套各种设施是保持鸡场洁净卫生，维持鸡舍环境条件适宜，减少疾病发生，提高鸡群生产性能的基础。

1. 鸡舍的类型及特点

鸡舍可以分为开放式鸡舍、密闭式鸡舍和组装鸡舍，各有特点。

（1）开放式鸡舍　开放式鸡舍有窗户，全部或大部分靠自然的空气流通来通风换气，一般饲养密度较低。采光是靠窗户的自然光照，故昼夜随季节的转换而增减，舍内温度基本上也是随季节的转换而升降，冬季可以使用一些保温隔热材料适当的封闭。目前，我国开放舍比较常见。

① 全敞鸡舍（棚舍）　只有屋顶，距地面 3 米左右，四侧无墙，用铅丝封闭严实以防兽害，这类鸡舍可以平养也可以笼养鸡群，多建在炎热地区。国外许多国家对棚舍设计越来越周密，安装冷却系统和各种现代化设备，变成防暑降温性能良好、设备齐全、适合饲养各种畜禽的现代化鸡舍形式之一。

② 塑料大棚鸡舍　塑料大棚具有保温作用，透光性能良好，许多地方利用塑料大棚饲养蛋鸡，效果良好。

③ 半敞鸡舍　三面建墙，一面敞开（通常为南面），敞开一面除留门外，其他均由铝丝封闭严实。适用于冬季气温一般不低于0℃的地区。

④ 有窗鸡舍　四面都有墙，纵墙上留有可以开启的大窗户或直接砌花墙、或是敞开的空洞。利用窗户、空洞来采光、自然通风与调节通气量，并在一定程度上调节舍内温、湿度。使用范围较广，是一种常见的鸡舍类型。

【提示】**开放舍造价较低，投资较少，能够充分利用自然资源，如自然通风、自然光照，运行成本低，鸡体由于受自然气候条件的锻炼，适应能力强，在气候温暖、全年温差不大的地区，鸡群的生产性能表现良好。但鸡群的生理状况与生产性能均受外界条件变化的影响，外界条件变化愈大，对鸡的影响也愈大，因而，造成产蛋的不稳定或下降。**

（2）密闭式鸡舍　这种鸡舍有保温隔热性能良好的屋顶和墙壁，将鸡舍小环境与外界大环境完全隔开，分为有窗舍（一般情况下封闭遮光，发生特殊情况才临时开启）和无窗舍。舍内小气候通过各种设施控制与调节，使之尽可能地接近最适宜于鸡体生理特点的要求。鸡舍内采用人工通风与光照。通过变换通风量的大小和气流速度的快慢来调节舍内温度、相对湿度和空气成分。炎热季节可加大通风量或采取其他降温措施；寒冷季节一般不供暖，仅靠鸡自身发散的热量。使舍内温度维持在比较合适的范围之内。

密闭式鸡舍消除或减少了严寒酷暑、急风骤雨、气候变化等一些不利的自然因素对鸡群的影响，为鸡群提供较为适宜的生活环境。因而，鸡群的生产性能比较稳定，一年四季可以均衡生产；可以实施人工光照，有利于控制性成熟和刺激产蛋，也便于对鸡群实行诸如限制饲喂、强制换羽等措施；基本上切断了自然媒介传入疾病的途径；由于鸡体活动受限制和在寒冷季节鸡体散发热量减少，因而饲料报酬有所提高，还可以提高土地利用率。但密闭式鸡舍饲养必须供给全价饲料；对鸡舍设计、建筑要求高，对电力能源依赖性强，要求设施设备配套，所以鸡舍造价高，运行成本高；由于饲养密度高，鸡群相互感染疾病的机会增加。

【提示】**蛋鸡场使用密闭式鸡舍，饲养密度大，产量多，耗料少，所提高的经济效益可以弥补较高的支出费用。**

（3）组装舍　门、窗、墙壁可以随季节而打开，夏季墙壁全打开，

春秋季部分打开，冬季封闭，是一种比较理想的鸡舍。使用方便，可以充分利用自然资源，保持舍内适宜的温度、湿度、通风和光照；但对建筑材料要求高。

2. 鸡舍的主要结构及其要求

鸡舍是由各部分组成，包括基础、屋顶及顶棚、墙、地面及楼板、门窗、楼梯等（其中屋顶和外墙组成鸡舍的外壳，将鸡舍的空间与外部隔开，屋顶和外墙称外围护结构）。鸡舍的结构不仅影响到鸡舍内环境的控制，而且影响到鸡舍的牢固性和利用年限。

（1）基础　基础和地基是房舍的承重构件，共同保证鸡舍坚固、耐久和安全。因此，要求其必须具备足够的强度和稳定性，防止鸡舍因沉降（下沉）过大和产生不均匀沉降而引起裂缝和倾斜。

基础是鸡舍地面以下承受鸡舍的各种荷载并将其传给地基的构件，也是墙突入土层的部分，是墙的延续和支撑。它的作用是将鸡舍本身重量及舍内固定在地面和墙上的设备、屋顶积雪等全部荷载传给地基。基础决定了墙和鸡舍的坚固和稳定性，同时对鸡舍的环境改善具有组重要意义。

对基础的要求：一是坚固、耐久、抗震；二是防潮。基础受潮是引起墙壁潮湿及舍内湿度大的原因之一，故应注意基础防潮、防水。基础的防潮层设在基础墙的顶部，舍内地坪以下60毫米。基础应尽量避免埋置在地下水中。三是具有一定的宽度和深度。如条形基础一般由垫层、大放脚（墙以下的加宽部分）和基础墙组成。砖基础每层放脚宽度一般宽出墙60毫米；基础的底面宽度和埋置的深度应根据鸡舍的总荷重、地基的承载力、土层的冻胀程度及地下水位高低等情况计算确定。北方地区在膨胀土层修建鸡舍时，应将基础埋置在土层最大冻结深度以下。

（2）墙　墙是基础以上露出地面的部分，其作用是将屋顶和自身的全部荷载传给基础的承重构件，也是将鸡舍与外部空间隔开的外围护结构，是鸡舍的主要结构。以砖墙为例，墙的重量占鸡舍建筑物总重量的40%～65%，造价占总造价的30%～40%。同时墙体也在鸡舍结构中占有特殊地位，据测定，冬季通过墙散失的热量占整个鸡舍总失热量的35%～40%，舍内的湿度、通风、采光也要通过墙上的窗

户来调节，因此，墙对鸡舍小气候状况的保持起着重要作用。

对墙体的要求：一是坚固、耐久、抗震、防火、抗震；二是结构简单，便于清扫消毒；三是良好的保温隔热性能，墙体的保温、隔热能力取决于所采用的建筑材料的特性与厚度，尽可能选用隔热性能好的材料，保证最好的隔热设计，在经济上是最有利的措施；四是防水、防潮。受潮不仅可使墙的导热加快，造成舍内潮湿，而且会影响墙体寿命，所以必须对墙采取严格的防潮、防水措施。墙体的防潮措施主要有：用防水耐久材料抹面，保护墙面不受雨雪侵蚀；做好散水和排水沟；设防潮层和墙围，如墙裙高 1.0 ～ 1.5 米，生活办公用房踢脚高 0.15 米，勒脚高约为 0.5 米等。

（3）屋顶　屋顶是鸡舍顶部的承重构件和围护构件，主要作用是承重、保温隔热、防风沙和雨雪。它是由支承结构和屋面组成。支承结构承受着鸡舍顶部包括自重在内的全部荷载，并将其传给墙或柱；屋面起围护作用，可以抵御降水和风沙的侵袭，以及隔绝太阳辐射等，以满足生产需要。屋顶对于舍内小气候的维持和稳定具有更加重要的意义。一方面是屋顶面积大于墙体，单位时间屋顶散失或吸收的热量多余墙体，另一方面屋顶的内外表面温差大，热量容易散失和吸收，夏季的遮阳作用显著，如果屋顶设计不良，影响舍内温热环境的稳定和控制。

① 屋顶形式　屋顶形式种类繁多，在鸡舍建筑中常用的有以下几种形式，见图 4-1。

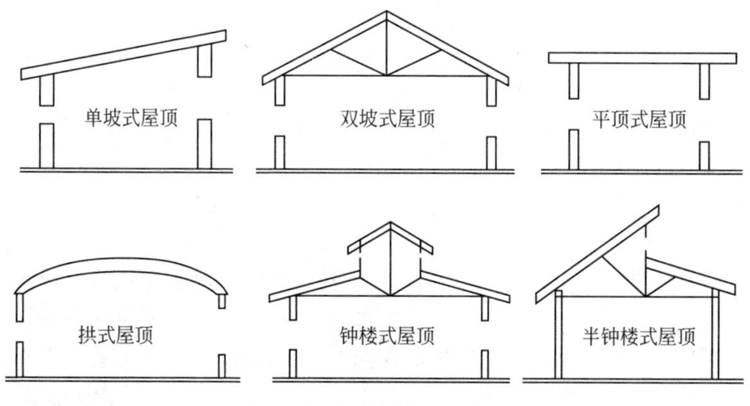

图 4-1　蛋鸡舍的屋顶形式

a. 单坡式屋顶：屋顶只有一个坡向，跨度较小，结构简单，造价低廉，可就地取材。因前面敞开无坡，采光充分，舍内阳光充足、干燥。缺点是净高较低不便于工人在舍内操作，前面易刮进风雪。故只适用于单列舍和较小规模的鸡群。

b. 双坡式屋顶：是最基本的鸡舍屋顶形式，目前我国使用最为广泛。这种形式的屋顶适用于较大跨度的鸡舍，可用于各种规模的各种鸡群。该屋顶结构的鸡舍室内空间比较大，对外界气候条件的缓冲效果比较好。但是在采用纵向通风方式的时候，鸡舍中的气流速度较慢。这种屋顶易于修建，比较经济。

c. 联合式屋顶：这种屋顶是在单坡式屋顶前缘增加一个短缘，起挡风避雨作用，适用于跨度较小的鸡舍。与单坡式屋顶鸡舍相比，采光略差，但保温能力较强。

d. 钟楼式和半钟楼式屋顶：这是在双坡式屋顶上增设双侧或单侧天窗的屋顶形式，以加强通风和采光，这种屋顶多在跨度较大的鸡舍采用。其屋架结构复杂，用料特别是木料投资较大，造价较高，这种屋顶适用于温暖地区，我国较少使用。

e. 拱式屋顶：是一种省木料、省钢材的屋顶，一般用砖、石等材料砌筑而成，跨度较小的鸡舍用单曲拱，跨度较大时用双曲拱，拱顶面层须做保温层和防水层。其应用特点与双坡式屋顶有很多相似之处，其隔热效果更好，造价也比较低，尤其是在附近有烧制黏土砖的地方，这类屋顶造价较低。

f. 平顶式屋顶：即用预制板做屋顶，然后在表面进行防渗处理，屋顶为一平面。纵向通风时，这种屋顶形式鸡舍内气流速度较快。这种鸡舍建造成本比较高，自然通风的效果较差。舍内温度不易控制，防水问题比较难解决。

此外，还有哥德式、锯齿式、折板式等形式的屋顶，这些在鸡舍建筑上很少选用。

② 屋顶的要求　一是坚固防水。屋顶不仅承接本身重量，而且承接着风沙、雨雪的重量。二是保温隔热。屋顶对于鸡舍的冬季保温和夏季隔热都有重要意义。屋顶的保温与隔热的作用比墙重要，因为屋顶的面积大于墙体。舍内上部空气温度高，屋顶内外实际温差总是大于外墙内外温差，热量容易散失或进入舍内。三是不透气、光滑、耐

久、耐火、结构轻便、简单、造价便宜。任何一种材料不可能兼有防水、保温、承重三种功能，所以正确选择屋顶、处理好三方面的关系，对于保证鸡舍环境的控制极为重要。四是屋顶高度适宜。鸡舍内的高度以净高来表示，净高指舍内地面至天棚的高，无天棚时指室内地面至屋架下弦的高。一般地区净高 3 ～ 3.5 米，严寒地区为 2.4 ～ 2.7 米。在寒冷地区，适当降低净高有利保温；而在炎热地区，加大净高则是加强通风、缓和高温影响的有力措施。

（4）天棚　天棚又名顶棚、吊顶、天花板，是将鸡舍与屋顶下空间隔开的结构。天棚的功能主要在于加强鸡舍冬季的保温和夏季的防热，同时也有利于通风换气。天棚上屋顶下的空间称为阁楼，也叫做顶楼。一栋 8 ～ 10 米跨度的鸡舍，其天棚的面积几乎比墙的总面积大 1 倍，而 18 ～ 20 米跨度时大 2.5 倍。在双列式鸡舍中通过天棚失热可达 36%，而四列式鸡舍达 44%，可见天棚对鸡舍环境控制的重要意义。

天棚必须具备保温、隔热、不透水、不透气、坚固、耐久、防潮、耐火、光滑、结构轻便、简单的特点。无论在寒冷的北方或炎热的南方，天棚与屋顶间形成封闭空间，其间不流动的空气就是很好的隔热层，因此，结构严密（不透水、不透气）是保温隔热的重要保证。如果在天棚上铺设足够厚度的保温层（或隔热层），将大大加强天棚的保温隔热作用。

常用的天棚材料有胶合板、矿棉吸音板等，在农村常常可见到草泥、芦苇、草席或塑料布等简易天棚。中小型鸡场使用塑料布或彩条布设置天棚，经济实用，保温效果良好。

（5）地面　地面的结构和质量不仅影响鸡舍内的小气候、卫生状况，还会影响鸡体及产品的清洁，甚至影响鸡的健康及生产力。

地面的要求是坚实、致密、平坦、稍有坡度、不透水和有足够的抗机械能力和各种消毒液和消毒方式的能力。

（6）门窗

① 门　对鸡舍门的要求是一律向外开，门口不设台阶及门坎，而是设斜坡，舍内与舍外的高度差 20 ～ 25 厘米。

② 窗　与通风、采光有关。所以对它的数量和形状都有一定要求。通过窗户的散热占总散热量的 25% ～ 35%。为加强外围护结构的保温和绝热，要注意窗户面积大小。窗户要设置窗户扇，能根据外界

气候变化开启。生产中许多鸡场采用花砖墙作为窗户给管理带来较大的麻烦，不利于环境控制。

（二）舍内环境控制

影响鸡群生活和生产的主要环境因素有空气温度、湿度、气流、光照、有害气体、微粒、微生物、噪声等。在科学合理的设计和建筑鸡舍、配备必需设备设施以及保证良好的场区环境的基础上，加强对鸡舍环境管理来保证舍内温度、湿度、气流、光照和空气中有害气体和微粒、微生物、噪声等条件适宜，保证鸡舍良好的小气候，为鸡群的健康和生产性能提高创造条件。鸡舍主要环境参数见表 4-4。

表 4-4　各类鸡舍主要环境参数

分类	温度/℃	相对湿度/%	噪声允许强度/分贝	尘埃允许量/(毫克/米³)	有害气体/（毫升/米³）		
					NH_3	H_2S	CO_2
成年笼养鸡	18～20	60～70	90	2～5	13	26	2000
成年平养鸡	12～16	60～70	90	2～5	13	26	2000
笼养雏鸡	20～31	60～70	90	2～5	13	26	2000
平养雏鸡	24～31	60～70	90	2～5	13	26	2000
笼养育成鸡	14～20	60～70	90	2～5	13	26	2000
平养育成鸡	14～18	60～70	90	2～5	13	26	2000

1. 舍内温度控制

温度是主要环境因素之一，舍内温度的过高过低都会影响鸡体的健康和生产性能的发挥。舍内温度的高低受到舍内热量的多少和散失难易的影响。舍内热量冬季主要来源于鸡体的散热，夏季几乎完全受外气温的影响，如果鸡舍具有良好的保温隔热性能，则可减少冬季舍内热量的散失（一般鸡舍的热量有 36%～44% 是通过天棚和屋顶散失的。因为屋顶的散热面积大，内外温差大。如一栋跨度 8～10 米的鸡舍其天棚的面积几乎比墙的面积大 1 倍，而 18～20 米跨度时大 2.5 倍，设置天棚，可以减少热量的散失和辐射热的进入；有 35%～40% 热量是通过四周墙壁散失的，散热的多少取决于建筑材料、结构、厚

度、施工情况和门窗情况；另外有12%～15%是通过地面散失的，鸡在地面上活动散热。冬季，舍内热量的散失情况取决于外围护结构的保温隔热能力），而维持较高的舍内温度，同时可减少夏季太阳辐射热进入鸡舍而避免舍内温度过高。

（1）适宜的舍内温度　雏鸡的适宜温度见表4-5，育成和成年鸡的适宜温度为18～28℃。

表4-5　蛋用或种用雏鸡适宜温度

周龄/周	1～2天	1	2	3	4	5	6
温度/℃	33～35	30～33	28～30	26～28	24～26	21～24	18～21

（2）舍内温度的控制措施　鸡舍温度容易受季节影响，如夏季气温高，天气炎热，鸡舍内的温度也高，鸡群容易发生热应激；而冬季，气温低，寒风多，舍内温度也低，影响饲料转化率。春季和秋季，舍外气温适中，舍内温度也较为适宜和容易控制。我国开放式和半开放式鸡舍较多，受舍外气温影响大，特别要做好冬季和夏季舍内温度的控制工作，即冬季要保温，夏季要降温，保证鸡舍温度适宜稳定。

① 冬季防寒保温措施　一般来说，成鸡怕热不怕冷，环境温度在7.8～30℃的范围内变化，鸡自身可通过各种途径来调节其体温，对生产性能无显著影响，但温度较低时会增加饲料消耗，所以冬季要采取措施防寒保暖，使舍内温度维持在10℃以上。

一是加强鸡舍保温设计。鸡舍保温隔热设计是维持鸡舍适宜温度的最经济最有效的措施。在鸡舍的外围护结构中，失热最多的是屋顶，因此设置天棚极为重要，铺设在天棚上的保温材料热阻值要高，而且要达到足够的厚度并压紧压实。墙壁的失热仅次于屋顶，普通红砖墙体必须达到足够厚度，用空心砖或加气混凝土块代替普通红砖，用空心墙体或在空心墙中填充隔热材料等均能提高鸡舍的防寒保温能力。有窗鸡舍应设置双层窗，并尽量少设北窗和西侧窗。外门加设门斗可防止冷风直接进入舍内。为利于鸡舍的清洗消毒，鸡舍地面多为水泥地面。

二是减少鸡舍热量散失。冬季舍内外温差大，鸡舍内热量易散失，散失的多少与鸡舍墙壁和屋顶的保温性有关，加强鸡舍保温管理有利于减少舍内热量散失和舍内温度稳定。冬季开放舍要用隔热材料

如塑料布封闭敞开部分，北墙窗户可用双层塑料布封严；鸡舍所有的门最好挂上棉帘或草帘，屋顶可用塑料薄膜制作简易天花板，墙壁特别是北墙晚上挂上草帘，能增强屋顶和墙壁的保温性能，提高舍温3～5℃。密闭舍在保证舍内空气新鲜的前提下尽量减少通风量。

三是防止冷风吹袭机体。舍内冷风可以来自墙、门、窗等缝隙和进出气口、粪沟的出粪口，局部风速可达4～5米/秒，使局部温度下降，影响鸡的生产性能，冷风直吹机体，增加机体散热，甚至引起伤风感冒。冬季到来前要检修好鸡舍，堵塞缝隙，进出气口加设挡板，出粪口安装插板，防止冷风对鸡体的侵袭。

四是防止鸡体淋湿。鸡的羽毛有较好的保温性，如果淋湿，保温性差，极大增加鸡体散热，降低鸡的抗寒能力。要经常检修饮水系统，避免水管、饮水器或水槽漏水而淋湿鸡的羽毛和料槽中的饲料。

五是采暖保温。对保温性能差的鸡舍，鸡群数量又少，光靠鸡群自温难以维持所需舍温时，应采暖保温。有条件的鸡场可利用煤炉、热风机、热水、热气等设备供暖，保持适宜的舍温，提高产蛋率，减少饲料消耗。

② 夏季防暑降温措施　鸡体缺乏汗腺，对热较为敏感，易发生热应激，影响生产，甚至引起死亡。如蛋鸡产蛋最适宜温度范围是18～23℃，高于30℃产蛋量会明显下降，蛋壳质量变差，高于38℃以上就可能由于热应激而引起死亡。因此注重防暑降温。

一是加强鸡舍的隔热设计。加强鸡舍外维护结构的隔热设计，特别是屋顶的隔热设计，可以有效降低舍内温度。

二是环境绿化遮阳。在鸡舍周围种植高大的乔木形成阴凉或在鸡舍南侧、西侧种植爬壁植物，搭建遮阳棚，减少太阳辐射热；在鸡舍屋顶铺盖15～20厘米厚的稻草、秸秆等垫草，或设置通风屋顶，可降低舍内温度3～5℃；在鸡舍顶部、窗户的外面拉遮光网，实践证明是有效的降温方法。其遮光率可达70%，而且使用寿命达4～5年。在南侧和西侧的窗户上设置遮阳板，减少阳光直射舍内。

三是墙面刷白。不同颜色对光的吸收率和反射率不同。黑色吸光率最高，而白色反光率很强，可将鸡舍的顶部及南面、西面墙面等受到阳光直射的地方刷成白色，以减少鸡舍的受热度，增强光反射。可在鸡舍的顶部铺放反光膜，降低舍温2℃左右。

四是通风降温。通风是鸡舍降温的有效途径，也是鸡对流散热的有效措施。在天气不十分炎热的情况下，在鸡舍前面栽种藤蔓植物的基础上，打开所有门窗，可以实现鸡舍的降温或缓解高温对鸡舍造成的压力。鸡舍的通风有两种。一种是自然通风。自然通风是指不需要机械设备，而借自然界的风压或热压，使鸡舍内平气流动。自然通风又分为无管道自然通风系统和有管道自然通风系统两种形式，无管道通风是指经开着的门窗所进行的通风透气，适于温暖地区和寒冷地区的温暖季节。而在寒冷季节里的封闭鸡舍，由于门窗紧闭，故需专用的通风管道进行换气。有管道通风系统包括进气管和排气管。进气管均匀排在纵墙上，在南方，进气管通常设在墙下方，以利通风降温。在北方，进气管宜设在墙体上方，以避免冷气流直接吹到鸡体。进气管在墙外的部分应向下弯或设挡板，以防冷空气或降水直接侵入。排风管沿鸡舍屋脊两侧交错垂直安装在屋顶上，下端自天棚开始，上端升出屋脊高 50 ～ 70 厘米，排气管应制成双层，内夹保温材料，管上端设风帽，以防降水落入舍内。进气管和排气管内均应设调节板，以控制风量。另一种是机械通风。机械通风是指利用风机强制进行舍内外的空气交换，常用的机械通风有正压通风、负压通风和联合通风 3 种。正压通风是用风机将舍外新鲜空气强制送入舍内使舍内气压增高，舍内污浊空气经排气口（管）自然排走的换气方法。负压通风是用风机抽出舍内的污浊空气，使舍内气压相对小于舍外，新鲜空气通过进气口（管）流入舍内而形成舍内外的空气交换。联合通风则是同时进行机械送风和机械排风的通风换气方式。在高寒地区的冬季，通风换气与防寒保温存在着很大的矛盾，在进行通风换气时应认真考虑解决好这一矛盾。

五是喷水降温。在鸡舍内安装喷雾装置定期进行喷雾，水汽的蒸发吸收鸡舍内大量热量，降低舍内温度；舍温过高时，可向鸡头、鸡冠、鸡身进行喷淋，促进体热散发，减少热应激死亡。也可在鸡舍屋顶外安装喷淋装置，使水从屋顶流下，形成湿润凉爽的小气候环境。喷水降温时一定要加大通风换气量，防止舍内湿度过高。

六是降低饲养密度。饲养密度降低，单位空间产热量减少，有利于舍内温度降低。夏季到来之前，淘汰停产鸡、低产鸡、伤残鸡、弱鸡、有严重恶癖的劣质鸡和体重过大过于肥胖的鸡，留下身体健康、

生产性能好、体重适宜鸡，这样既可降低饲养密度，减少死亡，又可降低生产成本。

其他季节可以通过保持适宜的通风量和调节鸡舍门窗面积来维持鸡舍适宜温度。

2. 舍内湿度控制

湿度是指空气的潮湿程度，养鸡生产中常用相对湿度表示。相对湿度是指空气中实际水汽压与饱和水汽压的百分比。鸡体排泄和舍内水分的蒸发都可以产生水汽而增加舍内湿度。舍内上下湿度大，中间湿度小（封闭舍）。如果夏季门窗大开，通风良好，差异不大。保温隔热不良的鸡舍，空气潮湿，当气温变化大时，气温下降时容易达到露点，凝聚为雾。虽然舍内温度未达露点，但由于墙壁、地面和天棚的导热性强，温度达到露点，即在鸡舍内表面凝聚为液体或固体，甚至由水变成冰。水渗入围护结构的内部，气温升高时，水又蒸发出来，使舍内的湿度经常很高。潮湿的外围护结构保温隔热性能下降，常见天棚、墙壁生长绿霉、灰泥脱落等。

气湿作为单一因子对鸡的影响不大，常与温度、气流等因素一起对鸡体产生一定影响。如气温在 28℃，相对湿度在 75%；气温升高至 31℃，相对湿度下降 50%；气温升高至 33℃，相对湿度下降 30%，三种情况下鸡的产蛋量无差别。

高温高湿影响鸡体的热调节，加剧高温的不良反应，破坏热平衡；低温高湿时机体的散热容易，潮湿的空气使鸡的羽毛潮湿，保温性能下降，鸡体感到更加寒冷，加剧了冷应激。鸡易患感冒性疾病，如风湿症、关节炎、肌肉炎、神经痛等，以及消化道疾病；低湿易使鸡体皮肤或外露的黏膜干裂，降低了对微生物的防卫能力，有利于尘埃飞扬，容易感染或诱发呼吸道疾病，特别是慢呼。

（1）舍内适宜的湿度　育雏前期（0 ～ 15 日龄），舍内相对湿度应保持在 75% 左右；其他鸡舍保持在 60% ～ 65%。

（2）舍内湿度调节措施　舍内相对湿度低时，可在舍内地面散水或用喷雾器在地面和墙壁上喷水，水的蒸发可以提高舍内湿度。如是雏鸡舍或舍内温度过低时可以喷洒热水；育雏期间要提高舍内湿度，可以在加温的火炉上放置水壶或水锅，使水蒸发提高舍内湿度，可以

避免喷洒凉水引起的舍内温度降低或雏鸡受凉感冒。

当舍内湿度过高时，可采取如下措施。一是加大换气量。通过通风换气，驱除舍内多余的水汽，换进较为干燥的新鲜空气。舍内温度低时，要适当提高舍内温度，避免通风换气引起舍内温度下降。二是提高舍内温度。舍内空气水汽含量不变，提高舍内温度可以增大饱和水汽压，降低舍内相对湿度。特别是冬季或雏鸡舍，加大通风换气量对舍内温度影响大，可提高舍内温度。

鸡较喜欢干燥，潮湿的空气环境与高温度协同作用，容易对鸡产生不良影响。所以，应该保证鸡舍干燥。保证鸡舍干燥需要做好鸡舍防潮，除了选择地势高燥、排水好的场地外，可采取如下措施。一是鸡舍墙基设置防潮层，新建鸡舍待干燥后使用，特别是育雏舍。有的刚建好育雏舍就立即使用，由于育雏舍密封严密，舍内温度高，没有干燥的外围护结构中存在的大量水分很容易蒸发出来，使舍内相对湿度一直处于较高的水平。晚上温度低的情况下，大量的水汽变成水在天棚和墙壁上附着，舍内的热量容易散失。二是舍内排水系统畅通，粪尿、污水及时清理。三是尽量减少舍内用水。舍内用水量大，舍内湿度容易提高。防止饮水设备漏水，能够在舍外洗刷的用具可以在舍外洗刷或洗刷后的污水立即排到舍外，不要在舍内随处抛撒。四是保持舍内较高的温度，使舍内温度经常处于露点以上。五是使用垫草或防潮剂，及时更换污浊潮湿的垫草。

3. 舍内气流控制

适宜的气流有利于舍内温热环境的维持和空气新鲜。科学合理地设计窗户和设置通风系统；保证通风和光照系统正常运转和工作。

4. 舍内光照控制

光照影响鸡的性成熟时间和产蛋率，蛋鸡饲养中的光照管理尤为重要。光照可以分为自然光照和人工光照。通过合理的设计光照系统和科学的光照管理以获得适宜的光照。

（1）自然采光　窗口位置的确定，鸡舍中央与窗口上沿的夹角不小于25°为宜；窗户面积为0.1×鸡舍面积/0.7；窗的数量根据当地气候来定，一般炎热地方南北窗面积比为1∶1，寒冷地方为2∶1；为使

采光均匀，窗户面积一定时，增加窗户数量可减少窗间距，从而提高舍内光照均匀；窗户一般为立式窗（长小于高）。

长江以南地区，窗户间距以1.0～1.5米为宜，长1.8米，高2.0米，采用塑钢或铝合金窗户；长江以北地区间距1.5米为宜，长1.8米，高2.0米；东北、西北地区推荐使用密闭式鸡舍，若采用开放式鸡舍，则窗户间距应2.0米，长1.5米，高1.8米。

开放式鸡舍可设地窗，长50厘米，宽30厘米，间距为2.0米，确保鸡舍空气畅通。

（2）人工照明　鸡舍必须要安装人工光照照明系统。人工照明采用普通灯泡或节能灯泡，安装灯罩，以防尘和最大限度地利用灯光。根据饲养阶段采用不同功率的灯泡。如育雏舍用40～60瓦的灯泡，育成舍用15～25瓦的灯泡，产蛋舍用25～45瓦的灯泡。灯距为2～3米。笼养鸡舍每个走道上安装一列光源。平养鸡舍的光源布置要均匀。

灯的高度直接影响到地面的光照强度。一般安装高度为1.8～2.4米；光源分布均匀，数量多的小功率光源比数量少的大功率光源有利于光线均匀。光源功率一般在40～60瓦较好（荧光灯在9～15瓦）。灯间距为其高度的1.5倍，距墙的距离为灯间距的一半，灯泡不应使用软线。如是笼养，应在每条走道上方安置一列光源；灯罩可以使光照强度增加50%，应选择伞形或蝶形灯罩。

5. 舍内有害气体控制

鸡舍内鸡群密集，呼吸、排泄物和生产过程中的有机物分解，使得有害气体成分要比舍外空气成分复杂和含量高。在规模养鸡生产中，鸡舍中有害气体含量超标，可以直接或间接引起鸡群发病或生产性能下降，影响鸡群安全和产品安全。

（1）舍内有害气体的种类及分布　见表4-6。

（2）消除措施

① 加强场址选择和合理布局，避免工业废气污染　合理设计鸡场和鸡舍的排水系统、粪尿、污水处理设施。

② 加强防潮管理，保持舍内干燥　有害气体易溶于水，湿度大时易吸附于材料中，舍内温度升高时又挥发出来。

表 4-6 鸡舍中主要有害气体及分布

种类	理化特性	来源	分布
氨	无色、具有刺激性臭味，与同容积干洁空气比为 0.593，比空气轻，易溶于水，在 0℃时，1 升水可溶解 907 克氨	氨是鸡粪尿、饲料残渣和垫草等有机物分解的产物。舍内含量多少决定于鸡的密集程度、鸡舍地面的结构、舍内通风换气情况和舍内管理水平	上下含量高，中间含量低
硫化氢	无色、易挥发的恶臭气体，与同容积干洁空气比为 1.19，比空气重，易溶于水，1 体积水可溶解 4.65 体积的硫化氢	来源于含硫有机物分解。当鸡采食富含蛋白质饲料而又消化不良时排出大量的硫化氢。粪便厌氧分解也可产生或破损蛋腐败发酵产生。硫化氢比重大	愈接近地面浓度愈大
二氧化碳	无色、无臭、无毒、略带酸味气体。比空气重，比重为 1.524，相对分子质量 44.01	来源于鸡的呼吸。二氧化碳比重大于空气	聚集在地面上
一氧化碳	无色、无味、无臭气体，比重 0.967	来源于火炉取暖的煤炭不完全燃烧，特别是冬季夜间鸡舍封闭严密，通风不良，可达到中毒程度	鸡舍上部

③ 加强鸡舍管理　地面平养，在鸡舍地面铺上垫料，并保持垫料清洁卫生；保证适量的通风，特别是注意冬季的通风换气，处理好保温和空气新鲜的关系；做好卫生工作，及时清理污物和杂物，排出舍内的污水，加强环境的消毒等。

④ 加强环境绿化　绿化不仅美化环境，而且可以净化环境。绿色植物进行光合作用可以吸收二氧化碳，生产出氧气。如每公顷阔叶林在生长季节每天可吸收 1000 千克二氧化碳，产出 730 千克氧气；绿色植物可大量的吸附氨，如玉米、大豆、棉花、向日葵以及一些花草都可从大气中吸收氨而生长；绿色林带可以过滤、阻隔有害气体。有害气体通过绿色地带至少有 25% 被阻留，煤烟中的二氧化硫被阻留 60%。

⑤ 采用化学物质消除　鸡舍内撒布过磷酸钙、饲料中添加丝兰属植物提取物、沸石，垫料中混入硫黄或利用木炭、活性炭、煤渣、生石灰等具有吸附作用的物质吸附空气中的臭气；使用有益微生物制剂

（EM）拌料饲喂或拌水饮喂，亦可喷洒鸡舍；艾叶、苍术、大青叶、大蒜、秸秆等植物等份适量放在鸡舍内燃烧，既可抑制细菌，又能除臭，在空舍时使用效果最好；另外，利用过氧化氢、高锰酸钾、硫酸亚铁、硫酸铜、乙酸等化学物质也可降低鸡舍空气臭味。如用4%硫酸铜和适量熟石灰混在垫料之中，或者用2%的苯甲酸或2%乙酸喷洒垫料，均可起到除臭作用。

⑥ 提高饲料消化吸收率。科学选择饲料原料；按可利用氨基酸需要合理配制日粮；科学饲喂；利用酶制剂、酸制剂、微生态制剂、寡聚糖、中草药添加剂等可以提高饲料利用率，减少有害气体的排出量。

6. 微粒的控制

微粒是以固体或液体微小颗粒形式存在于空气中的分散胶体。鸡舍中的微粒来源于鸡的活动、咳嗽、鸣叫，饲养管理过程，如清扫地面、分发饲料、饲喂及通风除臭等机械设备运行。鸡舍内有机微粒较多。

（1）微粒对机体健康的影响　微粒影响鸡体散热和引起炎症，损坏黏膜和感染疾病。微粒可以吸附空气中的水汽、氨、硫化氢、细菌和病毒等有毒有害物质造成黏膜损伤，引起血液中毒及各种疾病的发生。

（2）控制措施　一是改善鸡舍和牧场周围地面状况，实行全面的绿化，种树、种草和农作物等。植物表面粗糙不平，多绒毛，有些植物还能分泌油脂或黏液，能阻留和吸附空气中的大量微粒。含微粒的大气流通过林带，风速降低，大径微粒下沉，小的被吸附。夏季可吸附35.2%～66.5%微粒。二是鸡舍远离饲料加工场，分发饲料和饲喂动作要轻。三是保持鸡舍地面干净，禁止干扫；更换和翻动垫草动作也要轻。四是保持适宜的湿度。适宜的湿度有利于尘埃沉降。五是保持通风换气，必要时安装过滤设备。

7. 噪声的控制

物体呈不规则、无周期性震动所发出的声音叫噪声。鸡舍内的噪声来源主要有：外界传入，场内机械产生和鸡自身产生的。

（1）噪声对鸡的影响　鸡对噪声比较敏感，容易受到噪声的危害，如引起严重的应激反应，使正常的生理功能失调，免疫力和抵抗力下

降，危害健康，甚至导致死亡。

（2）控制措施　一是选择场地。鸡场选在安静的地方，远离噪声大的地方，如交通干道、工矿企业和村庄等。二是选择设备。选择噪声小的设备。三是饲养管理。饲养管理过程中动作要轻柔，避免人为产生噪声。四是搞好绿化。场区周围种植林带，可以有效隔声。

三、加强隔离卫生

（一）完善隔离卫生设施

场址选择及规划布局、鸡舍设计和设备配备等方面都直接关系到场区的温热环境和卫生状况等。鸡场场地选择不当，规划布局不合理，鸡舍设计不科学，必然导致隔离条件差，温热环境不稳定，环境污染严重，鸡群疾病频发，生产性能不能正常发挥，经济效益差。所以，科学选择好场地，合理规划布局，并注重鸡舍的科学设计和各种设备配备，使隔离卫生设施更加完善，以维护鸡群的健康和生产潜力发挥。

1. 选择场址

场址选择必须考虑建场地点的自然条件和社会条件，并考虑以后发展的可能性。

（1）场地　考虑地形、地势、朝向、面积大小、周围建筑物情况等因素。

①地形　指场地形状、大小和地物（场地上的房屋、树木、河流、沟坎）情况。作为蛋鸡场场地，要求地形整齐、开阔，有足够的面积。地形整齐，便于合理布置鸡场建筑和各种设施，并能提高场地面积利用率。地形狭长往往影响建筑物合理布局，拉长了生产作业线，并给场内运输和管理造成不便，增加了劳动强度；地形不规则或边角太多，会使建筑物布局零乱，增加场地周围隔离防疫设施的投资。

蛋鸡场要避开西北方向的山口或长形谷地，因为西北方向山口或长形谷地容易使冬季寒风的风速加速，严重影响场区和鸡舍温热环境的维持。特别是现在蛋鸡场一年四季均衡生产，对冬季育雏和育成危

害更大，温度不能保证，雏鸡精神状态差，严重影响雏鸡的采食、饮水、卫生管理和消毒等，甚至诱发疫病，造成一定经济损失。

② 地势　指场地的高低起伏状况。作为蛋鸡场场地，要求地势高燥，平坦或稍有坡度（1% ~ 3%）。场地高燥，稍有坡度，这样排水良好，地面干燥，阳光充足，有利于卫生管理，也可抑制微生物和寄生虫的滋生繁殖；地势低洼，容易积水潮湿泥泞，夏季通风不良，空气闷热，蚊、蝇、蜱、螨等媒介昆虫易于滋生繁殖，冬季则阴冷。

如果坡地建场，要向阳背风，坡度最大不超过25%；如果山区建场，不能建在山顶，也不能建在山谷，应建在南边半坡较为平坦的地方。

③ 场地面积　场地面积要大小适宜，符合生产规模，并考虑今后的发展需要，周围不能有高大建筑物。

（2）土壤　土壤的物理、化学和生物学特性会影响场区的空气质量和场地的净化能力。选择场址时要注意土壤选择。

① 透气透水性能好　透水透气性能差，吸湿性大的土壤受到粪尿等有机物污染后在厌氧条件下分解产生氨、硫化氢等有害气体，污染场区空气。污染物和分解物易通过土壤的空隙或毛细管被带到浅层地下水中或被降雨冲集到地面水源，污染水源；潮湿的土壤是微生物存活和滋生的良好场所。

② 洁净未被污染　被污染的场地含有大量的病原微生物，易引起鸡群发病。选择的场地最好没有建设过养殖场、医院、兽医院以及畜禽产品加工厂。如果污染过的场地，要进行清洁消毒，更换新的土层。

③ 适宜建筑　土壤要有一定的抗压性。土壤的类型主要有沙土、壤土和沙壤土，各有特点：沙土的透气透水性能好，易于干燥，抗压性强，适宜建筑，但昼夜温差大；壤土的透气透水性能差，不易干燥，抗压性差，建筑成本高；沙壤土介于沙土和壤土之间，既有一定的透气透水性，易于干燥，又有一定的抗压性，昼夜温度稳定。适宜作为蛋鸡场场地的土壤应该是沙壤土，如果不是这样的土壤，可以通过建筑处理来弥补其不足。

（3）水源　水不仅是重要的营养物质，而且直接影响到蛋鸡的代谢活动。水对蛋鸡的健康和生产性能发挥至关重要，必须加强鸡场水源选择。水源要符合如下要求。

① 水量充足　蛋鸡场需要的水包括鸡的饮水、清洁用水、饲养管

理人员用水以及消防用水等，所以，水源的水量必须满足人、畜生活和生产、消防、灌溉用水，同时要考虑以后发展用水的需要。

② 水质良好　水的质量直接影响蛋鸡健康，必须符合水质卫生指标要求（表 4-7）和无公害养殖场畜禽饮用水农药含量要求（表 4-8）。

表 4-7　水的质量标准（无公害食品畜禽饮用水水质标准 NY 5027—2008）

指标	项目	标准
感官性状及一般化学指标	色度	≤ 300
	混浊度	≤ 200
	臭和味	不得有异臭异味
	肉眼可见物	不得含有
	总硬度（$CaCO_3$ 计，毫克 / 升）	≤ 1500
	pH 值	5.5 ～ 9.0
	溶解性总固体（毫克 / 升）	≤ 4000
	硫酸盐（SO_4^{2-} 计，毫克 / 升）	≤ 500
细菌学指标	总大肠杆菌群数（个 /100 毫升）	成畜≤ 100；幼畜和禽≤ 10
毒理学指标	氟化物（F^- 计，毫克 / 升）	≤ 2.0
	氰化物（毫克 / 升）	≤ 0.2
	总砷（毫克 / 升）	≤ 0.2
	总汞（毫克 / 升）	≤ 0.01
	铅（毫克 / 升）	≤ 0.1
	铬（六价，毫克 / 升）	≤ 0.1
	镉（毫克 / 升）	≤ 0.05
	硝酸盐（N 计，毫克 / 升）	≤ 10

当畜禽饮用水中含有农药时，农药含量不能超过表 4-8 的规定。

表 4-8　无公害养殖场畜禽饮用水农药含量

项目	限量标准 /（毫升 / 升）	项目	限量标准 /（毫升 / 升）	项目	限量标准 /（毫升 / 升）
马拉硫磷	0.25	对硫磷	0.003	百菌清	0.01
内吸磷	0.03	乐果	0.08	甲奈威	0.05
甲基对硫磷	0.02	林丹	0.004	2,4-D	0.1

③ 取用方便　水源应取用方便，这样可以节省投资，保证水的充足供应，降低生产成本。

④ 便于保护　水源容易受到鸡场生产过程的污染或周边环境的污染，所以，选择的水源周围环境条件好，便于进行卫生防护。

（4）其他方面　蛋鸡场是污染源，也易受到污染。蛋鸡场在生产产品的同时，也需要大量饲料，所以，选择的鸡场场地要兼顾交通和隔离防疫，既要便于交通，又要便于隔离防疫。蛋鸡场要与村庄或居民点保持 200 ～ 500 米的距离。要远离屠宰场、畜产品加工场、兽医院、医院、造纸厂、化工厂等污染源，远离噪声大的工矿企业，远离其他养殖企业；蛋鸡场要有充足稳定的电源，周边环境要安全。

2. 规划布局

蛋鸡场的规划布局就是根据拟建场地的环境条件，科学确定各区的位置，合理地确定各类房舍、道路、供排水和供电等管线、绿化带等的相对位置及场内防疫卫生的安排。场址选定以后，要进行合理的规划布局。因鸡场的性质、规模不同，建筑物的种类和数量亦不同，鸡场的规划布局也不同。中小型鸡场由于建筑物的种类和数量较少，规划布局相对简单。但不管建筑物的种类和数量多少，都必须科学合理的规划布局，才能经济有效地发挥各类建筑物的作用，才能有利于隔离卫生，减少或避免疫病的发生。

（1）分区规划　鸡场通常根据生产功能，分为生产区、管理区或生活区和隔离区等。分区规划要考虑主导风向和地势要求。鸡场的分区规划见图 4-2。

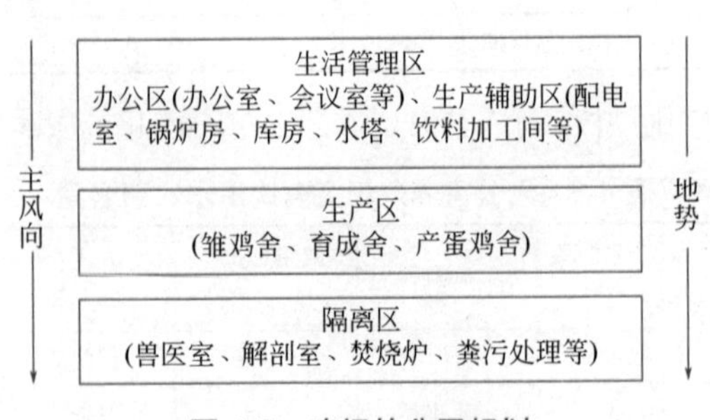

图 4-2　鸡场的分区规划

① 生活区　生活区或管理区是鸡场的经营管理活动区域，与社会联系密切，易造成疫病的传播和流行，该区的位置应靠近大门，并与生产区分开，外来人员只能在管理区活动，不得进入生产区。场外运输车辆不能进入生产区。车棚、车库均应设在管理区，除饲料库外，其他仓库亦应设在管理区。职工生活区设在上风向和地势较高处，以免鸡场产生的不良气味、噪声、粪尿及污水，因风向和地面径流污染生活环境和造成人、畜疾病的传染。

② 生产区　生产区是蛋鸡生活和生产的场所，该区的主要建筑为各种鸡舍，生产辅助建筑物。注意如下几点。一是生产区应位于全场中心地带，地势应低于管理区，并在其下风向，但要高于病畜管理区，并在其上风向。二是生产区内饲养雏鸡、育成鸡和产蛋鸡等不同日龄段的鸡群，因为鸡的日龄不同，其生理特点、环境要求和抗病力不同，所以在生产区内，要分小区规划，育雏区、育成区和产蛋区严格分开，并加以隔离，日龄小的鸡群放在安全地带（上风向、地势高的地方）。大型鸡场则可以专门设置育雏场、育成场（三段制）或育雏育成场（二段制）和成年鸡场，隔离效果更好，疾病发生机会更小。三是种鸡场、孵化场和商品鸡场应分开，相距500米以上。四是饲料库可以建在与生产区围墙同一平行线上，用饲料车直接将饲料送入料库。

③ 病鸡隔离区　病鸡隔离区是用来治疗、隔离和处理病鸡的场所。为防止疫病传播和蔓延，该区应在生产区的下风向，并在地势最低处，而且应远离生产区。隔离鸡舍应尽可能与外界隔绝。该区四周应有自然的或人工的隔离屏障，设单独的道路与出入口。

（2）鸡舍距离　鸡舍间距影响鸡舍的通风、采光、卫生、防火。鸡舍之间距离过小，通风时，上风向鸡舍的污浊空气容易进入下风向鸡舍内，引起病原在鸡舍间传播；采光时，南边的建筑物遮挡北边建筑物；发生火灾时，很容易秧及全场的鸡舍及鸡群；如果鸡舍密集，场区的空气环境容易恶化，微粒、有害气体和微生物含量过高，容易引起鸡群发病。为了保持场区和鸡舍环境良好，鸡舍之间应保持适宜的距离。鸡舍间距如果能满足防疫、排污和防火间距，一般可以满足其他要求。

① 通风要求　鸡舍间距太小，下风向鸡舍不能进行有效的通风，上风向鸡舍排出的污浊气体进入下风向鸡舍。鸡舍借通风系统经常排

出污秽气体和水汽，这些气体和水汽中夹杂着饲料粉尘和微粒，如某栋鸡舍中的鸡群发生了疫情，病原菌常常是通过排出的微粒而携带出来，威胁着相邻的鸡群。为此，从通风要求确定鸡舍间距时，应大于最为不利时的间距所需的数值，即当风向与鸡舍长轴垂直的背风面涡旋范围最大的间距（图 4-3）。试验结果表明，若鸡舍高度为 H，开放型鸡舍间距应为 $5H$，当主导风向入射角为 30° ～ 60° 时，鸡舍间距缩小到 $3H$。对于密闭鸡舍，由于现在鸡舍的通风换气多采用纵向通风，影响不大，$3H$ 的间距足以满足防疫要求。

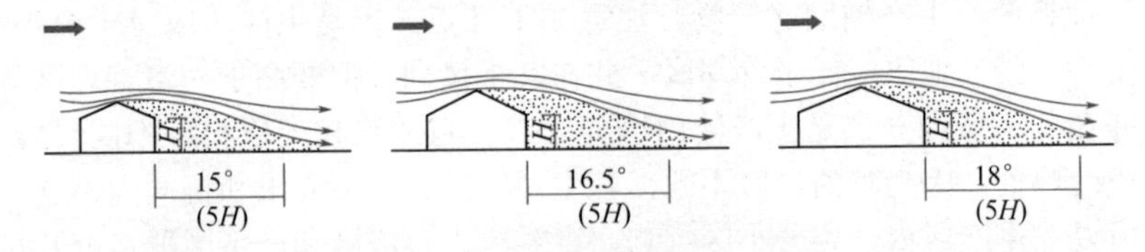

图 4-3　鸡舍剖面方向气流涡旋区

② 排污要求　鸡舍间距的大小，也影响排除各栋鸡舍排于场区的污秽气体氨、二氧化碳、硫化氢等鸡体代谢和粪污发酵腐败所产生的气体和粉尘、毛屑等有毒有害物质。合理地组织场区通风，使鸡舍长轴与主导风向形成一定的角度，可以以较小的鸡舍间距达到排污较好的效果，提高土地利用率。如使鸡舍长轴与主导风向所夹角为 30° ～ 60° ，用 $3H$ ～ $5H$ 的鸡舍间距，就可达到排污的要求。

③ 防火要求　消除隐患，防止事故发生是安全生产的保证。鸡场的防火问题，除了在确定结构的建筑材料抗燃性能以外，建筑物的防火间距也是一项主要的防火措施，一般 $2H$ ～ $3H$ 的鸡舍间距在满足防疫要求的同时，也满足了防火的要求。

一般开放舍间距为 20 ～ 30 米，密闭舍间距 15 ～ 20 米较为适宜。目前我国许多鸡场和专业户的鸡舍间距过小（3 ～ 10 米），已直接影响到鸡群的健康和生产性能的发挥。鸡舍防疫间距见表 4-9。

表 4-9　鸡舍防疫间距

种类	同类鸡舍 / 米	不同类鸡舍 / 米
育雏、育成舍	15 ～ 20	30 ～ 40
商品蛋鸡舍	12 ～ 15	20 ～ 25

（3）鸡舍朝向　鸡舍朝向是指鸡舍长轴与地球经线是水平还是垂直。鸡舍朝向影响到鸡舍的采光、通风和太阳辐射。朝向选择应考虑当地的主导风向、地理位置、鸡舍采光和通风排污等情况。鸡舍内的通风效果与气流的均匀性和通风量的大小有关，但主要看进入舍内的风向角多大。风向与鸡舍纵轴方向垂直，则进入舍内的是穿堂风，有利于夏季的通风换气和防暑降温，不利于冬季的保温；风向与鸡舍纵轴方向平行，风不能进入舍内，通风效果差。我国大部地区采用东西走向或南偏东或西15°左右是较为适宜的。这样的朝向，在冬季可以充分利用太阳辐射的温热效应和射入舍内的阳光防寒保温；夏季辐射面积较少，阳光不易直射舍内，有利于鸡舍防暑降温。

（4）道路和储粪场

① 道路　蛋鸡场设置清洁道和污染道，清洁道供饲养管理人员、清洁的设备用具、饲料和新母鸡等使用，污染道供清粪、污浊的设备用具、病死和淘汰鸡使用。清洁道和污染道不交叉。

② 储粪场　蛋鸡场设置粪尿处理区。粪场可设置在多列鸡舍的中间，靠近道路，有利于粪便的清理和运输。储粪场（池）设置的注意事项。一是储粪场应设在生产区和鸡舍的下风处，与住宅、鸡舍之间保持有一定的卫生间距（距鸡舍30～50米），并应便于运往农田或作其他处理。二是储粪池的深度以不受地下水浸渍为宜，底部应较结实。储粪场和污水池要进行防渗处理，以防粪液渗漏流失污染水源和土壤。三是储粪场底部应有坡度，使粪水可流向一侧或集液井，以便取用。四是储粪池的大小应根据每天鸡场鸡排粪量多少及储藏时间长短而定。

（5）绿化设计　绿化不仅可以美化环境，而且可以净化环境。绿化具有明显改善鸡场的温热环境（夏季，良好的绿化能够降低环境温度；冬季可以降低风速）、空气环境（如减少空气中的有害气体、微粒、微生物和噪声）以及隔离、防火等作用，所以，要加强鸡场的绿化设计。

① 场界周边绿化　场界周边种植常绿乔木和灌木混合林带，特别是场界的北、西侧，应加宽这种混合林带（宽度在10米以上，一般至少种五行）以增加防风效果。防风林的防风范围一般为林带高度的10～15倍；场区周围有围墙时还可种爬藤植物，让藤苗爬上围墙。场区内隔离地带可视地势、宽度和主要目的选择树种和种植密度。防疫隔离区为达到降尘和防人畜过往的目的，应以灌木和乔木搭配，密

度宜大些，灌木密度以人畜不能越过为宜，乔木 2 ～ 3 米株距，以常绿树为主如樟树、柏树、杉树等（种植 2 ～ 3 行，宽度为 3 ～ 5 米）。植树时可搭配一些泡桐等速生落叶树，等常绿乔木长大后再砍掉速生落叶树。隔离区较宽时，可在中间种植部分果树、药材和其他不须精细管理的农作物。

② 场内道路绿化　道路两旁绿化以遮阴、美化目的为主，可种植常绿乔木搭配有一定观赏价值的灌木或种植 1 ～ 2 行树冠整齐的乔木或亚乔木配以常青植物和花草。

③ 建筑物之间绿化　建筑物之间种花种草，如果间距较宽时也可种植一些桃树、梨树等果树品种。

④ 运动场绿化　运动场应种植速生高大落叶乔木，并根据树种和夏季太阳照射角确定植距、位置，并及时修剪下部树枝。这样，夏天凉爽遮阴并能通风，冬季又不影响鸡晒阳光。舍旁遮阴可种两排左右。运动场视遮阴要求程度安排密度，但对家畜可能损坏树干的运动场要用砖石砌好树台，树台大小、高度以树干不会受破坏为准。鸡舍外围墙边可种植爬藤植物，使藤苗上墙并随时剪去门窗上的茎蔓，形成垂直绿化，可大为增加鸡舍在夏季的防暑降温效果。

⑤ 行政生活区绿化　生活管理区可种植花、草、常绿灌木、乔木，并进行园林造型，起到美化效果。绿化的管理工作是：绿化的设计全面科学、绿化的植物品种合理搭配、绿化的方案顺利实施、绿化的植物枝叶茂盛、清洁卫生等。

（6）配套隔离设施　没有良好的隔离设施就难以保证有效的隔离，设置隔离设施会加大投入，但减少疾病发生带来的收益将是长期的，要远远超过投入。隔离设施如下。

① 隔离墙（或防疫沟）　鸡场周围（尤其是生产区周围）要设置隔离墙，墙体严实，高度 2.5 ～ 3 米或沿场界周围挖深 1.7 米，宽 2 米的防疫沟，沟底和两壁硬化并放上水，沟内侧设置 15 ～ 18 米的铁丝网，避免闲杂人员和其他动物随便进入鸡场。

② 消毒池和消毒室　鸡场大门设置消毒室（或淋浴消毒室）和车辆消毒池，供进入人员、设备和用具消毒。生产区中每栋建筑物门前要有消毒池。可以在与生产区围墙同一平行线上建蛋盘、蛋箱和鸡笼消毒池。

③ 独立的供水系统　有条件的鸡场要自建水井或水塔，用管道接

送到鸡舍。

④ 场内的排水设施　完善的排水系统可以保证鸡场场地干燥，及时排除雨水及鸡场的生活、生产污水。否则，会造成场地泥泞及可能引起的沼泽化，影响鸡场小气候、建筑物寿命，给鸡场管理工作带来困难。蛋鸡场要设置污水和雨水两套排水系统，不交叉，以减少污水量。

场内排水系统多设置在各种道路的两旁及鸡舍的四周，利用鸡场场地的倾斜度，使雨水及污水流入沟中，排到指定地点进行处理。排水沟分明沟和暗沟：明沟夏天臭气明显，容易清理，明沟不应过深（＜ 30 厘米）；暗沟可以减少臭气对鸡场环境的污染。暗沟可用砖砌或利用水泥管，其宽度、深度可根据场地地势及排水量而定。如暗沟过长，则应设沉淀井，以免污物淤塞，影响排水。此外，应深达冻土层以下，以免受冻而阻塞。

⑤ 设立卫生间　为减少人员之间的交叉活动、保证环境的卫生和为饲养员创造比较好的生活条件，在每个小区或者每栋鸡舍都设有卫生间。每栋鸡舍的工作间的一角建一个1.5米×2米的冲水厕所，用隔断墙隔开。

蛋鸡场的整体规划布局示意图见图 4-4。

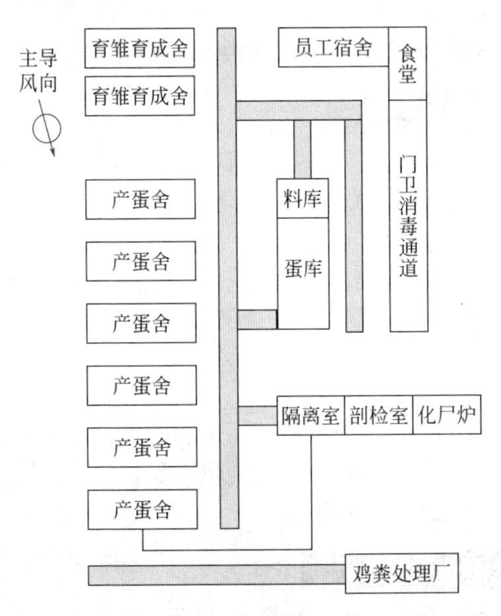

图 4-4　蛋鸡场的规划布局示意图

【注意】场地选择不当，规划布局不合理，容易导致隔离条件差，环境污染严重，鸡群疾病频发，影响高产潜力的发挥。

（二）加强隔离卫生

1. 加强引种管理

到洁净的种鸡场订购雏鸡。种鸡场污染严重，引种时也会带来病原微生物，特别是我国现阶段种鸡场过多过滥，管理不善，净化不严，更应高度重视。到有种禽种蛋经营许可证，管理严格，净化彻底，信誉度高的种鸡场订购雏鸡，避免引种带来污染。

2. 进入鸡场和鸡舍的人员、车辆和用具要消毒

养鸡场大门、生产区入口要建同门口一样宽、长是汽车轮一周半以上的消毒池。各鸡舍门口要建与门口同宽、长1.5米的消毒池。生产区门口还要建更衣消毒室和淋浴室。车辆进入鸡场前应彻底消毒，以防带入疾病；鸡场谢绝参观，不可避免时，应严格按防疫要求消毒后方可进入；农家养鸡场应禁止其他养殖户、鸡蛋收购商和死鸡贩子进入鸡场，病鸡和死鸡经疾病诊断后应深埋，并做好消毒工作，严禁销售和随处乱丢。

3. 注意饲料和饮水卫生

饲料不霉变，不被病原污染，饲喂用具勤清洁消毒；鸡场水源要远离污染源，水源周围50米内不得设置储粪场、渗漏厕所。水井设在地势高燥处，防止雨水、污水倒流引起污染。饮用水符合卫生标准，水质良好，饮水用具要清洁，饮水系统要定期消毒。定期检测水质，发现问题及时处理。

4. 保持鸡场卫生

及时清理鸡场、鸡舍的污物、污水和垃圾，定期打扫鸡舍顶棚和设备用具的灰尘，每天进行适量的通风，保持鸡舍清洁卫生；不在鸡舍周围和道路上堆放废弃物和垃圾。

5. 废弃物无害化处理利用

蛋鸡场的废弃物主要有粪尿、污水和病死鸡，进行无害化处理有

利于减少病原传播。

（1）粪便处理利用　见第五招内容。

（2）污水处理　鸡场必须专设排水设施，以便及时排除雨、雪水及生产污水。全场排水网分主干和支干，主干主要是配合道路网设置的路旁排水沟，将全场地面径流或污水汇集到几条主干道内排出；支干主要是各运动场的排水沟，设于运动场边缘，利用场地倾斜度，使水流入沟中排走。排水沟的宽度和深度可根据地势和排水量而定，沟底、沟壁应夯实，暗沟可用水管或砖砌，如暗沟过长（超过 200 米），应增设沉淀井，以免污物淤塞，影响排水。但应注意，沉淀井距供水水源应在 200 米以上，以免造成污染。

（3）尸体处理　鸡的尸体能很快分解腐败，散发恶臭，污染环境。特别是传染病病鸡的尸体，其病原微生物会污染大气、水源和土壤，造成疾病的传播与蔓延。因此，必须正确而及时地处理死鸡，坚决不能图一己私利而出售。

① 焚烧法　焚烧也是一种较完善的方法，但不能利用产品，且成本高，故不常用。但对一些危害人、畜健康极为严重的传染病病禽的尸体，仍有必要采用此法。焚烧时，先在地上挖一十字形沟（沟长约 2.6 米，宽 0.6 米，深 0.5 米），在沟的底部放木柴和干草作引火用，于十字沟交叉处铺上横木，其上放置禽尸，禽尸四周用木柴围上，然后洒上煤油焚烧。或用专门的焚烧炉焚烧。

② 高温理法　此法是将死鸡放入特设的高温锅（150℃）内熬煮，达到彻底消毒的目的。鸡场也可用普通大锅，经 100℃ 以上的高温熬煮处理。此法可保留一部分有价值的产品，但要注意熬煮的温度和时间，必须达到消毒的要求。

③ 土埋法　是利用土壤的自净作用使其无害化。此法虽简单但不理想，因其无害化过程缓慢，某些病原微生物能长期生存，从而污染土壤和地下水，并会造成二次污染。采用土埋法，必须遵守卫生要求，即埋尸坑应远离鸡舍、放牧地、居民点和水源，地势高燥，死鸡掩埋深度不小于 2 米，死鸡四周应洒上消毒药剂，埋尸坑四周最好设栅栏并做上标记。

在处理禽尸时，不论采用哪种方法，都必须将病禽的排泄物、各种废弃物等一并进行处理，以免造成环境污染。

（4）垫料处理　有的鸡场采用地面平养（特别是育雏育成期），多使用垫料，使用垫料对改善环境条件具有重要的意义。垫料具有保暖、吸潮和吸收有害气体等作用，可以降低舍内湿度和有害气体浓度，保证一个舒适、温暖的小气候环境。选择的垫料应具有导热性低、吸水性强、柔软、无毒、对皮肤无刺激性等特性，并要求来源广、成本低、适于做肥料和便于无害化处理。常用的垫料有稻草、麦秸、稻壳、树叶、野干草、植物藤蔓、刨花、锯末、泥炭和干土等。近年来，还采用橡胶、塑料等制成的厩垫以取代天然垫料。

6. 灭鼠

鼠危害极大，是人、禽多种传染病的传播媒介，盗食饲料和禽蛋，咬死雏禽，咬坏物品，污染饲料和饮水等，鸡场必须采取有效措施灭鼠。

（1）防止鼠类进入建筑物　鼠类多从墙基、天橱、瓦顶等处窜入室内，在设计施工时注意：墙基最好用水泥制成，碎石和砖砌的墙基，应用灰浆抹缝。墙面应平直光滑，防鼠沿粗糙墙面攀登。砌缝不严的空心墙体，易使鼠隐匿营巢，要填补抹平。为防止鼠类爬上屋顶，可将墙角处做成圆弧形。墙体上部与天棚衔接处应砌实，不留空隙。瓦顶房屋应缩小瓦缝和瓦、椽间的空隙并填实。用砖、石铺设的地面和禽床，应衔接紧密并用水泥灰浆填缝。各种管道周围要用水泥填平。通气孔、地脚窗、排水沟（粪尿沟）出口均应安装孔径小于 1 厘米的铁丝网，以防鼠窜入。

（2）器械灭鼠　器械灭鼠方法简单易行，效果可靠，对人、畜无害。灭鼠器械种类繁多，主要有夹、关、压、卡、翻、扣、淹、粘、电等。近年来还研究和采用电灭鼠和超声波驱鼠等方法。

（3）化学灭鼠　化学灭鼠效率高、使用方便、成本低、见效快，缺点是能引起人、禽中毒，有些鼠对药剂有选择性、拒食性和耐药性。所以，使用时须选好药剂和注意使用方法，以保安全有效。灭鼠药剂种类很多，主要有灭鼠剂、熏蒸剂、烟剂、化学绝育剂等。鸡场的鼠类以孵化室、饲料库、鸡舍最多，是灭鼠的重点场所。饲料库可用熏蒸剂毒杀。投放毒饵时，要防止毒饵混入饲料中即可。在采用全进全出制的生产程序时，可结合舍内消毒时一并进行。鼠尸应及时清理，以防被人、禽误食而发生二次中毒。选用鼠长期吃惯了的食物做饵料，

突然投放，饵料充足，分布广泛，以保证灭鼠的效果。

7. 杀昆虫

鸡场易滋生有害昆虫，如蚊、蝇等，骚扰人、禽和传播疾病，危害人、禽健康，应注意做好杀虫工作。

（1）环境卫生　搞好鸡场环境卫生，保持环境清洁、干燥，是杀灭蚊、蝇的基本措施。蚊虫需在水中产卵、孵化和发育，蝇蛆也需在潮湿的环境及粪便等废弃物中生长。因此，填平无用的污水池、土坑、水沟和洼地。保持排水系统畅通，对阴沟、沟渠等定期疏通，勿使污水储积。对储水池等容器加盖，以防蚊、蝇飞入产卵。对不能清除或加盖的防火储水器，在蚊、蝇滋生季节，应定期换水。永久性水体（如鱼塘、池塘等），蚊虫多滋生在水浅而有植被的边缘区域，修整边岸，加大坡度和填充浅湾，能有效地防止蚊虫滋生。禽舍内的粪便应定时清除，并及时处理，储粪池应加盖并保持四周环境的清洁。

（2）化学杀灭　化学杀灭是使用天然或合成的毒物，以不同的剂型（粉剂、乳剂、油剂、水悬剂、颗粒剂、缓释剂等），通过不同途径（胃毒、触杀、熏杀、内吸等），毒杀或驱逐蚊、蝇。化学杀虫法具有使用方便、见效快等优点，是当前杀灭蚊、蝇的较好方法。常用的杀虫剂见表 4-10。

表 4-10　常用杀虫剂的作用特点

名称	作用特点
马拉硫磷	有机磷杀虫剂。它是世界卫生组织推荐用的室内滞留喷洒杀虫剂，其杀虫作用强而快，具有胃毒、触毒作用，也可作熏杀，杀虫范围广，可杀灭蚊、蝇、蛆、虱等，对人、禽的毒害小，故适于禽舍内使用
敌敌畏	有机磷杀虫剂。具有胃毒、触毒和熏杀作用，杀虫范围广，可杀灭蚊、蝇等多种害虫，杀虫效果好。但对人、禽有较大毒害，易被皮肤吸收而中毒，故在禽舍内使用时，应特别注意安全
合成拟菊酯	神经毒药剂，可使蚊、蝇等迅速呈现神经麻痹而死亡。杀虫力强，特别是对蚊的毒效比敌敌畏、马拉硫磷等高 10 倍以上，对蝇类，因不产生抗药性，可长期使用

（3）物理杀灭　利用机械方法以及光、声、电等物理方法，捕杀、诱杀或驱逐蚊、蝇。我国生产的多种紫外线光或其他光诱器，特别是

四周装有电栅，通有将220V变为5500V的10mA电流的蚊蝇光诱器，效果良好。此外，还有可以发出声波或超声波并能将蚊、蝇驱逐的电子驱蚊器等，都具有防除效果。

（4）生物杀灭　利用天敌杀灭害虫，如池塘养鱼即可达到鱼类治蚊的目的。此外，应用细菌制剂——内菌素杀灭吸血蚊的幼虫，效果良好。

8. 环境消毒

消毒可以预防和阻止疫病发生、传播和蔓延。鸡场环境消毒是卫生防疫工作的重要部分。随着养鸡业集约化经营的发展，消毒对预防疫病的发生和蔓延具有更重要的意义。

【注意】目前我国鸡场普遍存在卫生管理观念淡漠，忽视卫生管理。如鸡场之间的距离近、鸡场规划不合理、鸡舍间距过小、饲养密度过高，废弃物不处理（鸡粪乱堆，污水横流，死鸡乱扔）等，导致疾病，特别是疫病频繁发生，严重影响鸡群的生产性能和生产效益。

四、严格消毒

消毒是指用化学或物理的方法杀灭或清除传播媒介上的病原微生物，使之达到无传播感染水平的处理，即不再有传播感染的危险。消毒的目的在于消灭被病原微生物污染的场内环境、鸡体表面及设备器具上的病原体，切断传播途径，防止疾病的发生或蔓延。消毒是保证鸡群健康和正常生产的重要技术措施，特别是在我国现有环境条件下，消毒在疾病防控中具有重要的作用。

（一）消毒的方法

蛋鸡场的消毒方法主要有机械性清除（用清扫、铲刮、冲洗和适当通风等）、物理消毒法（紫外线照射、高温等）和生物消毒法（粪便的发酵）、化学消毒法等。

（二）化学消毒法的操作要点

1. 化学消毒剂的要求

化学消毒剂的要求是广谱，消毒力强，性能稳定；毒性小，刺激

性小，腐蚀性小，不残留在禽产品中；廉价，使用方便。

2. 消毒剂的使用方法

常用的有浸泡法、喷洒法、熏蒸法和气雾法。

（1）浸泡法　主要用于消毒器械、用具、衣物等。一般洗涤干净后再行浸泡，药液要浸过物体，浸泡时间以长些为好，水温以高些为好。在鸡舍进门处消毒槽内，可用浸泡药物的草垫或草袋对人员的鞋消毒。

（2）喷洒法　喷洒地面、墙壁、舍内固定设备等，可用细眼喷壶；对舍内空间消毒，则用喷雾器。喷洒要全面，药液要喷到物体的各个部位。一般喷洒地面，每平方米面积需要 2 升药液，喷墙壁、顶棚，每平方米 1 升。

（3）熏蒸法　适用于可以密闭的鸡舍。这种方法简便、省事，对房屋结构无损，消毒全面，鸡场常用。常用的药物有福尔马林（40% 的甲醛水溶液）、过氧乙酸水溶液。为加速蒸发，常利用高锰酸钾的氧化作用。实际操作中要严格遵守下面基本要点：禽舍及设备必须清洗干净，因为气体不能渗透到鸡粪和污物中去，所以不能发挥应有的效力；禽舍要密封，不能漏气。应将进出气口、门窗和排气扇等的缝隙糊严。

（4）气雾法　气雾粒子是悬浮在空气中的气体与液体的微粒，直径小于 200 纳米，分子量极小，能悬浮在空气中较长时间，可到处漂移穿透到禽舍内的周围及其空隙。气雾是消毒液到进气雾发生器后喷射出的雾状微粒，是消灭气携病原微生物的理想办法。全面消毒鸡舍空间，每立方米用 5% 的过氧乙酸溶液 2.5 毫升喷雾。

（三）常用消毒剂

1. 含氯消毒剂

产品有优氯净、强力消毒净、速效净、消洗液、消佳净、84 消毒液、二氯异氰尿酸和三氯异氰尿酸复方制剂等，可以杀灭肠杆菌、肠球菌、金黄色葡萄球菌以及胃肠炎、新城疫、法氏囊等病毒。

2. 碘伏消毒剂

产品有强力碘、威力碘、PVPI、89- 型消毒剂、喷雾灵等，可杀

死细菌、真菌、芽孢、病毒、结核杆菌、阴道毛滴虫、梅毒螺旋体、沙眼衣原体和藻类。

3. 醛类消毒剂

产品有戊二醛、甲醛、丁二醛、乙二醛和复合制剂，可杀灭细菌、芽孢、真菌和病毒。

4. 氧化剂类

产品有过氧化氢（双氧水）、臭氧（三原子氧）、高锰酸钾等。过氧化氢可快速灭活多种微生物；过氧乙酸对多种细菌杀灭效果良好；臭氧对细菌繁殖体、病毒真菌和枯草杆菌黑色变种芽孢有较好的杀灭作用，对原虫和虫卵也有很好的杀灭作用。

5. 复合酚类

菌毒敌、消毒灵、农乐、畜禽安、杀特灵等，对细菌、真菌和带膜病毒具有灭活作用。对多种寄生虫卵也有一定的杀灭作用。因本品公认对人禽有毒，且气味滞留，常用于空舍消毒。

6. 表面和性剂

产品有新洁尔灭、度米芬、百毒杀、凯威 1210、K 安、消毒净，对各种细菌有效，对常见病毒如马立克病毒、新城疫病毒、猪瘟病毒、法氏囊病毒、口蹄疫病毒均有良好的效果。对无囊膜病毒消毒效果不好。

7. 高效复合消毒剂

产品有高迪 -HB（由多种季铵盐、络合盐、戊二醛、非离子表面活性剂、增效剂和稳定剂构成），消毒杀菌作用广谱高效，对各种病原微生物有强大的杀灭作用；作用机制完善；超常稳定；使用安全，应用广泛。

8. 醇类消毒剂

产品有乙醇、异丙醇，可快速杀灭多种微生物，如细菌繁殖体、真菌和多种病毒，但不能杀灭细菌芽孢。

9. 强碱

产品有氢氧化钠、氢氧化钾、生石灰，可杀灭细菌、病毒和真菌，腐蚀性强。

（四）消毒程序

1. 鸡场入口消毒

（1）管理区入口消毒　每天门口大消毒一次；进入场区的物品需消毒（喷雾、紫外线照射或熏蒸消毒）后才能存放；入口必须设置车辆消毒池（图 4-5），车辆消毒池的长度为进出车辆车轮 2 个周长以上。消毒池上方最好建有顶棚，防止日晒雨淋。消毒池内放入 2% ～ 4% 的氢氧化钠溶液，每周更换 3 次。北方地区冬季严寒，可用石灰粉代替消毒液。设置喷雾装置，喷雾消毒液可采用 0.1% 百毒杀溶液、0.1% 新洁尔灭或 0.5% 过氧乙酸。进入车辆经过车辆消毒池消毒车轮，使用喷雾装置喷雾车体等；进入管理区人员要填写入场记录表，更换衣服，强制消毒后方可进入。

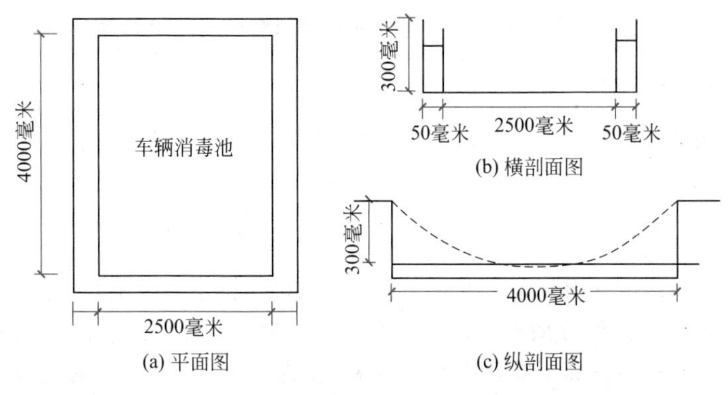

图 4-5　养殖场大门车辆消毒池

（2）生产区入口的消毒　为了便于实施消毒，切断传播途径，须在养鸡场大门的一侧和生产区设更衣室、消毒室和淋浴室（图 4-6），供外来人员和生产人员更衣、消毒；车辆严禁入内，必须进入的车辆待冲洗干净、消毒后，同时司机必须下车洗澡消毒后方可开车入内；

进入生产区的人员消毒；非生产区物品不准进入生产区，必须进入的须经严格消毒后方可进入。

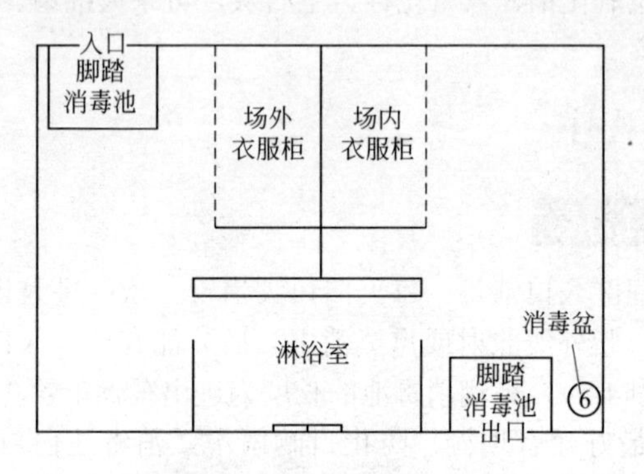

图 4-6　淋浴消毒室布局图

（3）鸡舍门口的消毒　所有员工进入鸡舍必须严格遵守消毒程序：换上鸡舍的工作服，喷雾消毒，然后更换水鞋，脚踏消毒盆（或消毒池，盆中消毒剂每天更换 1 次），用消毒剂（洗手盆中的消毒剂每天要更换 2 次）洗手后（洗手后不要立即冲洗）才能进入鸡舍；生产区物品进入鸡舍必须经过两种以上的消毒剂消毒后方可入内；每日对鸡舍门口消毒 1 次。

2. 场区消毒

场区每周消毒 1 ～ 2 次，可以使用 5% ～ 8% 的火碱溶液或 5% 的甲醛溶液进行喷洒。特别要注意鸡场道路和鸡舍周围的消毒。

3. 鸡舍消毒

鸡淘汰或转群后，要对鸡舍进行彻底的清洁消毒。消毒的步骤是：先将鸡舍各个部位清理、清扫干净，然后用高压水枪冲洗洁净鸡舍墙壁、地面和屋顶和不能移出的设备用具，最后用 5% ～ 8% 的火碱溶液喷洒地面、墙壁、屋顶、笼具、饲槽等 2 ～ 3 次，用清水洗刷饲槽和饮水器。其他不易用水冲洗和火碱消毒的设备可以用其他消毒液涂搽。鸡入舍后，在保持鸡舍清洁卫生的基础上，每周消毒 2 ～ 3 次。

4. 带鸡消毒

平常每周带鸡消毒 1 ～ 2 次，发生疫病期间每天带鸡消毒 1 次。选

用高效、低毒、广谱、无刺激性的消毒药。冬季寒冷不要把鸡体喷得太湿，可以使用温水稀释；夏季带鸡消毒有利于降温和减少热应激死亡。

5. 发生疫病期间的消毒

疫情活动期间消毒是以消灭病禽所散布的病原为目的而进行的消毒。病禽所在的禽舍、隔离场地、排泄物、分泌物及被病原微生物污染和可能被污染的一切场所、用具和物品等都是消毒的重点。在实施消毒过程中，应根据传染病病原体的种类和传播途径的区别，抓住重点，以保证消毒的实际效果。如肠道传染病消毒的重点是禽排出的粪便以及被污染的物品、场所等；呼吸道传染病则主要是消毒空气、分泌物及污染的物品等。

（1）一般消毒　养殖场的道路、禽舍周围用5%的氢氧化钠溶液，或10%的石灰乳溶液喷洒消毒，每天一次；禽舍地面、禽栏用15%漂白粉溶液、5%的氢氧化钠溶液等喷洒，每天一次；带禽消毒，用0.25%的益康溶液或0.25%的强力消杀灵溶液或0.3%农家福、0.5%～1%的过氧乙酸溶液喷雾，每天一次，连用5～7天；粪便、粪池、垫草及其他污物化学或生物热消毒；出入人员脚踏消毒液，紫外线等照射消毒。消毒池内放入5%氢氧化钠溶液，每周更换1～2次；其他用具、设备、车辆用15%漂白粉溶液、5%的氢氧化钠溶液等喷洒消毒；疫情结束后，进行1～2次全面的消毒。

（2）疫源地污染物的消毒　发生疫情后污染（或可能污染）的场所和污染物要进行严格的消毒。消毒方法见表4-11。

表4-11　疫源地污染物消毒方法

消毒对象	消毒方法	
	细菌性传染病	病毒性传染病
空气	甲醛熏蒸，福尔马林液25毫升，作用12小时（加热法）；2%过氧乙酸熏蒸，用量1克/米^3，20℃作用1小时；0.2%～0.5%过氧乙酸或3%来苏儿喷雾，30毫升/米^3，作用30～60分钟；红外线照射0.06瓦/厘米^2	甲醛熏蒸法（同细菌病）；2%过氧乙酸熏蒸，用量3克/米^3，作用90分钟（20℃）；0.5%过氧乙酸或5%漂白粉澄清液喷雾，作用1～2小时；乳酸熏蒸，用量10毫克/米^3，加水1～2倍，作用30～90分钟

续表

消毒对象	消毒方法	
	细菌性传染病	病毒性传染病
排泄物（粪、尿、呕吐物等）	成形粪便加2倍量的10%～20%漂白粉乳剂，作用2～4小时；对稀便，直接加粪便量1/5的漂白粉剂，作用2～4小时	成形粪便加2倍量的10%～20%漂白粉乳剂，充分搅拌，作用6小时；稀便，直接加粪便量1/5的漂白粉剂，作用6小时；尿液100毫升加漂白粉3克，充分搅匀，作用2小时
分泌物（鼻涕、唾液、穿刺脓、乳汁汁液）	加等量10%漂白粉或1/5量干粉，作用1小时；加等量0.5%过氧乙酸，作用30～60分钟；加等量3%～6%来苏儿液，作用1小时	加等量10%～20%漂白粉或1/5量干粉，作用2～4小时；加等量0.5%～1%过氧乙酸，作用30～60分钟
禽舍、运动场及舍内用具	污染草料与粪便集中焚烧；禽舍四壁用2%漂白粉澄清液喷雾（200毫升/米^3），作用1～2小时；禽圈及运动场地面，喷洒漂白粉20～40克/米^2，作用2～4小时，或1%～2%氢氧化钠溶液，5%来苏儿溶液喷洒1000毫升/米^3，作用6～12小时；甲醛熏蒸，福尔马林12.5～25毫升/米^3，作用12小时（加热法）；0.2%～0.5%过氧乙酸、3%来苏儿喷雾或擦拭，作用1～2小时；2%过氧乙酸熏蒸，用量1克/米^3，作用6小时	与细菌性传染病消毒方法相同，一般消毒剂作用时间和浓度稍大于细菌性传染病消毒用量
饲槽、水槽、饮水器等	0.5%过氧乙酸浸泡30～60分钟；1%～2%漂白粉澄清液浸泡30～60分钟；0.5%季铵盐类消毒剂浸泡30～60分钟；1%～2%氢氧化钠热溶液浸泡6～12小时	0.5%过氧乙酸液浸泡30～60分钟；3%～5%漂白粉澄清液浸泡50～60分钟；2%～4%氢氧化钠热溶液浸泡6～12小时
运输工具	0.2%～0.3%过氧乙酸或1%～2%漂白粉澄清液，喷雾或擦拭，作用30～60分钟；3%来苏儿或0.5%季铵盐喷雾擦拭，作用30～60分钟	0.5%～1%过氧乙酸、5%～10%漂白粉澄清液喷雾或擦拭，作用30～60分钟；5%来苏儿喷雾或擦拭，作用1～2小时；2%～4%氢氧化钠热溶液喷洒或擦拭，作用2～4小时

续表

消毒对象	消毒方法	
	细菌性传染病	病毒性传染病
工作服、被、衣物织品等	高压蒸汽灭菌，121℃ 15～20分钟；煮沸15分钟（加0.5%肥皂水）；甲醛25毫升/米^3，作用12小时；环氧乙烷熏蒸，用量2.5克/升，作用2小时；过氧乙酸熏蒸，1克/米^{3}在20℃条件下，作用60分钟；2%漂白粉澄清液或0.3%过氧乙酸或3%来苏儿溶液浸泡30～60分钟；0.02%碘伏浸泡10分钟	高压蒸汽灭菌，121℃ 30～60分钟；煮沸15～20分钟（加0.5%肥皂水）；甲醛25毫升/米^{3}熏蒸12小时；环氧乙烷熏蒸，用量2.5克，作用2小时；过氧乙酸熏蒸，用量1克/米^3，作用90分钟；2%漂白粉澄清液浸泡1～2小时；0.3%过氧乙酸浸泡30～60分钟；0.03%碘伏浸泡15分钟
接触病禽人员手消毒	0.02%碘伏洗手2分钟，清水冲洗；0.2%过氧乙酸泡手2分钟；75%酒精棉球擦手5分钟；0.1%新洁尔灭浸手5分钟	0.5%过氧乙酸洗手，清水冲净；0.05%碘伏泡手2分钟，清水冲净
污染办公品（书、文件）	环氧乙烷熏蒸，2.5克/升，作用2小时；甲醛熏蒸，福尔马林用量25毫升/米^3，作用12小时	环氧乙烷熏蒸，2.5克/升，作用2小时；甲醛熏蒸，福尔马林用量25毫升/米^3，作用12小时
医疗器材、用具等	高压蒸汽灭菌121℃ 30分钟；煮沸消毒15分钟；0.2%～0.3%过氧乙酸或1%～2%漂白粉澄清液浸泡60分钟；0.01%碘伏浸泡5分钟；甲醛熏蒸，50毫升/米^{3}作用1小时	高压蒸汽灭菌121℃ 30分钟；煮沸30分钟；0.5%过氧乙酸或5%漂白粉澄清液浸泡，作用60分钟；5%来苏儿浸泡1～2小时；0.05%碘伏浸泡10分钟

五、确切免疫接种

免疫接种通常是使用疫苗和菌苗等生物制剂作为抗原接种于家禽体内，激发抗体产生特异性免疫力。传染病仍是威胁我国蛋鸡业的主要疾病，传染病的控制需要采取综合手段，免疫接种是最重要的手段之一。

（一）疫苗的种类和使用

1. 疫苗的种类及特点

见表4-12。

表 4-12　疫苗的种类和特点

种类		特点
活毒苗（弱毒苗）	由活病毒或细菌致弱后形成的	可以繁殖或感染细胞，既能增加相应抗原量，又可延长和加强抗原刺激作用，具有产生免疫快，免疫效力好，免疫接种方法多，用量小且使用方便等优点，还可用于紧急预防。但容易散毒
灭活苗	用强毒株病毒微生物灭活后制成的	安全性好，不散毒，不受母源抗体影响，易保存，产生的免疫力时间长，适用于多毒株或多菌株制成的多价苗。但需免疫注射，成本高

2. 疫苗的使用

生产中，由于疫苗的运输、保管和使用不当引起免疫失败的情况时有发生，在使用过程中应注意如下方面。

（1）疫苗运输和保管得当　疫苗应低温保存和运输，避免高温和阳光直射，在夏季天气炎热时尤其重要；不同种类、不同血清型、不同毒株、不同有效期的疫苗应分开保存，先用有效期短的后用有效期长的。保存温度适宜，弱毒苗在冷冻状态下保存，灭活苗应在冷藏状态下保存。

（2）疫苗剂量适当　疫苗的剂量太少和不足，不足以刺激机体产生足够的免疫效应，剂量过大可能引起免疫麻痹或毒性反应，所以疫苗使用剂量应严格按产品说明书进行。目前很多人为保险而将剂量加大几倍使用，是完全无必要甚至有害的（紧急免疫接种时需要 4 ～ 5 倍量）。大群免疫或饮水免疫接种时为预备免疫等过程中一些浪费，可以适当增加 20% ～ 30% 的用量。过期或失效的疫苗不得使用，更不得用增加剂量来弥补。

（3）疫苗稀释科学　稀释疫苗之前应对使用的疫苗逐瓶检查，尤其是名称、有效期、剂量、封口是否严密、是否破损和吸湿等；对需要特殊稀释的疫苗，应用指定的稀释液，如马立克病疫苗有专用稀释液。而其他的疫苗一般可用生理盐水或蒸馏水稀释。大群饮水或气雾免疫时应使用蒸馏水或去离子水稀释，注意通常的自来水中含有消毒剂，不宜用于疫苗的稀释；稀释液应是清凉的，这在天气炎热时尤应注意。稀释液的用量在计算和称量时均应细心和准确；稀释过程应避

光、避风尘和无菌操作，尤其是注射用的疫苗应严格无菌操作；稀释过程中一般应分级进行，对疫苗瓶一般应用稀释液冲洗 2 ～ 3 次，疫苗放入稀释器皿中要上下振摇，力求稀释均匀；稀释好的疫苗应尽快用完，尚未使用的疫苗也应放在冰箱或冰水桶中冷藏；对于液氮保存的马立克病疫苗的稀释，则应严格按生产厂家提供的操作程序执行。

（二）制订免疫程序

1. 免疫程序

鸡场根据本地区、本场疫病发生情况（疫病流行种类、季节、易感日龄）、疫苗性质（疫苗的种类、免疫方法、免疫期）和其他情况制订的适合本场的一个科学的免疫计划称作免疫程序。没有一个免疫程序是通用的，而生搬硬套别人现成的程序也不一定能获得最佳的免疫效果，唯一的办法是根据本场的实际情况，参考别人已成功的经验，结合免疫学的基本理论，制订适合本地或本场的免疫程序。

2. 制订免疫程序应着重考虑的因素

（1）本地或本场的鸡病疫情。对目前威胁本场的主要传染病应进行免疫接种。对本地和本场尚未证实发生的疾病，必须证明确实已受到严重威胁时才能计划接种，对强毒型的疫苗更应非常慎重，非不得以不引进使用。

（2）所养鸡的用途及饲养期，例如种鸡在开产前需要接种传染性法氏囊病油乳剂疫苗，而商品鸡则不必要。

（3）母源抗体的影响，鸡马立克病、鸡新城疫和传染性法氏囊病疫苗血清型（或毒株）选择时应认真考虑。

（4）不同疫苗之间的干扰和接种时间的科学安排。

（5）所用疫苗毒（菌）株的血清型、亚型或株的选择。疫苗剂型的选择，例如活苗或灭活苗、湿苗或冻干苗、细胞结合型和非细胞结合型疫苗之间的选择等。

（6）疫苗的出产国家、出产的厂家的选择；疫苗剂量和稀释量的确定；不同疫苗或同一种疫苗的不同接种途径的选择；某些疫苗的联合使用；同一种疫苗根据毒力先弱后强安排（如 IB 疫苗先 H_{120} 后 H_{52}）

及同一种疫苗的先活苗后灭活油乳剂疫苗的安排。

（7）根据免疫监测结果及突发疾病的发生所作的必要修改和补充等。

3. 参考免疫程序

见表 4-13 ～表 4-15。

表 4-13　蛋鸡的免疫程序

日龄 / 日龄	疫苗	接种方法
1	马立克病疫苗	皮下或肌内注射 0.25 毫升
7 ～ 10	新城疫 + 传支弱毒苗（H_{120}）	滴鼻或点眼 1.5 羽份
	复合新城疫灭活苗 + 多价传支灭活苗	皮下或肌内注射 0.3 毫升
14 ～ 16	传染性法氏囊炎弱毒苗	饮水
20 ～ 25	新城疫Ⅱ或Ⅳ系 + 传支弱毒苗（H_{52}）	气雾或滴鼻或点眼 1.5 羽份
	禽流感灭活苗	皮下注射 0.3 毫升 / 只
30 ～ 35	传染性法氏囊炎弱毒苗	饮水
	鸡痘疫苗	翅内侧刺种或翅内侧皮下注射
40	传喉弱毒苗	点眼
60	新城疫Ⅰ系	肌内注射
90	传喉弱毒苗	点眼
110 ～ 120	新城疫 + 传支 + 减蛋综合征油苗	肌内注射
320 ～ 350	禽流感油苗	皮下注射 0.5 毫升 / 只
	鸡痘弱毒苗	刺种或翅膀内侧皮下注射
	禽流感油苗	皮下注射 0.5 毫升 / 只
	新城疫Ⅰ系	2 羽份肌内注射

表 4-14　种鸡的免疫程序

日龄 / 日龄	疫苗	接种方法
1	马立克病疫苗	皮下或肌内注射
7 ～ 10	新城疫 + 传支弱毒苗（H_{120}）	滴鼻或点眼
	复合新城疫灭活苗 + 多价传支灭活苗	颈部皮下注射 0.3 毫升 / 只

续表

日龄 / 日龄	疫苗	接种方法
14 ～ 16	传染性法氏囊炎弱毒苗	饮水
20 ～ 25	新城疫Ⅱ或Ⅳ系 + 传支弱毒苗（H_{52}）	气雾或滴鼻或点眼
	禽流感灭活苗	皮下注射 0.3 毫升 / 只
30 ～ 35	传染性法氏囊炎弱毒苗	饮水
	鸡痘疫苗	翅膀内侧刺种或翅膀内侧皮下注射
40	传喉弱毒苗	点眼
60	新城疫Ⅰ系	肌内注射
80	传喉弱毒苗	点眼
90	传染性脑脊髓炎弱毒苗	饮水
110 ～ 120	新城疫 + 传支 + 减蛋综合征油苗	肌内注射
	禽流感油苗	皮下注射 0.5 毫升 / 只
	传染性法氏囊油苗	肌内注射 0.5 毫升
	鸡痘弱毒苗	刺种或翅膀内侧皮下注射
280	新城疫 + 法氏囊油苗	肌内注射 0.5 毫升 / 只
320 ～ 350	禽流感油苗	皮下注射 0.5 毫升 / 只

表 4-15　土种鸡和蛋肉兼用鸡的免疫程序

日龄 / 日龄	疫苗	接种方法
1	马立克病疫苗	皮下或肌内注射
7 ～ 10	新城疫 + 传支弱毒苗（H_{120}）	滴鼻或点眼
	复合新城疫 + 多价传支灭活苗	颈部皮下注射 0.3ml/ 只
14 ～ 16	传染性法氏囊炎弱毒苗	饮水
20 ～ 25	新城疫Ⅱ或Ⅳ系 + 传支弱毒苗（H_{52}）	气雾、滴鼻或点眼
	禽流感灭活苗	皮下注射 0.3ml/ 只
30 ～ 35	传染性法氏囊炎弱毒苗	饮水
40	鸡痘疫苗	翅膀内侧刺种或皮下注射
60	传喉弱毒苗	点眼

续表

日龄 / 日龄	疫苗	接种方法
80	新城疫 I 系	肌内注射
90	传喉弱毒苗	点眼
110 ～ 120	传染性脑脊髓炎弱毒苗（土蛋鸡不免疫）	饮水
	新城疫 + 传支 + 减蛋综合征油苗	肌内注射
	禽流感油苗	皮下注射 0.5ml/ 只
	传染性法氏囊油苗（土蛋鸡不免疫）	肌内注射 0.5ml/ 只
280	鸡痘弱毒苗	翅膀内侧刺种或皮下注射
320 ～ 350	新城疫 + 法氏囊油苗（土蛋鸡不接种法氏囊苗）	肌内注射 0.5ml/ 只
	禽流感油苗	皮下注射 0.5ml/ 只

（三）免疫接种方法及注意事项

1. 饮水

饮水免疫避免了逐只抓捉，可减少劳力和应激，但这种免疫接种受影响的因素较多，在操作过程中应注意如下方面。

（1）选用高效的活毒疫苗。

（2）使用的饮水应是清凉的，水中不应含有任何能灭活疫苗病毒或细菌的物质。

（3）在饮水免疫期间，饲料中也不应含有能灭活疫苗病毒和细菌的药物。

（4）饮水中应加入 0.1% ～ 0.3% 的脱脂乳或山梨糖醇，以保护疫苗的效价。

（5）为了使每一只鸡在短时间均能摄入足够量的疫苗，在供给含疫苗的饮水之前 2 ～ 4 小时应停止饮水供应（视天气而定）。

（6）稀释疫苗所用的水量应根据鸡的日龄及当时的室温来确定，使疫苗稀释液在 1 ～ 2 小时全部饮完。

（7）为使鸡群得到较均匀的免疫效果，饮水器应充足，使鸡群的三分之二以上的鸡只同时有饮水的位置。

（8）饮水器不得置于直射阳光下，如风沙较大时，饮水器应全部放在室内。

（9）夏季天气炎热时，饮水免疫最好在早上完成。

2. 滴眼滴鼻

滴眼滴鼻的免疫接种如操作得当，往往效果比较确实，尤其是对一些预防呼吸道疾病的疫苗，经滴眼滴鼻免疫效果较好。当然，这种接种方法需要较多的劳动力，对鸡也会造成一定的应激，如操作上稍有马虎，则往往达不到预期的目的，免疫接种时应注意如下方面。

（1）稀释液必须用蒸馏水或生理盐水，最低限度应用冷开水，不要随便加入抗生素。

（2）稀释液的用量应尽量准确，最好根据自己所用的滴管或针头事先滴试，确定每毫升多少滴，然后再计算实际使用疫苗稀释液的用量。

（3）为了操作的准确无误，一手一次只能抓一只鸡，不能一手同时抓几只鸡。

（4）在滴入疫苗之前，应把鸡的头颈摆成水平的位置（一侧眼鼻朝天，一侧眼鼻朝地），并用一只手指按住向地面一侧鼻孔。

（5）在将疫苗液滴加到眼和鼻上以后，应稍停片刻，待疫苗液确已吸入后再将鸡轻轻放回地面。

（6）应注意做好已接种和未接种鸡之间的隔离，以免走乱。

（7）为减少应激，最好在晚上接种，如天气阴凉也可在白天适当关闭门窗后，在稍暗的光线下抓鸡接种。

3. 肌内或皮下注射

肌内或皮下注射免疫接种的剂量准确、效果确实，但耗费劳力较多，应激较大，在操作中应注意如下方面。

（1）疫苗稀释液应是经消毒而无菌的，一般不要随便加入抗菌药物。

（2）疫苗的稀释和注射量应适当，量太小则操作时误差较大，量太大则操作麻烦，一般以每只 0.2 ～ 1 毫升为宜。

（3）使用连续注射器注射时，应经常核对注射器刻度容量和实际容量之间的误差，以免实际注射量偏差太大。

（4）注射器及针头用前均应消毒。

（5）皮下注射的部位一般选在颈部背侧，肌内注射部位一般选在胸肌或肩关节附近的肌肉丰满处。

（6）针头插入的方向和深度也应适当，在颈部皮下注射时，针头方向应向后向下，针头方向与颈部纵轴基本平行。对雏鸡的插入深度为0.5～1厘米，日龄较大的鸡可为1～2厘米。胸部肌内注射时，针头方向应与胸骨大致平行，插入深度在雏鸡为0.5～1厘米，日龄较大的鸡可为1～2厘米。

（7）在将疫苗液推入后，针头应慢慢拔出，以免疫苗液漏出。

（8）在注射过程中，应边注射边摇动疫苗瓶，力求疫苗的均匀。

（9）在接种过程中，应先注射健康群，再接种假定健康群，最后接种有病的鸡群。

（10）关于是否一只鸡一个针头及注射部位是否消毒的问题，可根据实际情况而定。但吸取疫苗的针头和注射鸡的针头则绝对应分开，尽量注意卫生以防止经免疫注射而引起疾病的传播或引起接种部位的局部感染。

4. 气雾

气雾免疫可节省大量的劳力，如操作得当，效果甚好，尤其是对呼吸道有亲嗜性的疫苗效果更佳，但气雾也容易引起鸡群的应激，尤其容易激发慢性呼吸道病的爆发，气雾免疫中应注意如下方面。

（1）气雾免疫前应对气雾机的各种性能进行测试，以确定雾滴的大小、稀释液用量、喷口与鸡群的距离（高度）、操作人员的行进速度等，以便在实施时参照进行。

（2）疫苗应是高效的。

（3）气雾免疫前后几天内，应在饲料或饮水中添加适当的抗菌药物，预防慢性呼吸道病的爆发。

（4）疫苗的稀释应用去离子水或蒸馏水，不得用自来水、开水或井水。

（5）稀释液中应加入0.1%的脱脂乳或3%～5%甘油。

（6）稀释液的用量因气雾机及鸡群的平养、笼养密度而异，应严

格按说明书推荐用量使用。

（7）严格控制雾滴的大小，雏鸡用雾滴的直径为 30 ～ 50 微米，成鸡为 5 ～ 10 微米。

（8）气雾期间，应关闭鸡舍所有门窗，停止使用风扇或抽气机，在停止喷雾 20 ～ 30 分钟后，才可开启门窗和启动风扇（视室温而定）。

（9）气雾时，鸡舍内温度应适宜，温度太低或太高均不适宜进行气雾免疫，如气温较高，可在晚间较凉快时进行；鸡舍内的相对湿度对气雾免疫也有影响，一般要求相对湿度在 70% 左右最为合适。

（10）实施气雾时气雾机喷头在鸡群上空 50 ～ 80 厘米处，对准鸡头来回移动喷雾，使气雾全面覆盖鸡群，使鸡群在气雾后头背部羽毛略有潮湿感觉为宜。

（四）影响免疫接种效果的因素

因为影响家禽免疫效果的因素很多，所以生产中鸡群接种了疫苗不一定能够产生足够的抗体来避免或阻止疾病的发生。养禽者应该了解影响免疫效果的因素，有的放矢，提高免疫效果，避免和减少传染病的发生。

1. 疫苗因素

（1）疫苗内在质量差　疫苗是国家专业定点生物制品厂严格按照农业部颁发的生制品规程进行生产，且符合质量标准的特殊产品，其生产过程和产品质量直接影响免疫效果，如使用非 SPF 动物生产、病毒或细菌的含量不足、冻干或密封不佳、油乳剂疫苗水分层、氢氧化铝佐剂颗粒过粗、生产过程污染、生产程序出现错误及随疫苗提供的稀释剂质量差等都可影响免疫效果。

（2）疫苗储运不当　由于运输、保存不当造成疫苗有失真空，致使抗原失活。疫苗运输保存应有适宜的温度，如冻干苗要求低温保存运输，保存期限不同要求温度不同，不同种类冻干苗对温度也有不同要求。灭活苗要低温保存，不能冻结。如果疫苗在运输或保管中因温度过高或反复冻融、油佐剂疫苗被冻结、保存温度过高或已超过有效期等都可使疫苗减效或失效。从疫苗产出到接种家禽的各个过程不能严格按规定进行，就会造成疫苗效价降低，甚至失效，影响免疫效果。

（3）疫苗选用不当　疫苗种类多，免疫同一疾病的疫苗也有多种，必须根据本地区、本场的具体情况选用疫苗，盲目选用疫苗就可能造成免疫效果不好，甚至诱发疫病。如果在未发生过某种传染病的地区（或鸡场）或未进行基础免疫幼龄鸡群使用强毒活苗可能引起发病。许多病原微生物有多个血清型、血清亚型或基因型。选择疫苗毒株如与本场病原微生物存在太大差异时或不属于一个血清亚型，大多不能起到保护作用。存在强毒株或多个血清（亚）型时仍用常规疫苗，免疫效果不佳。

2. 鸡体自身因素

（1）遗传因素　动物机体对接种抗原的免疫应答在一定程度上会受到遗传控制。鸡品种不同、同品种不同个体对疫苗反应强度不一致，会产生不同的抗体水平。如个别鸡只或鸡群有先天性免疫缺陷，对免疫效果的影响会更严重。

（2）应激因素　应激因素不仅影响鸡的生长发育、健康和生产性能，而且对鸡的免疫机能也会产生一定影响。免疫过程中强烈应激原的出现常常导致不能达到最佳的免疫效果，使鸡群的平均抗体水平低于正常。如果环境过冷、过热、通风不良、湿度过大、拥挤、抓提转群、震动、噪声、饲料突变、营养不良、疫病或其他外部刺激等应激源作用于家禽导致家禽神经、体液和内分泌失调，肾上腺皮质激素分泌增加、胆固醇减少和淋巴器官退化等，免疫应答差。

（3）母源抗体　母鸡抗体可保护雏鸡早期免受各种传染病的侵袭，但由于种种原因，如种蛋来自日龄、品种和免疫程序不同种鸡群。种鸡群的抗体水平低或不整齐，母源抗体的水平不同等，会干扰后天免疫，影响免疫效果，母源抗体过高时免疫，疫苗抗原会被母源抗体中和，不能产生免疫力。母源抗体过低时免疫，会产生一个免疫空白期，易受野毒感染而发病。

（4）潜在感染　由于鸡群内已感染了病原微生物，未表现明显的临床症状，接种后激发鸡群发病，鸡群接种后需要一段时间才能产生比较可靠的免疫力，这段时间是一个潜在危险期，一旦有野毒入侵，就有可能导致疾病发生。

（5）鸡群健康水平　鸡群体质健壮，健康无病，对疫苗应答强，

产生抗体水平高。如体质弱或处于疾病痊愈期进行免疫接种，疫苗应答弱，免疫效果差。机体的组织屏障系统和黏膜破坏，也影响机体免疫力。

（6）免疫抑制　某些因素作用于机体，损害鸡体的免疫器官，造成免疫系统的破坏和功能低下，影响正常免疫应答和抗体产生，形成免疫抑制。免疫抑制会影响体液免疫、细胞免疫和巨噬细胞的吞噬功能这三大免疫功能，从而造成免疫效果不良，甚至失效。免疫抑制的主要原因有。

① 传染性因素　如鸡马立克病病毒（MDV）主要侵害免疫器官的 T、B 淋巴细胞，导致胸腺和法氏囊严重萎缩，从而抑制体液和细胞介导的免疫。MDV 感染可导致多种疫苗如鸡新城疫疫苗的免疫失败，增加鸡对球虫初次和二次感染的易感性；鸡传染性法氏囊炎病毒（IBDV）感染主要侵害法氏囊，造成法氏囊的永久性损伤，从而降低机体体液免疫应答，也降低机体对疾病的抵抗力。特别是一些厂家采用的 IBD 毒株传代致弱不够，毒力过强，免疫接种后导致法氏囊肿大、出血，引起免疫抑制；禽白血病病毒（ALV）感染导致淋巴样器官的萎缩和再生障碍，抗体应答下降。同时，B 淋巴细胞成熟过程被中止，抑制 T 淋巴细胞发育受阻；网状内皮组织增生症病毒（REV）感染鸡，鸡体的体液免疫和细胞应答常常降低，感染鸡对 MDV、IBV、ILTV、鸡痘、球虫和沙门菌的易感性增加；鸡传染性贫血因子病病毒（CIAV）可使胸腺、法氏囊、脾脏、盲肠扁桃体和其他组织内淋巴样细胞严重减少，使机体对细菌和真菌的易感性增加，抑制疫苗的免疫应答。

② 营养因素　日粮中的多种营养成分是维持家禽防御系统正常发育和机能健全的基础，免疫系统的建立和运行需要相当一部分的营养。机体的免疫器官和免疫组织在抗原物质的刺激下，产生抗体和致敏淋巴细胞。如果日粮营养成分不全面，采食量过少或发生疾病，使营养物质的摄取量不足，特别是维生素、微量元素和氨基酸供给不足，可导致免疫功能低。如果鸡断水断料，免疫器官重量减轻，脾脏内淋巴细胞数量减少，会造成机体免疫力下降。蛋白质缺乏可导致机体组织屏障萎缩，黏膜分泌减少，补体、转铁蛋白和干扰素生成降低，免疫力和抗病力降低。蛋氨酸影响血液 IgG 的含量和淋巴细胞转化率；苏

氨酸是IgG合成的第一限制性氨基酸；缬氨酸影响鸡的体液免疫；维生素A可保护细胞膜、促进上皮细胞分化和防止胶质化，维持黏膜完整性和正常分泌，还可直接作用于B细胞，增强机体可溶性和颗粒性抗原的体液免疫功能，参与和促进抗体的合成，缺乏时，免疫效果差。维生素E缺乏时使鸡的血液淋巴细胞转化率和血清新城疫抗体滴度降低。缺锌导致胸腺、脾脏和淋巴系统皮质过早退化，对胸腺依赖性抗体应答急剧下降。缺硒时，动物巨噬细胞抗体产生功能、细胞免疫功能下降并能影响淋巴细胞的反应能力。铜、锰、镁、碘等缺乏都会导致免疫机能下降，影响抗体产生。另外，一些维生素和元素的过量也会影响免疫效果，甚至发生免疫抑制。

③ 药物因素　如饲料中长期添加氨基糖苷类抗生素会削弱免疫抗体的生成。大剂量的链霉素有抑制淋巴细胞转化的作用。给雏鸡使用链霉素气雾剂同时使用ND活疫苗接种时，发现链霉素对雏鸡体内抗体生成有抑制作用。新霉素气雾剂对家禽ILV的免疫有明显的抑制作用。庆大霉素和卡那霉素对T、B淋巴细胞的转化有明显的抑制作用；饲料中长期使用四环素类抗生素，如给雏鸡使用土霉素气雾剂，同时使用ND活疫苗接种时，发现土霉素对雏鸡体内抗体生成有抑制作用，而且T淋巴细胞是土霉素的靶细胞；另外还有糖皮质激素，有明显的免疫抑制作用，地塞米松可激发鸡法氏囊淋巴细胞死亡，减少淋巴细胞的产生。临床上使用剂量过大或长期使用，会造成难以觉察到的免疫抑制。

④ 有毒有害物质　重金属元素，如镉、铅、汞、砷等可增加机体对病毒和细菌的易感性，一些微量元素的过量也可以导致免疫抑制。黄曲霉毒素可以使胸腺、法氏囊、脾脏萎缩，抑制禽体IgG、IgA的合成，导致免疫抑制，增加对MDV、沙门菌、盲肠球虫的敏感性，增加死亡率。

⑤ 应激因素　应激状态下，免疫器官对抗原的应答能力降低，同时，机体要调动一切力量来抵抗不良应激，使防御机能处于一种较弱的状态，这时接种疫苗就很难产生应有的坚强的免疫力。

3. 免疫操作因素

（1）免疫程序安排不当　安排免疫接种时对疾病的流行季节，鸡

对疾病敏感性，当地、本场疾病威胁，家禽品种或品系之间差异，母源抗体的影响，疫苗的联合或重复使用的影响及其他人为的因素、社会因素、地理环境和气候条件的影响等因素考虑不周到，以致免疫接种达不到满意的保护效果。如当地流行严重的疾病没有列入免疫接种计划或没有进行确切免疫，在流行季节没有加强免疫就可能导致感染发病。

（2）接种途径的选择不当　每一种疫苗均具有其最佳接种途径，如随便改变可能会影响免疫效果，例如禽脑脊髓炎（AE）的最佳免疫途径是经口接种，喉气管炎的接种途径是点眼，鸡新城疫Ⅰ系苗应肌注，禽痘疫苗一般刺种。当鸡新城疫Ⅰ系疫苗饮水免疫，喉气管炎疫苗用饮水或者肌注免疫时，效果都较差。在我国目前的条件下，不适宜过多地使用饮水免疫，尤其是对水质、饮水量、饮水器卫生等注意不够时免疫效果将受到较大影响。

（3）疫苗稀释或操作不当　不按产品说明使用疫苗。人为地减少或增加接种剂量。在一定限度内，抗体的产量随抗原的用量而增加，如果接种剂量（抗原量）不足，就不能有效刺激机体产生足够的抗体。但接种剂量（抗原量）过多，超过一定的限度，抗体的形成反而受到抑制，这种现象称为“免疫麻痹”。有些养鸡场超剂量多次注射免疫，这样可能引起机体的免疫麻痹，往往达不到预期的效果。

（4）稀释不当　例如马立克疫苗不用专用稀释液或与植物染料、抗生素混合都会降低免疫效力。资料报道有些添加剂可降低马立克疫苗的噬斑达50%以上。饮水免疫时仅用自来水稀释而没有加脱脂乳，稀释疫苗时稀释液过多或过少。或用一般井水稀释疫苗时，其酸碱度及离子均会对疫苗有较大的影响。

（5）操作不当　饮水免疫控水时间过长或过短，每只鸡饮水量不匀或不足（控水时间短，饮入的疫苗液少，疫苗液放的时间长失效）。点眼、滴鼻时放鸡过快，药液尚未完全吸入。采用气雾免疫时，因室温过高或风力过大，细小的雾滴迅速挥发，或喷雾免疫时未使用专用的喷雾免疫设备，造成雾滴过大过小，影响家禽的吸入量。注射免疫时剂量没调准确或注射过程中发生故障或其他原因，疫苗注入量不足或未注入体内等。

（6）免疫接种器具污染　免疫器具如滴管、刺种针、注射器和接种人员消毒不严，带入野毒引起鸡群在免疫空白期内发病。饮水免疫时饮用水或饮水器不清洁或含有消毒剂影响免疫效果。免疫后的废弃疫苗和剩余疫苗未及时处理，在鸡舍内外长期存放也可引起鸡群感染发病。

（7）疫苗之间的干扰作用　严格地说，多种疫苗同时使用或在相近时间接种时，疫苗病毒之间可能会产生干扰作用。例如传染性支气管炎疫苗病毒对鸡新城疫疫苗病毒的干扰作用，使鸡新城疫疫苗的免疫效果受到影响。

（8）药物干扰　抗生素对弱毒活菌素的作用，病毒灵等抗病毒药对疫苗的影响。一些人在接种弱毒活菌苗期间，例如接种鸡霍乱弱毒菌苗时使用抗生素，就会明显影响菌苗的免疫效果，在接种病毒疫苗期间使用抗病毒药物，如病毒唑、病毒灵等也可能影响疫苗的免疫效果；有的孵化场在马立克疫苗中加入庆大霉素而导致免疫失败。

4. 环境条件不良

如禽场隔离条件差、卫生消毒不严格、病原污染严重等，都会影响免疫效果。如育雏舍在进鸡前清洁消毒不彻底，马立克病毒、法氏囊病毒等存在，这些病毒在育雏舍内滋生繁殖，就可能导致免疫效果差，发生马立克病和传染性法氏囊炎。大肠杆菌严重污染的禽场，如果卫生条件差，空气污浊，即使接种大肠杆菌疫苗，大肠杆菌病也还可能发生。

六、药物防治

适当合理地使用药物有利于细菌性和寄生虫病的防治，但不能完全依赖和滥用药物。鸡场药物防治程序见表 4-16。

表 4-16　蛋鸡场药物防治参考程序

日龄	病名	药物名称和使用方法
1～25 天	鸡白痢和大肠杆菌病	氟苯尼考 0.001%～0.0015% 饮水，连用 5～7 天；然后使用土霉素 0.02%～0.05% 拌料，连用 5 天
20～70 天	大肠杆菌和霉形体病	磺胺类药物，SMM、SMD 0.05%～0.1% 拌料；泰乐菌素 0.05%～0.1% 饮水，连用 7 天，或罗红霉素（药物交替使用）

续表

日龄	病名	药物名称和使用方法
20～100天	球虫病、盲肠肝炎	氯苯胍30～33毫克/千克浓度混饲，连用7天；硝苯酰胺（球痢灵）混饲预防浓度为125毫克/千克，连用5～7天。杀球灵按1毫克/千克浓度混饲连用（几种药交替使用效果良好）
8周以上	鸡霍乱	杆菌肽锌混饲15～100克/1000千克
2～5月龄	鸡蛔虫	左旋咪唑20～25毫克/千克体重拌料，一次喂给；污染场在2月龄和5月龄各进行一次
1～5月龄	鸡绦虫	硫双二氯粉，150毫克/千克体重拌料，一次喂给；污染场在1月龄和5月龄各进行一次
产蛋期	大肠杆菌、呼吸道病	每1～2个月饲料中添加1.2%～1.5%黄连止痢散，连用5天；饲料中添加2%百喘宁或1%～2%克呼散5～6天

七、疫病扑灭措施

1. 隔离

当鸡群发生传染病时，应尽快作出诊断，明确传染病性质，立即采取隔离措施。一旦病性确定，对假定健康鸡可进行紧急预防接种。隔离开的鸡群要专人饲养，用具要专用，人员不要互相串门。根据该种传染病潜伏期的长短，经一定时间观察不再发病后，再经过消毒后可解除隔离。

2. 封锁

在发生及流行某些危害性大的烈性传染病时，应立即报告当地政府主管部门，划定疫区范围进行封锁。封锁应根据该疫病流行情况和流行规律，按“早、快、严、小”的原则进行。封锁是针对传染源、传播途径、易感动物群三个环节采取相应措施。

3. 紧急预防和治疗

一旦发生传染病，在查清疫病性质之后，除按传染病控制原则进行诸如检疫、隔离、封锁、消毒等处理外，对疑似病鸡及假定健康鸡可采用紧急预防接种，预防接种可应用疫苗，也可应用抗血清。

4. 淘汰病禽

淘汰病禽，也是控制和扑灭疫病的重要措施之一。

第五招 尽量降低生产消耗

【提示】

产品的生产过程就是生产的耗费过程，企业要生产产品，就是发生各种生产耗费。生产过程的耗费包括劳动对象（如饲料）的耗费、劳动手段（如生产工具）的耗费以及劳动力的耗费等。在产品产量一定的情况下，降低生产消耗就可以增加效益；在消耗一定的情况下，增加产品产量也可以增加效益；同样规模的养鸡企业，生产水平和管理水平高，产品数量多，各种消耗少，就可以获得更好的效益。

一、加强生产运行过程的管理

（一）科学制订劳动定额和操作规程

1. 劳动定额

见表 5-1。

表 5-1　劳动定额标准

工种	工作内容	一人定额	工作条件
肉种鸡育雏育成（平养）	饲养管理，一次清粪	1800～3000	饲料到舍；自动饮水，人工供暖或集中供暖
肉种鸡育雏育成（笼养）	饲养管理，经常清粪	1800～3000	
肉种鸡网上-地面饲养	饲养管理，一次清粪	1800～2000	人工供料、拣蛋，自动饮水
肉种鸡平养	饲养管理	3000	自动饮水。机械供料，人工拣蛋
肉种鸡笼养	饲养管理	3000/2	两层笼养，全部手工操作
肉仔鸡（1日龄至上市）	饲养管理	5000	人工供暖喂料、自动饮水
	饲养管理	10000～20000	集中供暖、机械加料、自动饮水
蛋鸡1～49天育雏	饲养管理，第一周值夜班，注射疫苗	6000/2	四层笼养、人工加温、辅助免疫
蛋鸡50～140天	饲养管理	6000	三层笼养、自动饮水、人工喂料
1～140日龄一段育成	饲养管理	6000	网上或笼养。自动饮水，机械喂料刮粪
蛋鸡笼养	饲养管理	5000～10000	人工喂料，拣蛋，清粪
		7000～12000	机械喂料、刮粪或一次清粪
蛋种鸡笼养（祖代减半）	饲养管理，人工授精	2000～2500	自动饮水，不清粪
孵化	由种蛋到出售鉴别雏雄	10000枚/人	蛋车式，全自动孵化器
清粪	人工笼下清粪	20000～40000	清粪后人工运至200米左右

2. 操作规程和工作程序

（1）制订技术操作规程　技术操作规程是鸡场生产中按照科学原理制订的日常作业的技术规范。鸡群管理中的各项技术措施和操作等均通过技术操作规程加以贯彻。同时，它也是检验生产的依据。不同饲养阶段的鸡群，按其生产周期制订不同的技术操作规程。如育雏（或育成鸡、或蛋鸡、或肉鸡）技术操作规程。

技术操作规程的主要内容是：对饲养任务提出生产指标，使饲养人员有明确的目标；指出不同饲养阶段鸡群的特点及饲养管理要点；按不同的操作内容分段列条、提出切合实际的要求等。技术操作规程的指标要切合实际，条文要简明具体，易于落实执行。

（2）工作程序制订　规定各类鸡舍每天从早到晚的各个时间段内的常规操作，使饲养管理人员有规律的完成各项任务，见表 5-2。

表 5-2　鸡舍每日工作日程

雏鸡舍每日工作程序		育成舍每日工作程序	
时间	工作内容	时间	工作内容
8∶00	喂料。检查饲料质量，饲喂均匀，饲料中加药，避免断料	8∶00	喂料。检查饲料质量，饲喂均匀，饲料中加药，避免断料
9∶00	检查温、湿度，清粪，打扫卫生，巡视鸡群。检查照明、通风系统并保持卫生	9∶00	检查温、湿度，清粪，打扫卫生，巡视鸡群。检查照明、通风系统并保持卫生
10∶00	喂料，检查舍内温、湿度，检查饮水系统，观察鸡群	10∶00	检查舍内温、湿度和饮水系统，观察鸡群。将笼外鸡捉入笼内
11∶30	午餐休息	11∶30	午餐休息
13∶00	喂料，观察鸡群和环境条件	13∶00	喂料，观察鸡群和环境条件
15∶00	检查笼门，调整鸡群；观察温、湿度，个别治疗	15∶00	检查笼门，调整鸡群；观察温、湿度，个别治疗
16∶00	喂料，做好各项记录并填写表格；做好交班准备	16∶00	喂料，做好各项记录并填写表格
17∶00	夜班饲养人员上班工作	17∶00	下班

蛋鸡每日工作程序	
时间	工作内容
6∶00	开灯
6∶20	喂料，观察鸡群和设备运转情况
7∶30	早餐
9∶00	匀料，观察环境条件，准备蛋盘
10∶30	拣蛋，拣出死鸡
11∶30	喂料，观察鸡群和设备运转情况
12∶00	午餐
15∶00	喂料，准备拣蛋设备
16∶00	洗刷饮水和饲喂系统，打扫卫生
17∶00	拣蛋，记录和填写相关表格，环境消毒等
18∶00	晚餐
20∶00	喂料，1 小时后关灯

（3）制订综合防疫制度　为了保证鸡群的健康和安全生产，场内必须制订严格的防疫措施，规定对场内、外人员、车辆、场内环境、装蛋放鸡的容器进行及时或定期的消毒、鸡舍在空出后的冲洗、消毒，各类鸡群的免疫，种鸡群的检疫等。

（二）科学制订生产计划

计划是决策的具体化，计划管理是经营管理的重要职能。计划管理就是根据鸡场确定的目标，制订各种计划，用以组织协调全部的生产经营活动，达到预期的目的和效果。生产经营计划是鸡场计划体系中的一个核心计划，鸡场应制订详尽的生产经营计划。生产经营计划主要由下面计划构成。

1. 鸡群周转计划

鸡群周转计划是制订其他各项计划的基础，只有制订好周转计划，才能制订饲料计划、产品计划和引种计划。制订鸡群周转计划，应综合考虑鸡舍、设备、人力、成活率、鸡群的淘汰和转群移舍时间、数量等，保证各鸡群的增减和周转能够完成规定的生产任务，又最大限度地降低各种劳动消耗。

（1）制订周转计划的依据

① 周转方式　蛋鸡场普遍采用全进全出制的周转方式，即整个鸡场的几栋鸡舍或一栋鸡舍，在同一时间进鸡，在同一时间淘汰。这种方式有利于清理消毒，有利于防疫和管理。

② 鸡群的饲养期　蛋鸡饲养期的长短影响因素较多，如淘汰前鸡群的产蛋量、市场的鸡蛋价格、育成新母鸡的情况以及是否强制换羽等。商品蛋鸡的饲养期一般为1年（21～72周龄），如果强制换羽，可以再利用10个月左右的时间。因为第二个产蛋年产蛋量减少10%～15%，所以，根据我国现阶段蛋鸡饲养和市场情况，商品蛋鸡饲养第一个产蛋周期（1年时间）较为适宜。如果是种鸡群，因雏鸡价值大，培育新母鸡的成本高，可以利用第二个产蛋周期。

③ 笼位　笼位表示一个鸡场最多可以养多少只鸡。由于鸡在饲养过程中有死亡和淘汰，因此就出现空的笼位。另外，育成鸡的饲养阶段是0～20周，从21周开始才进入产蛋期。如果提前入蛋鸡笼，育

成鸡也占着笼位但不产蛋，影响到笼位的利用。笼位利用率就是实际平均饲养只数与总笼位之比。例如，一批育成新母鸡在120日龄入蛋鸡舍的蛋鸡笼内，在蛋鸡舍内又饲养了20天才进入产蛋期，这20天蛋鸡舍的笼位利用率就是0。

（2）周转计划的编制

① 蛋鸡群周转计划编制　如一鸡场，3栋蛋鸡舍，1栋育雏育成舍，每栋舍可以入舍10000只新母鸡，月计划死淘100只，120日龄入蛋鸡舍，72周龄淘汰。一般安排在月底淘汰，淘汰后空舍10天清洁消毒再入鸡。如表5-3。

表5-3　蛋鸡群周转计划表　　单位：只

月份/月	第1栋	第2栋	第3栋	合计
1	3333	9100	9500	21933
2	9900	9000	9400	28300
3	9800	8900	9300	28000
4	9700	8800	9200	27700
5	9600	3333	9100	22033
6	9500	9900	9000	28400
7	9400	9800	8900	28100
8	9300	9700	8800	27800
9	9200	9600	3333	22133
10	9100	9500	9900	28500
11	9000	9400	9800	28200
12	8900	9300	9700	27900
合计				

② 育雏育成鸡群周转计划编制　根据蛋鸡入笼时间和入笼数量进行编制。

进雏数量＝入舍母鸡数×（1+育雏育成期死淘率＋公雏率）

如果育雏育成期死淘率按7%计算，则育雏育成鸡群周转计划表如表5-4。

表 5-4　育雏育成鸡群周转计划表

批次	购入日期	购入数量 / 只	育成日期	育成数量 / 只	成活率 /%
1	9 月	10700	1 月	10000	93
2	2 月	10700	5 月	10000	93
3	5 月	10700	9 月	10000	93
4	9 月	10700	1 月	10000	93

2. 产蛋计划

商品蛋鸡场的主要生产指标是商品蛋的产量。蛋鸡群周转计划内确定了每月的蛋鸡存栏量，可以根据蛋鸡每天产蛋重量计算出每一个月的蛋品生产量。如表 5-5。

表 5-5　某蛋鸡场产蛋计划表

月份 / 月	均饲数	月天数 / 天	日单产 / 克	日总产 / 千克	月总产 / 千克
1	21933	31	46	1009	31279
2	28300	28	46	1302	36456
3	27900	31	46	1283	39785
4	27700	30	46	1274	38226
5	22033	31	46	1013	31415
6	28400	30	46	1306	39192
7	28100	31	46	1292	40070
8	27800	31	46	1279	39648
9	22133	30	46	1018	30543
10	28500	31	46	1311	40641
11	28200	30	46	1297	38916
12	27900	31	46	1283	39785
合计					

3. 饲料计划

各种生长鸡的日耗量不同，产蛋鸡的平均日耗料量是稳定的。有

了周转计划，就可以制订饲料消耗计划。如表 5-6。

表 5-6　某蛋鸡蛋鸡饲料消耗计划

月份	月饲母鸡 / 只	月天数 / 天	只耗料 /（千克 / 天）	日耗料 / 千克	月耗料 / 吨
1	21933	31	120	2632	81.59
2	28300	28	120	3396	95.09
3	27900	31	120	3348	103.79
4	27700	30	120	3324	99.72
5	22033	31	120	2644	81.96
6	28400	30	120	3408	102.24
7	28100	31	120	3372	104.53
8	27800	31	120	3336	103.42
9	22133	30	120	2656	79.69
10	28500	31	120	3420	106.02
11	28200	30	120	3384	101.52
12	27900	31	120	3348	103.79
合计					

4. 年财务收支计划

年财务收支计划表见表 5-7。

表 5-7　年财务收支计划表

收入		支出		备注
项目	金额 / 元	项目	金额 / 元	
鸡蛋		雏鸡		
淘汰鸡		饲料费		
粪肥		折旧费（建筑、设备）		
其他		燃料、药品费		
		基建费		
		设备购置维修费		

续表

收入		支出		备注
项目	金额 / 元	项目	金额 / 元	
		水电费		
		管理费		
		其他费		
合计				

5. 其他计划

包括产品销售计划、基本建设和设备更新计划、财务计划等。

（三）记录管理

记录管理就是将蛋鸡场生产经营活动中的人、财、物等消耗情况及有关事情记录在案，并进行规范、计算和分析。蛋鸡场记录可以反映蛋鸡场生产经营活动的状况，是经济核算的基础和提高管理水平及效益的保证，蛋鸡场必须重视记录管理。蛋鸡场记录要及时准确（在第一时间填写，数据真实可靠）、简洁完整（通俗易懂、全面系统）和便于分析（在设计表格时，要考虑记录下来的资料便于整理、归类和统计，为了与其他鸡场的横向比较和本鸡场过去的纵向比较）。

（四）劳动组织

1. 精简高效组织结构

生产组织与鸡场规模大小有密切关系，规模越大，生产组织就越重要。规模化鸡场一般设置有行政、生产技术、供销财务和生产班组等组织部门，部门设置和人员安排尽量精简，提高直接从事养鸡生产的人员比例，最大限度地降低生产成本。

2. 合理安排人员

养鸡是一项脏、苦而又专业性强的工作，所以必须根据工作性质来合理安排人员，知人善用，充分调动饲养管理人员的劳动积极性，不断提高专业技术水平。

3. 建立健全岗位责任制

岗位责任制规定了鸡场每一个人员的工作任务、工作目标和标准。完成者奖励，完不成者被罚，不仅可以保证鸡场各项工作顺利完成，而且能够充分调动劳动者的积极性，使生产完成得更好，生产的产品更多，各种消耗更少。

二、严格资产管理

（一）固定资产管理

固定资产是指使用年限在一年以上，单位价值在规定的标准以上，并且在使用中长期保持其实物形态的各项资产。鸡场的固定资产主要包括建筑物、道路、产蛋鸡以及其他与生产经营有关的设备、器具、工具等。

1. 固定资产的折旧

固定资产的长期使用中，在物质上要受到磨损，在价值上要发生损耗。固定资产的损耗，分为有形损耗和无形损耗两种。有形损耗是指固定资产由于使用或者由于自然力的作用，使固定资产物质上发生磨损。无形损耗是由于劳动生产率提高和科学技术进步而引起的固定资产价值的损失。固定资产在使用过程中，由于损耗而发生的价值转移，称为折旧，由于固定资产损耗而转移到产品中去的那部分价值叫折旧费或折旧额，用于固定资产的更新改造。

2. 固定资产折旧的计算方法

鸡场提取固定资产折旧，一般采用平均年限法和工作量法。

（1）平均年限法　它是根据固定资产的使用年限，平均计算各个时期的折旧额，因此也称直线法。其计算公式：

固定资产年折旧额 =［原值 －（预计残值 － 清理费用）］÷ 固定资产预计使用年限

固定资产年折旧率 = 固定资产年折旧额 ÷ 固定资产原值 ×100% =（1－ 净残值率）÷ 折旧年限 ×100%

（2）工作量法　它是按照使用某项固定资产所提供的工作量，计算出单位工作量平均应计提折旧额后，再按各期使用固定资产所实际完成的工作量，计算应计提的折旧额。这种折旧计算方法，适用于一些机械等专用设备。其计算公式为：

单位工作量（单位里程或每工作小时）折旧额 =（固定资产原值 - 预计净残值）÷ 总工作量（总行驶里程或总工作小时）

3. 提高固定资产利用效果的途径

（1）合理购置和建设固定资产　根据轻重缓急，合理购置和建设固定资产，把资金使用在经济效果最大而且在生产上迫切需要的项目上；购置和建造固定资产要量力而行，做到与单位的生产规模和财力相适应。

（2）固定资产配套完备　各类固定资产务求配套完备，注意加强设备的通用性和适用性，使固定资产能充分发挥效用。

（3）合理使用固定资产　建立严格的使用、保养和管理制度，对不需用的固定资产应及时采取措施，以免浪费，注意提高机器设备的时间利用强度和它的生产能力的利用程度。

（二）流动资产管理

流动资产是指可以在一年内或者超过一年的一个营业周期内变现或者运用的资产。流动资产是企业生产经营活动的主要资产，主要包括鸡场的现金、存款、应收款及预付款、存货（原材料、在产品、产成品、低值易耗品）等。流动资产周转状况影响到鸡场生产消耗和产品的成本。加快流动资产周转措如下。

1. 加强物资采购和保管

加强采购物资的计划性，防止盲目采购，合理地储备物质，避免积压资金，加强物资的保管，定期对库存物资进行清查，防止鼠害和霉烂变质。

2. 推广应用科学技术

科学地组织生产过程，采用先进技术，尽可能缩短生产周期，节约使用各种材料和物资，减少在产品资金占用量。

3. 加强产品销售

及时销售产品，缩短产成品的滞留时间。

4. 及时清理债务和资金回收

及时清理债权债务，加速应收款的回收，减少成品资金和结算资金的占用量。

三、降低产品成本

生产过程的耗费包括劳动对象（如饲料）的耗费、劳动手段（如生产工具）的耗费以及劳动力的耗费等。企业为生产一定数量和种类的产品而发生的直接材料费（包括直接用于产品生产的原材料、燃料动力费等）、直接人工费用（直接参加产品生产的工人工资以及福利费）和间接制造费用的总和构成产品成本。

（一）鸡场成本的构成项目

1. 饲料费

饲料费指饲养过程中耗用的自产和外购的混合饲料和各种饲料原料。凡是购入的按买价加运费计算，自产饲料一般按生产成本（含种植成本和加工成本）进行计算。

2. 劳务费

从事养鸡的生产管理劳动，包括饲养、清粪、拣蛋、防疫、捉鸡、消毒、购物运输等所支付的工资、资金、补贴和福利等。

3. 新母鸡培育费

从雏鸡出壳养到140天的所有生产费用。如是购买育成新母鸡，按买价计算。自己培育的按培育成本计算。

4. 医疗费

医疗费指用于鸡群的生物制剂、消毒剂及检疫费、化验费、专家

咨询服务费等。但已包含在育成新母鸡成本中的费用和配合饲料中的药物及添加剂费用不必重复计算。

5. 固定资产折旧维修费

固定资产折旧维修费指禽舍、笼具和专用机械设备等固定资产的基本折旧费及修理费。根据鸡舍结构和设备质量，使用年限来计损。如是租用土地，应加上租金；土地、鸡舍等都是租用的，只计租金，不计折旧。

6. 燃料动力费

燃料动力费指饲料加工、鸡舍保暖、排风、供水、供气等耗用的燃料和电力费用，这些费用按实际支出的数额计算。

7. 利息

利息是指对固定投资及流动资金一年中支付利息的总额。

8. 杂费

杂费包括低值易耗品费用、保险费、通信费、交通费、搬运费等。

9. 税金

税金指用于养鸡生产的土地、建筑设备及生产销售等一年内应交税金。

以上九项构成了鸡场生产成本，从构成成本比重来看，饲料费、新母鸡培育费、人工费、折旧费利息五项价额较大，是成本项目构成的主要部分，应当重点控制。

（二）成本核算的计算方法

成本核算的计算方法分为分群核算和混群核算。

1. 分群核算

分群核算的对象是每种禽的不同类别，如蛋鸡群、育雏群、育成群、肉鸡群等，按鸡群的不同类别分别设置生产成本明细账户，分别归集生产费用和计算成本。蛋鸡场的主产品是鲜蛋、种蛋、毛鸡，副

产品是粪便和淘汰鸡的收入。蛋鸡场的饲养费用包括育成鸡的价值、饲料费用、折旧费、人工费等。

（1）鲜蛋成本

每千克鲜蛋成本（元/千克）=［蛋鸡生产费用－蛋鸡残值－非鸡蛋收入（包括粪便、死淘鸡等收入）］/入舍母鸡总产蛋量（千克）

（2）种蛋成本

每枚种蛋成本（元/枚）=［种鸡生产费用－种鸡残值－非种蛋收入（包括鸡粪、商品蛋、淘汰鸡等收入）］/入舍种母鸡出售种蛋数

（3）雏鸡成本

每只雏鸡成本=（全部的孵化费用－副产品价值）/成活一昼夜的初禽只数

（4）育雏鸡成本

每只育雏鸡成本=（育雏期的饲养费用－副产品价值）/育雏期末存活的雏鸡数

（5）育成鸡成本

每只育成鸡成本=（育雏育成期的饲养费用－粪便、死淘鸡收入）/育成期末存活的鸡数

2. 混群核算

混群核算的对象是每类畜禽，如牛、羊、猪、鸡等，按畜禽种类设置生产成本明细账户归集生产费用和计算成本。资料不全的小规模鸡场常用。

（1）种蛋成本

每个种蛋成本（元/个）=［期初存栏种鸡价值+购入种鸡价值+本期种鸡饲养费－期末种鸡存栏价值－出售淘汰种鸡价值－非种蛋收入（商品蛋、鸡粪等收入）］/本期收集种蛋数

（2）鸡蛋成本

每千克鸡蛋成本（元/千克）=［期初存栏蛋鸡价值+购入蛋鸡价值+蛋鸡饲养费用－期末蛋鸡存栏价值－淘汰出售蛋鸡价值－鸡粪收入］（元）/本期产蛋总重量（千克）

（三）降低成本的方法

1. 生产适销对路的产品

在市场调查和预测的基础上，进行正确的、科学的决策，根据市场需求的变化生产符合市场需求的质优量多的产品。同时，好养不如好卖，鸡场应该结合自身发展的实际情况做好市场调查、效益分析，制订适合自己的市场营销方式，对自己鸡场的鸡群质量进行评估，确保长期稳定的销售渠道，树立自己独有的品牌，巩固市场。

2. 提高产品产量

据成本理论可知，如生产费用不变，产量与成本呈反比例变化，提高鸡群生产性能，增加蛋品产量，是降低产品成本的有效途径。其措施如下。

（1）建立高产蛋鸡群　高产蛋鸡群的建立是提高鸡场经济效益的重要措施。建立高产蛋鸡群可以最大限度地利用蛋鸡的生产潜力，生产更多的蛋品，获得更好的效益。

① 选择优良品种　品种的选择至关重要，这是提高鸡场经济效益的先决条件。

② 培育优质的育成新母鸡　育成新母鸡的培育直接关系到以后生产性能的表现，只有培育出优质育成新母鸡，以后其高产潜力才能充分发挥。一要加强雏鸡选择，选择有高产潜力、洁净卫生和均匀度高的雏鸡群。二要加强 5 周龄体重控制。5 周龄体重决定终身，只有 5 周龄体重达到或超过标准的雏鸡才能保证以后生产潜力的发挥。三要注重育雏育成期群体的均匀整齐，使鸡群均匀度达到 85% 以上最佳。四要科学的饲养管理，适宜的环境条件，严格的卫生防疫，必要的选择淘汰，保证育成鸡健康良好的发育，培育出优质的新母鸡。

（2）加强产蛋期的饲养管理

① 科学饲养管理　采用科学的饲喂方法，满足产蛋不同阶段鸡对营养的需求，保证蛋鸡产蛋对营养的需要。特别是产蛋前期和高峰期，营养一定要充足。

② 合理应用添加剂　合理利用沸石、松针叶、酶制剂、益生素、中草药等添加剂能改善鸡消化功能，促进饲料养分充分吸收利用，增

加抵抗力、提高生产性能。

③ 创造适宜的环境条件　满足鸡对温度、湿度、通风、密度等环境条件的要求，充分发挥其生产潜力。

④ 注重养鸡生产各个环节的细微管理和操作　如饲喂动作幅度要小，饲喂程序要稳定，转群移舍、免疫接种等动作要轻柔，尽量避免或减少应激发生，维护鸡体的健康。必要时应在饲料或饮水中添加抗应激药物来预防和缓解应激反应。

⑤ 做好隔离、卫生、消毒和免疫接种工作　鸡场的效益好坏归根到底取决于鸡病发生情况和饲养管理。鸡病防制重在预防，必须做好隔离、卫生、消毒和免疫接种工作，避免疾病发生，提高蛋鸡产蛋率和产蛋时间。

3. 提高资金的利用效率

加强采购计划制订，合理储备饲料和其他生产物资，防止长期积压。及时清理回收债务，减少流动资金占用量。合理购置和建设固定资产，把资金用在生产最需要且能产生最大经济效果的项目上，减少非生产性固定资产开支。加强固定资产的维修、保养，延长使用年限，设法使固定资产配套完备，充分发挥固定资产的作用，降低固定资产折旧和维修费用。各类鸡舍合理配套，并制订周详的周转计划，充分利用鸡舍，避免鸡舍闲置或长期空舍。如能租借鸡场将会大大降低折旧费。

4. 提高劳动生产率

人工费用可占生产成本10%左右，控制人工费用需要加强对人员的管理、配备必要的设备和严格考核制度，才能最大限度地提高劳动生产率。

（1）人员的管理　人员的管理要在用人、育人、留人上下功夫。用人是根据岗位要求选择不同能力或不同年龄结构、不同文化程度、不同素质的人员。如场长应该具备管理能力、用人能力、决策能力、明辨是非能力、接受新鲜事物的能力、创造能力等，技术员要有过硬的技术水平及敢管人的能力和责任心，饲养员要选用有责任心的、服从安排的人，要把责任心最强的人放在配种的工作岗位上。对毕业的

学生有德无才培养使用，有德有才破格使用，有才无德控制使用，无才无德坚决不用。年龄偏大或偏小的尽量不用，干活不动脑筋的尽量不用，家庭有负担的尽量不用，文盲尽量不用，沾亲带故的尽量不用，家里养猪的尽量不用等；育人就是不断加强对员工进行道德知识、文化知识、专业知识和专业技术的培训，以提高他们的素质和知识水平，适应现代养猪业的发展要求。留人至关重要：一要有好的薪资待遇和福利；二要有和谐的环境能实现自我价值；三是鸡场有发展前景，个人有发展空间和发展前途。要想方设法改善员工生活条件，完善员工娱乐设施，丰富员工业余生活，关心和尊重每一个员工。

（2）配备必要的设备　购置必要的设备可以减轻劳动强度，提高工作效率。如使用自动饮水设备代替人工加水、用小车送料代替手提肩挑，利用机械清粪、自动喂料设备等，可极大提高劳动效率。

（3）建立完善的绩效考核制度，充分调动员工的积极性　制订合理劳动指标和计酬考核办法，多劳多得，优劳优酬。指标要切合实际，努力工作者可超产，得到奖励，不努力工作者则完不成指标，应受罚，鼓励先进，鞭策落后，充分调动员工的劳动积极性。

5. 降低饲料费用

养鸡成本中，饲料费用要占到70%以上以上，有的专业场（户）可占到90%，因此它是降低成本的关键。

（1）选择质优价廉的饲料

① 选用质优价廉的饲料　购买全价饲料和各种饲料原料的要货比三家，选择质量好，价格低的饲料。自配饲料一般可降低日粮成本，饲料原料特别是蛋白质饲料廉价时，可购买预混料自配全价料，蛋白质饲料价高的，购买浓缩料自配全价料成本低。充分利用当地自产或价格低的原料，严把质量关，控制原料价格，并选择好可靠有效的饲料添加剂，以实现同等营养条件下的饲料价格最低。

② 合理储备饲料　要结合本场的实际制订原料采购制度，规范原料质量标准，明确过磅员和监磅员职责、收购凭证的传递手续等，平时要注重通过当地养殖协会、当地畜牧服务机构、互联网和养殖期刊等多种渠道随时了解价格行情，准确把握价格运行规律，搞好原料采购季节差、时间差、价格差。特别是玉米，是鸡场主要能量饲料，可

占饲粮比例 60% 以上，直接影响饲料的价格。在玉米价格较低时可储存一些以备价格高时使用。

（2）减少饲料消耗

① 科学设计配方　根据不同生长阶段鸡在不同的生长季节的营养需要结合本场的实际制订科学的饲料配方并要求职工严格按照饲料配方配比各种原料，防止配比错误。这样就可以将多种饲料原料按科学的比例配合制成全价配合料，营养全而不浪费，料肉比低，经济效益高。为了尽量降低成本，可以就地取材，但不能有啥喂啥，不讲科学。

② 重视饲料保管　要因地制宜地完善饲料保管条件，确保饲料在整个存放过程中达到“五无”，即无潮、无霉、无鼠、无虫、无污染。

③ 注意饲料加工　注意饲料原料加工，及时改善加工工艺，提高其粉碎度及混合均匀度，提高其消化、吸收率。

④ 采用科学饲养方式　根据不同产蛋阶段确定适宜的饲喂次数和饲喂量。

⑤ 利用科学饲养技术　如据不同饲养阶段采用分段饲养技术，根据不同季节和出现应激时调整饲养等技术，在保证正常生长和生产的前提下，尽量减少饲料消耗；确保处于哪一阶段的鸡用哪一阶段的饲料，实行科学定量投料，避免过量投食带来不必要的浪费。

⑥ 适量投料　根据鸡的采食情况适量投料，保证鸡吃饱吃好又不浪费饲料。

⑦ 饲槽结构合理，放置高度适宜　不同饲养阶段选用不同的饲喂用具，避免采食过程中的饲料浪费。一次投料不宜过多，饲喂人员投料要准、稳，减少饲料撒落。及时维修损毁的饲槽。

（3）适宜温度　鸡舍要保持清洁干燥，冬天有利保暖，夏天有利散热，为鸡创造一个适宜的生长环境，以减少疾病的发生，降低维持消耗，提高饲料利用率。一般蛋鸡的适宜温度为 8 ～ 21℃，过高或过低对饲料利用率均有不良影响。

（4）搞好防疫　要搞好疫病的防治与驱虫，最大限度地降低发病率，以提高饲料利用率。在养鸡生产中，每年均有相当数量的鸡因患慢性疾病和寄生虫病而造成饲料隐性浪费。为此，养鸡要做好计划免疫和定期驱虫，保证鸡的健康生长，以提高饲料利用率。

第六招 增加产品价值

【提示】

提高产品质量，加强产品销售管理，能够提高蛋鸡场经济效益。

一、加强蛋品的质量控制

（一）蛋的构造和成分

1. 蛋的构造

蛋是由壳上膜、蛋壳、内外蛋壳膜、蛋白、蛋黄系带、蛋黄、胚珠或胚盘和气室等部分组成，见图 6-1。

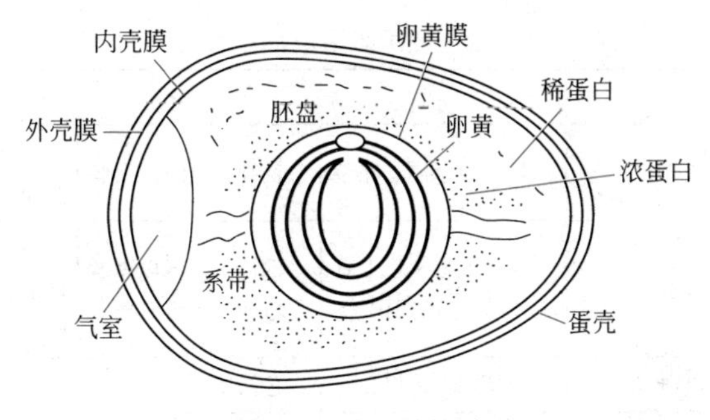

图 6-1　鸡蛋的构造

2. 蛋的成分

蛋的化学成分受鸡种、饲料、产量、季节、储存方法和新鲜程度等因素的影响。蛋的营养成分很丰富，含有鸡胚胎发育所需的全部营养物质，除蛋壳的化学成分主要是无机盐外，蛋白主要是蛋白质和水分，蛋黄以脂肪和蛋白质为主。蛋的化学组成含量见表 6-1。

表 6-1　蛋的主要化学组成

成 分	全蛋	蛋内容物	蛋黄	蛋白	蛋壳和蛋壳膜
水分 /%	66	74	48	88	2
干物质 /%	34	26	52	12	98
蛋白质 /%	12	13	17	11	6
脂肪 /%	10	11	33	—	—
碳水化合物 /%	1	1	1	1	—
灰分 /%	11	1	1	—	92

（二）鲜蛋的质量标准

见表 6-2。

（三）鸡蛋的质量控制

鸡蛋的质量包括外部质量和内部质量两方面。目前常用的鸡蛋质量指标主要包括一般质量指标（即蛋形指数、蛋重、蛋的比重）、蛋

表 6-2 我国鸡蛋的质量标准

指标		一级	二级	三级
感官指标	蛋壳	洁净、坚固、完整	洁净、坚固、完整	污蛋面积不大于蛋面积的 1/10
	气室	深度 5 厘米以上者不超过全蛋的 10%	深度 5 厘米以上者不超过全蛋的 10%	深度 7 ～ 8 厘米以上者不大于全蛋的 1/4
	蛋白	色清明、浓厚	色清明、较浓厚	色清明、稍稀薄
	蛋黄	不显露，居中	略明显，但仍坚固	明显而移动
	胚胎	不发育	不发育	略有发育
理化指标	汞（以汞计）	≤ 0.05 毫克 / 千克		
微生物指标	细菌	无		

壳质量指标（即蛋壳状况、蛋壳相对重、蛋壳颜色和厚度、蛋壳强度）和内部质量指标（即气室高度、蛋黄指数、哈夫单位、血斑和肉斑率、蛋黄色泽、内容物的气味和滋味、营养物质的含量以及药物残留等）三个方面。鸡蛋具体的质量指标和测定方法可以参考国家鲜蛋卫生标准GB 2748—2015和无公害鸡蛋产品标准NY 5039—2005。鸡蛋的质量控制是蛋鸡安全生产的重要方面，也是增强市场竞争力的重要手段。

1. 外观质量控制

鸡蛋的外观质量主要包括蛋的外形（大小、形状、洁净度等）和蛋壳质量（蛋壳的强度、颜色、质地等）。鸡蛋外观品质受遗传、环境、健康状况和日粮等多种因素的影响，见表 6-3。

表 6-3 影响鸡蛋外观质量的因素及控制措施

质量指标	影响因素		控制措施
蛋的大小与形状（蛋的大小和形状关系到蛋的分级，影响到蛋品的销售和价值）	遗传因素	不同品种和品系。如褐壳蛋系的蛋重大于白壳蛋系；蛋重的品种内个体间差异大于品种平均数间的差异	选择优良品种；保证品种的优良纯正

续表

质量指标	影响因素		控制措施
蛋的大小与形状（蛋的大小和形状关系到蛋的分级，影响到蛋品的销售和价值）	年龄	蛋重随年龄增长而变大；开产时产软蛋较多，畸形蛋也多，蛋内异物也多	产蛋后期适当控制采食量，因蛋过大蛋壳质量差
	开产体重	开产时体格和体重的大小影响开产初期乃至整个周期的产蛋成绩。开产时体重和体格在标准偏上，母鸡所产的蛋较大，反之则小	加强培育期的饲养和管理，保证饲料优质，使体重符合标准，并保证开产初期有适宜的增重
	开产日龄	日龄越大蛋重越大。开产时蛋重较小，随日龄增加蛋重迅速增加，开产后18周（约300日龄）达到标准蛋重（60克），开产时约为标准蛋重的80%(48克)，72周龄时约为标准蛋重的108%（65克）	科学饲养、合理光照，使蛋鸡在适宜的周龄开产，避免早产
	营养因素	饲料质量的好坏影响蛋的大小。能量、蛋白质（氨基酸）和亚油酸供给不足，蛋重减轻。蛋氨酸与能量的比例不适宜	保证各种营养物质的充足供给；夏季提高日粮蛋白质水平或添加脂肪均可增加蛋重；产1克蛋，蛋氨酸的摄入量为5～6毫克，能量摄入量为5～8千卡较合适
	管理因素	鸡舍温度影响。鸡舍温度超过26.7℃时采食量降低，产蛋量、蛋重和蛋壳品质都下降；饮水不足以及水质不好影响蛋重	鸡舍保持适宜的温度。夏季采用喷淋系统或湿帘、通风降温系统降低舍内温度；保证供给充足的、洁净的饮水
	应激	突然应激（包括恐吓）会使蛋重不规律；用药不当也会使蛋重减轻。畸形蛋主要是由于壳腺发育不成熟、疾病、干扰和拥挤造成的。常见于开产青年母鸡（壳腺不成熟）或产蛋后期的母鸡（壳腺形成效率受影响）。蛋壳起皱是由于身体抑制（争斗或过度拥挤）和蛋壳形成中受到干扰	环境要安静，密度要适宜；产蛋期禁用痢特灵、磺胺类、喹乙醇等药物；减少应激

续表

质量指标	影响因素		控制措施
蛋的大小与形状（蛋的大小和形状关系到蛋的分级，影响到蛋品的销售和价值）	疾病	患新城疫时，蛋壳形成过程中蛋白质流动性大，可能造成鸡蛋侧面扁平或有皱纹。患传染性支气管炎时，由于输卵管的萎缩或变形等也可影响蛋的大小和形状	做好新城疫、传染性支气管炎等病的预防接种工作；搞好隔离卫生和消毒等
蛋壳强度及破蛋率（蛋壳强度高有利于收集和运输时减少蛋破损，有利于保存和销售）	遗传	品种。京白鸡的破损率高于海兰鸡，本地鸡低于进口鸡，褐壳蛋低于白壳蛋；产蛋率高的个体蛋壳质量较差，产蛋少的个体蛋壳质量较好	根据市场需求和销售情况选择蛋壳质量好的、适合本地的优良品种，如到外地销售的多饲养褐壳蛋鸡品种
	年龄	老龄鸡群的薄壳蛋、破壳蛋、软壳蛋多。因为蛋壳腺所分泌的钙是恒定的，而蛋重却随鸡龄增加而增加，尤以产蛋后期增加量最为显著。蛋重增加使蛋表面积增大，致使蛋壳变薄。另外产蛋后期母鸡的蛋壳腺脂肪沉积较多，对活性维生素 D_3 的合成减少，钙的吸收和存留能力降低	产蛋后期增加日粮中的钙含量（达到4.5%～4.8%）；产蛋后期要限制饲养（采用探索性减料技术），控制母鸡体重（避免过肥）及蛋重；老龄鸡强制换羽后再利用
	管理	密度过大（过分拥挤导致蛋与喙和脚趾接触、拥挤时母鸡产蛋往往采用高位蹲姿而引起蛋被碰破）、通风不良、光照不合理都影响蛋壳质量；阳光不足（影响体内维生素D的利用）	通风良好、密度和光照适宜；避免光照过强，让鸡适量晒太阳（皮肤中的7-脱氢胆固醇在紫外线照射下形成维生素 D_3）
		一切应激因素（热或冷应激、疫苗接种、噪声、惊吓等）都会影响肠道对营养物质的吸收利用和蛋壳的正常形成，出现薄壳蛋或软壳蛋	尽量降低或减少应激，饲料中可使用抗应激药物或电解多维

续表

<table>
<tr><th>质量指标</th><th colspan="2">影响因素</th><th>控制措施</th></tr>
<tr><td rowspan="3">蛋壳强度及破蛋率（蛋壳强度高有利于收集和运输时减少蛋破损，有利于保存和销售）</td><td rowspan="2">管理</td><td>高温影响蛋壳质量。主要因为钙摄入随采食量减少而减少。高温下鸡对钙的消化吸收力差，血钙较低；蛋壳由 CO_2 参与合成，高温下鸡呼吸次数激增，排出大量 CO_2，结果血液中 HCO_3^- 减少，蛋壳形成受阻</td><td>高温季节要适当提高日粮钙和碳酸氢钠的含量，添加维生素 C 等抗热应激添加剂，并且提高蛋白质的含量</td></tr>
<tr><td>集蛋次数过少，每天集蛋 1 次，破损率为 5% ～ 6%。集蛋和搬运动作粗暴</td><td>每天集蛋 3 ～ 4 次；集蛋、搬运等动作要轻柔，方法要得当</td></tr>
<tr><td>笼具</td><td>笼具设计不合理，如鸡笼底面的倾斜过大，笼底坡度从 7° 增加到 11°，破蛋率升高，或坡度过小，因蛋不易滚出，常被鸡踩破同样破蛋率升高；蛋滚出鸡笼时蛋与坚硬表面接触等</td><td>笼具设计合理，集蛋带上最好设置缓冲物，笼地网具有较好弹性</td></tr>
<tr><td rowspan="2">蛋壳颜色（蛋壳颜色是最直观的品种特性。正常鸡蛋壳颜色主要有白色与褐色两种，只有少量青色或蓝色品种，同一壳色的蛋应该均匀一致）</td><td rowspan="2">遗传</td><td>遗传变异。经过长期选育的鸡种，壳色深浅相对固定，但现代商用褐壳蛋鸡则因壳色存在着遗传变异，由于品系间杂交在壳色一致性上不理想</td><td>选择的鸡品种要纯正，避免品种混杂</td></tr>
<tr><td>杂交。白壳与褐壳蛋鸡杂交子代产的蛋壳颜色为两者的中间颜色，即浅褐色或粉色蛋，若用白来航公鸡与有色羽母鸡杂交，蛋壳颜色较浅，反交时则较深；合成原卟啉能力是由遗传因素决定的，而且仅限于带颜色羽毛或皮肤的鸡种。在原卟啉的合成能力上，个体之间存在着与遗传相关的细微差别，即使相同品种的鸡蛋壳颜色也有一定的差别</td><td>通过选种可以加深蛋壳颜色，一般不能通过改变饲料来改变蛋壳颜色</td></tr>
</table>

续表

质量指标	影响因素		控制措施
蛋壳颜色（蛋壳颜色是最直观的品种特性。正常鸡蛋壳颜色主要有白色与褐色两种，只有少量青色或蓝色品种，同一壳色的蛋应该均匀一致）	年龄	初产蛋鸡，蛋小，蛋壳颜色深。母鸡壳上膜的分泌量并不因年龄的变化而有所提高，当母鸡随着年龄增长而蛋重亦增大时，有限的壳上膜就会分布到扩大的蛋壳上，蛋壳颜色变浅，一般40周龄以后蛋壳颜色开始变浅。40周龄后的老母鸡对钙的吸收能力减弱，钙附着在蛋壳表面，形成一层白色钙粉或钙粒突起，蛋壳变薄或苍白；随年龄增加，鸡体内造血机能和其他生理代谢机能逐渐衰退，使色素合成不足或合成有限	保持适宜的蛋重、钙磷比例和维生素D的充足供应
	营养	日粮养分。机体在外界应激影响或处于亚健康状态或疾病发生时，一方面由于对营养素的吸收减少，造成某些营养素的缺乏；另一方面，由于季节变化、应激影响，鸡群采食量降低，也会间接造成营养素缺乏，从而影响蛋壳颜色	提高饲料的能量水平蛋壳颜色要好一些，光泽度要好一些；保持适宜的舍内环境、保证饲料营养的充足供给等
	环境	蛋壳颜色随季节而变化，冬季色深，夏季色浅。母鸡在热应激时，壳上膜的色素分泌会减少。秋冬之际，气温突降，鸡体一时不能适应，影响钙磷代谢，导致蛋壳颜色变浅	夏季注意降温，保证必要的营养摄取量；秋冬注意温度的稳定
	管理	管理不善造成的应激。光照不足或不稳定不规律都会造成产白蛋壳。笼养鸡鸡笼设计不合理，使产蛋鸡没有一个合适的体位产蛋，造成蛋在壳腺中停留时间超长，导致过量的钙在表面沉积，使褐壳蛋看起来苍白	产蛋期的光照应是恒定的。人工补光应保持稳定、配以科学的饲料营养，可保证优良的壳色与产蛋高峰

续表

质量指标	影响因素		控制措施
蛋壳颜色（蛋壳颜色是最直观的品种特性。正常鸡蛋壳颜色主要有白色与褐色两种，只有少量青色或蓝色品种，同一壳色的蛋应该均匀一致）	应激	母鸡遭受应激（如惊群）也可引起输卵管收缩，造成蛋壳腺黏膜损伤或由于蛋的滞留，使钙质过多地附着而形成粉壳蛋，也可能由于转群、防疫、外界惊扰对鸡产生应激作用，引起鸡体内的肾上腺素、皮质类固醇和可的松等激素水平增高。各种应激因素都能影响鸡对钙的吸收和利用，由于应激使鸡产蛋时间延长，蛋在子宫中长时间存留，会增加钙的沉积，而使蛋壳颜色变得苍白	饲养过程中应尽量减少应激因素刺激，使鸡群保持适宜密度和舍温，可使蛋壳颜色和质量有所提高，还能确保鸡只高产稳产。造成产蛋下降，伴随色泽变浅。这类变化时间不会很长，调整环境、饮水中增补电解多维，白蛋壳现象会很快消失
	药物	许多药物影响产蛋率和蛋壳颜色。如磺胺类、呋喃类、喹乙醇、抗球虫药或驱虫药等，由于使用时间或用量不当，均会降低鸡体色素沉积能力，会导致蛋壳变白。过量饲喂高水平的一些药物也可导致这些抗生素的沉积，产生黄色蛋壳	产蛋期要合理使用磺胺类、呋喃类、喹乙醇、抗球虫药或驱虫药等药物
	疾病	蛋壳颜色变浅与鸡群发生输卵管病变有关。危害最严重的疾病有新城疫、巴氏杆菌病、减蛋综合征、肾型传支、白痢、禽流感等。这些疾病严重侵害生殖系统，除造成产蛋率锐减、蛋壳变薄、无壳蛋增多外，因严重影响了子宫分泌功能，不仅蛋壳颜色褪色，而且软皮蛋和破壳蛋也大为增加。同时因患病引起消化功能紊乱而造成营养缺乏。另有资料报道，与呼吸系统有关的疾病都可影响褐壳蛋颜色和蛋壳强度	科学的免疫接种，注意卫生和消毒，保持舍内空气清新，避免呼吸道病的发生

续表

质量指标	影响因素		控制措施
蛋壳洁净度（蛋壳上有污染物和微生物，直接影响到食品卫生）	母鸡带菌	种鸡群被沙门菌、大肠杆菌和霉形体污染，导致雏鸡、蛋鸡和蛋鸡所产蛋细菌污染	种鸡群进行净化；商品鸡定期使用抗菌药物杀菌
	舍内环境差	舍内空气中微粒、微生物含量高，导致蛋壳细菌污染；垫料、产蛋箱或集蛋带污浊	保持舍内空气和设备用具洁净；保持舍内适宜的湿度和定期进行消毒
	疾病	产蛋鸡群发生鸡白痢、大肠杆菌病以及腹泻、输卵管炎以及禽流感等疾病	做好免疫接种工作；定期使用敏感的、允许使用的抗菌药物预防
	管理	收蛋不勤；产蛋箱不够，没有对蛋鸡进行训练等，使蛋产在外面，表面沾有粪尿污物和微生物；产出蛋保存前没有清洗消毒	保持充足的产蛋箱，并放置假蛋，训练鸡到产蛋箱内产蛋；勤收蛋；保存前要清洗消毒处理
	蛋破损	蛋破损后流出的蛋液污染其他蛋的蛋壳	减少破蛋，发现流汤的破蛋要及时拣出，放在指定容器内

（二）内部质量控制

鸡蛋的内部质量指标主要有气室高度、蛋黄指数、哈夫单位、血斑和肉斑率、蛋黄色泽、内容物的气味和滋味、营养物质的含量以及药物残留等。内部质量影响到蛋品的营养价值和蛋品安全。影响鸡蛋内部质量的因素及控制措施见表6-4。

表6-4　影响鸡蛋内部质量的因素及控制措施

指标	影响因素		控制措施
蛋白质量（蛋白由浓蛋白与稀蛋白两种生理成分构成。测量浓蛋白的高度可确定其蛋白质质量。一般用哈夫单位来表示）	遗传	品种对蛋白品质的影响较大，一般褐壳蛋比白壳蛋品质好	注意品种选择

续表

指标	影响因素		控制措施
蛋白质量（蛋白由浓蛋白与稀蛋白两种生理成分构成。测量浓蛋白的高度可确定其蛋白质质量。一般用哈夫单位来表示）	储存	鲜蛋的哈夫单位每月下降 1.5 ～ 2 个单位；高温高湿的储存环境会使蛋白黏性降低	将蛋覆油以防止空气和水分通过蛋壳交换。鸡蛋包装时应使气室向上，防止储存期间对蛋白造成压力；保持适宜的储存环境
	营养	某些微量元素可以影响到蛋白质黏度	铬能显著提高蛋鸡产蛋率、降低卵黄胆固醇水平和提高哈夫单位（添加 0.5 毫克 / 千克的铬可显著提高鸡蛋哈夫单位）；氯化铵可导致蛋清高度增加并且浓蛋白量增加
蛋黄颜色（蛋黄颜色是由脂溶性色素在卵形成期间沉积到蛋黄中形成的。可利用测色仪或罗氏比色扇测定蛋黄颜色，罗氏比色扇简单实用）	饲料	鸡没合成这些色素的能力，蛋黄中的色素来自饲料。饲喂黄玉米、苜蓿草粉、干藻粉等含叶黄素较高的饲料，蛋黄颜色较深，反之蛋黄颜色就会变淡。维生素 A、β- 胡萝卜素、维生素 E 与生殖道黏膜上皮的发育和完整有关，影响色素吸收和沉积而影响蛋黄颜色	饲料中添加抗氧化剂，有利于防止色素氧化，提高色素对蛋黄的着色作用。蛋鸡生产中，添加人工合成色素。常用的人工合成色素有辣椒红、叶黄素、紫黄质、玉米黄质等；由于叶黄素溶于脂类，所以饲料中添加油脂有利于叶黄素在蛋黄中的沉积而增加蛋黄的颜色
		日粮营养不平衡会影响叶黄素在肠道吸收，从而导致皮肤苍白综合征，并且蛋黄颜色也会变浅。饲料中维生素 E、蛋氨酸、胆碱、微量元素、能量水平不当都会造成着色不良	保持饲料营养平衡；保证微量元素、氨基酸、胆碱以及维生素 E 的充足供给

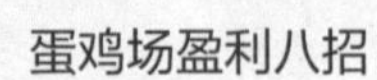

续表

指标	影响因素		控制措施
蛋黄颜色（蛋黄颜色是由脂溶性色素在卵形成期间沉积到蛋黄中形成的。可利用测色仪或罗氏比色扇测定蛋黄颜色，罗氏比色扇简单实用）	饲料	饲料中盐分、硝酸盐过高影响着色效果	避免盐分和硝酸盐含量过高
		维生素A和钙过量均使蛋黄颜色变浅，有些饲料含某些影响蛋黄颜色的未知因子。日粮中类脂化合物氧化产生的大量过氧化物能使蛋黄颜色减退	避免维生素A和钙过量；细稻糠和大麦的添加量不能超过20%和50%（否则，能明显降低蛋黄颜色）；日粮中添加抗氧化剂和维生素E有助于改善蛋黄颜色；饲粮中添加油脂可提高蛋黄颜色，特别是在饲粮色素含量偏低时，效果明显
		饲料产品加工制粒时蒸气温度越高、加工时间越长，叶黄素损失量越大，使皮脂和蛋黄着色度降低	避免温度过高和加工时间过长
	疾病	疾病如球虫病、隐孢子、营养吸收障碍、法氏囊病或其他病毒性疾病、沙门菌病、慢性呼吸道疾病等均直接影响色素在机体组织的沉积，特别是消化系统或肠道吸收功能发生障碍时更明显	避免有关疾病的发生；注意观察，发生后及时治疗
	污染	饲料受霉菌毒素污染的饲料会降低蛋黄着色，因为毒素影响鸡的代谢和吸收途径。某些饲料原料（棉籽）或药品（尼卡巴醇）可致蛋黄杂色或变色	不喂发霉变质的饲料；控制棉籽饼用量；尽量不使用影响蛋黄着色的药物

续表

指标	影响因素		控制措施
蛋黄颜色（蛋黄颜色是由脂溶性色素在卵形成期间沉积到蛋黄中形成的。可利用测色仪或罗氏比色扇测定蛋黄颜色，罗氏比色扇简单实用）	品种、性别和年龄	不同品种的禽类对类胡萝卜素衍生物在蛋黄或外皮组织中的沉积亦不同。老龄鸡随年龄增大，肠道吸收类胡萝卜素衍生物的功能逐渐减退，色素沉积能力日趋变小	注意品种选择；老龄鸡饲料中适当添加色素
	其他因素	家禽饲养管理因素如光、高温高湿及密度过大会降低着色效果	保持适宜的环境条件
血斑、血块、组织碎块等异物（血斑、血块主要是禽蛋形成过程中卵泡破裂发生出血，或输卵管蛋白分泌部微血管破裂出血造成。血斑主要附着在禽蛋的蛋黄表面，形态多样、大小不一，有芝麻粒大至豌豆大，颜色为红褐色。血块主要存在于生、熟禽蛋的蛋清中，形态、大小、颜色与血斑相同。组织碎块是生殖系统脱落的组织碎块，如黏膜上皮组织、卵泡膜、异常增生物、凝固蛋白等	遗传	遗传对鸡蛋血斑和肉斑的影响。血斑在初产期或低产期的蛋中比较多见	白壳蛋的血斑率一般高于褐壳蛋，而肉斑率低于褐壳蛋。血斑率和肉斑率的遗传力约为0.25
		肉斑由蛋鸡身体器官组织引起，主要是年龄因素。随着年龄增加蛋白肉斑比率上升，蛋白本身也变稀，降低蛋白的直观品质	

续表

指标	影响因素		控制措施
血斑、血块、组织碎块等异物（血斑、血块主要是禽蛋形成过程中卵泡破裂发生出血，或输卵管蛋白分泌部微血管破裂出血造成。血斑主要附着在禽蛋的蛋黄表面，形态多样、大小不一，有芝麻粒大至豌豆大，颜色为红褐色。血块主要存在于生、熟禽蛋的蛋清中，形态、大小、颜色与血斑相同。组织碎块是生殖系统脱落的组织碎块，如黏膜上皮组织、卵泡膜、异常增生物、凝固蛋白等	饲料	维生素缺乏是影响血斑形成的主要营养因素；饲料受病毒、细菌毒素污染、使用磺胺喹噁啉或发生禽脑脊髓炎会提高蛋白中血斑的发生率。料中加药物尼卡巴嗪可使蛋黄上产生特有斑点。棉酚不仅可引起严重血斑，且引起蛋黄变蓝绿色，存放几天的鸡蛋更明显	注意补充维生素A、维生素C、维生素E、维生素K等，维持生殖道黏膜的完整。建议在产蛋鸡饲料中至少提供1毫克/千克的维生素K和10000国际单位/千克的维生素A；减少棉籽饼的用量和某些药物的使用
	疾病	减蛋综合征病毒、大肠杆菌、葡萄球菌侵害蛋鸡生殖器官引起输卵管炎或输卵管囊肿时，也可发生这种现象	做好这些疾病的防治工作
鸡蛋味道（正常应该无味，异常可能有异味）	饲料原料	鸡蛋一般不受饲料气味影响，但气味较浓的原料如葱、鱼粉、蒜味、鱼腥味、蚕蛹油味、牛油味等可直接影响蛋味道。饲粮中过量应用的鱼粉、菜籽饼和胆碱常与蛋产生腥臭味有关	鱼粉用量在日粮5%以下。蚕蛹应先进行脱脂处理再做饲料，或控制用量在日粮的5%以下；菜籽饼应当采取减毒措施，消除所含毒物，并控制用量在日粮5%以下；卷心菜过量喂可使禽蛋产生不良气味，应控制用量在4%以下；用大麦做饲料时，应添加β-葡聚糖酶，以促进β-葡聚糖水解，变为葡聚糖和低聚合度的物质，降低肠道内容物的黏度，促进营养物质吸收
	饲料添加剂	抗球虫药氯苯胍可使禽蛋产生特异气味；鱼油属于脂肪类饲料添加剂，添加过多可使禽蛋产生鱼腥味	产蛋期禁用氯苯胍；鱼油添加量控制在1%以下

续表

指标	影响因素		控制措施
鸡蛋味道（正常应该无味，异常可能有异味）	蛋内异物或变性	血斑蛋因出血形成，故有微弱血腥味；变性蛋黄已变性故有腥臭气味	选择白壳蛋鸡品种；注意补充维生素A、维生素C、维生素E、维生素K等，维持生殖道黏膜的完整；做好侵害生殖器官的疾病防治工作；减少棉籽饼的用量和控制药物使用等
蛋内营养成分（蛋内营养含量关系到蛋的营养价值）	饲料营养	蛋中的营养含量受到饲料的影响，特别是一些微量成分的含量受饲料影响比较明显，微量元素和维生素不足可影响在蛋中的含量	饲料中保持适宜的微量元素和维生素；饲料中增加维生素A、维生素D或一些B族维生素和铁、铜、碘、锰和钙等矿物质元素均可使它们在鸡蛋中的相应含量得到提高，生产出功能蛋
	添加剂	氨基酸、微量元素、中草药以及某些物质等添加剂可影响到蛋内某些营养成分变化	将党参、杜仲、姜黄、常山、郁金等中草药分别制成粉剂，按2%左右的比例添加到饲料里喂鸡，产下的蛋即为低能量高蛋白的中草药蛋；生产保健蛋，添加2%～4%的海藻粉，还可使鸡产高碘蛋，有食疗保健功能；添加1%红辣椒粉和少量苜蓿粉、植物油，产出的蛋富含胡萝卜素和维生素C，食后既有利于养颜美容，又能预防坏血酸病（或维生素C缺乏症）
药物及其他有害物残留	药物残留	药物使用不合理及未执行修药期的规定。如药物的剂量、用药途径、用药动物种类等不符合要求，造成药物在蛋中残留	合理使用药物预防和治疗疾病，严格执行各种药物规定的休药期

续表

指标	影响因素		控制措施
药物及其他有害物残留	药物残留	使用违禁药物或标准规定不允许使用的药物。如使用硫酸新霉素、复方磺胺嘧啶、地克珠利、莫能菌素钠、马杜霉素铵、尼卡巴嗪等禁用的药物或药物添加剂。此外，使用磺胺类、呋喃类及金霉素等药物会影响蛋壳质量，使用某些药物还能造成鸡蛋中存在异味等	严格按照《兽药管理条例》《饲料药物添加剂使用规范》《食品动物禁用的兽药及其他化合物清单》《禁止在饲料和动物饮水中使用的药物品种目录》使用兽药和药物添加剂；禁止使用阿散酸、洛克沙胂和土霉素药渣等以增强蛋黄和褐色蛋壳的色泽
	有害物质残留	饲料污染。如饲料及其原料被病原菌、病毒及毒素、重金属、有毒化学物质污染，饲料储存不当被污染等	严格遵守蛋鸡饲料卫生要求；选择优质无污染的饲料原料；科学保存和使用饲料；避免鼠害
		饲养环境污染。工业废水、废渣、废气、土壤中重金属超标等	避免工业废水、废气污染饲养环境和土壤，保证饲养环境洁净卫生
		动物饮用水受到重金属、有毒化学物质、病原污染	定期检测水源，根据水质情况进行净化和消毒处理

二、提高副产品价值

蛋鸡粪便是主要的副产品，将粪便进行无害化处理变成饲料或有机肥，不仅会提高其利用价值，而且可以减少对环境的污染。

（一）生产饲料

鸡粪含有丰富的营养成分，开发利用鸡粪饲料具有非常广阔的应用前景。国内外试验结果均表明，鸡粪不仅是反刍动物良好的蛋白质补充料，也是单胃动物及鱼类良好的饲料蛋白来源。鸡粪饲料资源化的处理方法有直接饲喂、干燥处理（自然干燥、微波干燥和其他机械干燥）、发酵处理、青储及膨化制粒等。

1. 高温处理

（1）高温快速干燥　利用机械干燥设备将新鲜鸡粪（70% 以上）脱水干燥，可使其含水量达到 15% 以下。减少了鸡粪的体积和重量，便于包装、运输和应用；另一方面也可有效地抑制鸡粪中微生物的生长繁殖，从而减少了营养成分特别是蛋白质的损失。

利用高温回转炉可在 10 分钟左右将含水量 70% 的湿鸡粪迅速干燥成含水量仅为 10% ～ 15% 的鸡粪加工品。烘干温度适宜的范围为 300 ～ 900℃。

高温快速干燥不受季节、天气的限制，可连续生产，设备占地面积比较小，烘干的鸡粪营养损失量小于 6%，并能达到消毒、灭菌、除臭的目的，可直接变成产品以及作为生产配合饲料和有机无机复合肥的原料。但耗能较高，尾气和烘干后的鸡粪均存在不同程度的二次污染问题，对含水量大于 75% 的湿鸡粪，烘干成本较高，而且一次性投资较大。

（2）膨化　将含水量小于 25% 的鸡粪与精饲料混合后加入膨化机，经机内螺杆粉碎、压缩与摩擦，物料迅速升温呈糊状，经机头的模孔射出。由于机腔内、外压力相差很大，物料迅速膨胀，水分蒸发，比重变小，冷却后含水量可降至 13% ～ 14%。膨化后的鸡粪膨松适口，具有芳香气味，有机质消化率提高 10% 左右，并可消灭病原菌，杀死虫卵，而且有利于长期储存和运输。但入料的含水量要求小于 25%，故需要配备专门干燥设备才能保证连续生产，且耗电较高，生产率低，一般适合于小型养鸡场。

2. 发酵

利用各种微生物的活动来分解鸡粪中的有机成分，从而有效地提

高有机物质的利用率。发酵过程中形成的特殊理化环境可以抑制和杀灭鸡粪中的病原体，同时还可以提高粗蛋白含量并起到除臭的效果。但作为饲料进行发酵的鸡粪必须新鲜。

（1）自然厌氧发酵　发酵前应先将鸡粪适当干燥，使其水分保持在32%～38%，然后装入用混凝土筑成的圆筒或方形水泥池内，装满压实后用塑料膜封好，留一小透气孔，以便让发酵产生的废气逸出。发酵时间随季节而定，春秋季一般3个月，冬季4个月，夏季1个月左右即可。由于细菌活动产热，刚开始温度逐渐上升，内部温度达到83℃左右时即开始下降，当其内部温度与外界温度相等时，说明发酵停止，即可取出鸡粪按适当比例直接混入其他饲料内喂食。

（2）充氧动态发酵　鸡粪中含有大量微生物，如酵母菌、乳酸菌等，在适宜的温度（10℃左右）与湿度（含水分45%左右）及氧气充足的条件下，好氧菌迅速繁殖，将鸡粪中的有机物质大量分解成易被消化吸收的物质，同时释放出硫化氢、氨气等。鸡粪在45～55℃下处理12小时左右，即可获得除臭、灭菌的优质有机肥料和再生饲料。充氧动态发酵发酵效率高，速度快，鸡粪中营养损失少，杀虫灭菌彻底且利用率高。但须先经过预处理，且产品中水分含量较高，不宜长期储存。

（3）青储发酵　将含水量60%～70%的鸡粪与一定比例铡碎的玉米秸秆、青草等混合，再加入10%～15%糠麸或草粉，0.5%食盐，混匀后装入青储池或窖内，踏实封严，经30～50天后即可使用。青储发酵后的鸡粪粗蛋白可达18%，且具有清香气味，适口性增强，是牛羊的理想饲料，可直接饲喂反刍动物。

（4）酒糟发酵　在鲜鸡粪中加入适量的糠麸，再加入10%酒糟和10%的水，搅拌混匀后，装入发酵池或缸中发酵10～12小时，再经100℃蒸汽灭菌后即可利用。发酵后的鸡粪适口性提高，具有酒香味，而且发酵时间短，处理成本低，但处理后的鸡粪不利于长期储存，应现用现配。

（5）糖化处理　在经过去杂、干燥、粉碎后的鸡粪中，加入清水，搅拌均匀（加入水量以手握鸡粪呈团状不滴水为宜），与洗净切碎的青菜或青草充分混合，装缸压紧后，撒上3厘米左右厚的麦麸或米糠，缸口用塑料薄膜覆盖扎紧，用泥封严。夏季放在阴凉处，冬季

放在室内，10 天后糖化处理后的鸡粪养分含量提高，无异味而且适口性增强。

3. 生产动物蛋白

利用粪便生产蝇蛆、蚯蚓等优质高蛋白物质，既减少了污染，又提高了鸡粪的使用价值，但缺点是劳动力投入大，操作不便。近年来，美国科学家已成功在可溶性粪肥营养成分中培养出单细胞蛋白。家禽粪便中含有矿物质营养，啤酒糟中含有一定的碳水化合物，而部分微生物能够以这些营养物质为食。俄研究人员发现一种拟内孢霉属的细菌和一种假丝酵母菌能吃下上述物质产生细菌蛋白，这些蛋白可用于制造动物饲料。

（二）生产有机肥料

鸡粪是优质的有机肥，经过堆积腐熟或高温、发酵干燥处理后，体积变小、松软、无臭味，不带病原微生物，常用于果林、蔬菜、瓜类和花卉等经济作物，也用于无土栽培和生产绿色食品。资料表明，施用烘干鸡粪的瓜类和番茄等蔬菜，其亩产明显高于混合肥和复合营养液的对照组，且瓜菜中的可溶性固形物糖酸和维生素 C 的含量也有极大提高。

1. 堆肥法

堆肥法是一种简单实用的处理方法，在距农牧场 100 ～ 200 米或以外的地方设一个堆粪场，在地面挖一浅沟，深约 20 厘米，宽 1.5 ～ 2 米，长度不限，随粪便多少确定。先将非传染性的粪便或垫草等堆至厚 25 厘米，其上堆放欲消毒的粪便、垫草等，高达 1.5 ～ 2 米，然后在粪堆外再铺上厚 10 厘米的非传染性粪便或垫草，并覆盖厚 10 厘米的沙子或土，如此堆放 3 周至 3 个月，即可用以肥田，如图 6-2。当粪便较稀时，应加些杂草，太干时倒入稀粪或加水，使其不稀不干，以促进迅速发酵。

2. 干燥处理

利用自然干燥或机械干燥设备将鸡粪干燥处理。

（1）太阳能自然干燥　采用塑料大棚中形成的“温室效应”，充分利用太阳能来对鸡粪进行干燥处理。专用的塑料大棚长度可达60～90米，内有混凝土槽，两侧为导轨，在导轨上安装有搅拌装置。湿鸡粪装入混凝土槽，搅拌装置沿着导轨在大棚内反复进行，并通过搅拌板的正反向转动来捣碎、翻动和推动鸡粪。

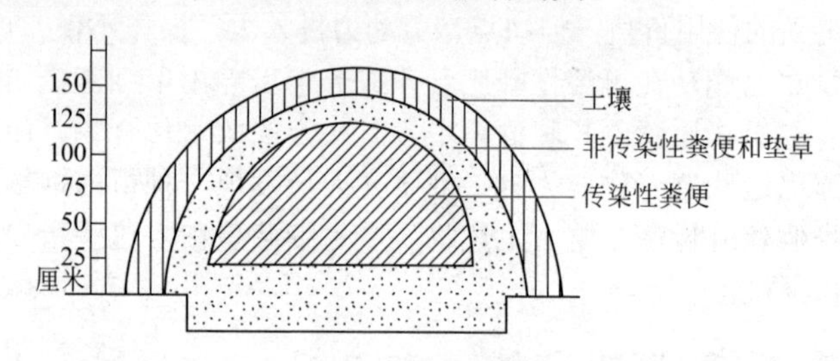

图 6-2　粪便生物热消毒的堆粪法

利用大棚内积蓄的太阳能量可使鸡粪中的水分蒸发，并通过强制通风散湿气，从而达到干燥鸡粪的目的。在夏季，只需一周左右的时间即可使鸡粪水分降到10%左右。充分利用太阳能辐射热，辅之以机械通风，降水效果较好，而且节省能源，设备投资少，处理成本低。一定程度上受气候影响，一年四季不易实现均衡生产，而且灭菌和熟化均不彻底。

（2）自然干燥法　将鸡粪晾晒在场地上，利用自然光照和气流等温热因素进行干燥。投资小，成本低，操作方法简单，但易受天气影响，不能彻底杀死病原体，从而易于导致疾病的发生和流行。只适合于无疾病发生的小型鸡场鸡粪的处理。

（三）生产沼气

鸡粪是沼气发酵的优质原料之一，尤其是高水分的鸡粪。鸡粪和草或秸秆以（2～3）∶1的比例，在碳氮比（13～30）∶1，pH值为6.8～7.4的条件下，利用微生物进行厌氧发酵，产生可燃性气体。每千克鸡粪产生0.08～0.09米^{3}的可燃性气体，发热值4187～4605兆焦/米^3。发酵后的沼渣可用于养鱼、养殖蚯蚓、栽培食用菌、生产优质的有机肥和土壤改良剂。

三、加强蛋品的销售管理

（一）销售预测

规模鸡场的销售预测是在市场调查的基础上，对产品的趋势做出正确的估计。产品市场是销售预测的基础，市场调查的对象是已经存在的市场情况，而销售预测的对象是尚未形成的市场情况。产品销售预测分为长期预测、中期预测和短期预测。长期预测指 5 ～ 10 年的预测；中期预测一般指 2 ～ 3 年的预测；短期预测一般为每年内各季度月份的预测，主要用于指导短期生产活动。进行预测时可采用定性预测和定量预测两种方法，定性预测是指对对象未来发展的性质方向进行判断性、经验性的预测，定量预测是通过定量分析对预测对象及其影响因素之间的密切程度进行预测。两种方法各有所长，应从当前实际情况出发，结合使用。蛋鸡场的产品虽然只有蛋品和淘汰鸡，但其蛋品可以有多种定位，如绿色蛋、有机蛋和一般蛋，要根据市场需要和销售价格，结合本场情况有目的地进行生产，以获得更好效益。

（二）销售决策

影响企业销售规模的因素有两个：一是市场需求；二是鸡场的销售能力。市场需求是外因，是鸡场外部环境对企业产品销售提供的机会；销售能力是内因，是鸡场内部自身可控制的因素。对具有较高市场开发潜力，但目前在市场上占有率低的产品，应加强产品的销售推广宣传工作，尽力扩大市场占有率；对具有较高的市场开发潜力，且在市场有较高占有率的产品应有足够的投资维持市场占有率。但由于其成长期潜力有限，过多投资则无益；对那些市场开发潜力小，市场占有率低的产品，应考虑调整企业产品组合。

（三）销售计划

鸡产品的销售计划是鸡场经营计划的重要组成部分，科学地制订产品销售计划，是做好销售工作的必要条件，也是科学地制订鸡场生产经营计划的前提。主要内容包括销售量、销售额、销售费用、销售

利润等。制订销售计划的中心问题是要完成企业的销售管理任务，能够在最短的时间内销售产品，争取到理想的价格，及时收回贷款，取得较好的经济效益。

（四）销售形式

销售形式是指产品从生产领域进入消费领域，由生产单位传送到消费者手中所经过的途径和采取的购销形式。依据不同服务领域和收购部门经销范围的不同而各有不同，主要包括国家预购、国家订购、外贸流通、鸡场自行销售、联合销售、合同销售6种形式。合理的销售形式可以加速产品的传送过程，节约流通费用，减少流通过程的消耗，更好地提高产品的价值。目前，鸡场自行销售已经成为主要的渠道，自行销售可直销，销售价格高，但销量有限；也可以选择一些大型的商场或大的消费单位进行销售。

（五）销售管理

鸡场销售管理包括销售市场调查、营销策略及计划的制订、促销措施的落实、市场的开拓、产品售后服务等。市场营销需要研究消费者的需求状况及其变化趋势。在保证产品质量并不断提高的前提下，利用各种机会、各种渠道刺激消费、推销产品，做好以下三个方面工作。

1. 加强宣传，树立品牌

有了优质产品，还需要加强宣传，将产品推销出去。广告是被市场经济所证实的一种良好的促销手段，应很好地利用。一个好企业，首先必须对企业形象及其产品包装（含有形和无形）进行策划设计，并借助广播电视、报刊等各种媒体做广告宣传，以提高企业及产品的知名度。在社会上树立起良好的形象，创造产品品牌，从而促进产品的销售。

2. 加强营销队伍建设

一是要根据销售服务和劳动定额，合理增加促销人员，加强促销力量，不断扩大促销辐射面，使促销人员无所不及。二是要努力提高

促销人员业务素质。促销人员的素质高低，直接影响着产品的销售。因此，要经常对促销人员进行业务知识的培训和职业道德、敬业精神的教育，使他们以良好的素质和精神面貌出现在用户面前，为用户提供满意的服务。

3. 积极做好售后服务

售后服务是企业争取用户信任，巩固老市场，开拓新市场的关键。因此，种鸡场要高度重视，扎实认真地做好此项工作。要学习“海尔”集团的管理经验，打服务牌。在服务上，一是要建立售后服务组织，经常深入用户做好技术咨询服务；二是对出售的种鸡等提供防疫、驱虫程序及饲养管理等相关技术资料和服务跟踪卡，规范售后服务，并及时通过用户反馈的信息，改进鸡场的工作，加快发展速度。

【提示】

古人云：天下难事，必做于易；天下大事，必作于细。微细管理在蛋鸡养殖生产中很重要，它可避免由于技术人员的疏忽和饲养人员的惰性而造成的失误，从而减少损失，降低成本。

一、鸡场建设中的细节管理

1. 做好前期调研和论证

建设鸡场前要进行前期调研，了解蛋鸡生产状况、销售情况和市场行情，做到有的放矢，心中有数。然后对蛋鸡场的性质、规模、占地面积、饲养方式、鸡舍形式、设备以及投入等进行论证，避免盲目上马。

2. 做好鸡场场址选择和规划

场址要高燥、水源充足、水质良好、供电和交通方便、远离污染区、周围筑有2.6～3米高的围墙或较宽的绿化隔离带、防疫沟；要做到生产区、生活区、行政区严格分开、净污道分开，减少交叉；设隔离观察舍、消毒室、兽医室、隔离舍、病死鸡无害化处理间等，应设在鸡场的下风处；鸡舍要有利于保温、防暑，便于通风除湿，易于采光，方便排污、清洗、消毒，便于环境控制。

3. 鸡场地势要高燥、排水良好

如果鸡场建在一个地势较为低洼的地方，生产过程中的污水就难以顺利排放，雨后的积水时间会很长，而且周围水流向鸡场。长期积水存在造成鸡场场地污染，鸡舍地基松软，导致舍内湿度过高。所以，一定要将鸡场建在地势高燥、排水良好的地方。

4. 鸡场要避开西北方向的谷底或山口

西北方向的谷底或山口容易聚风引起冬季风力过大，不利于鸡场或鸡舍温热环境的维持。特别是育雏舍或育雏场，一定要注意，否则，冬季育雏时，场区风力很大，影响育雏温度的上升和维持，导致育雏效果差，甚至会由于温度的不稳定而诱发鸡马立克病的爆发。

5. 鸡场与村庄、主干道和其他养殖场保持一定距离

村庄、主干道和集市人员和车辆来往比较多，而人员和车辆都是病原的携带者，靠这些地方太近，则人员和车辆携带病原容易侵入鸡场，危害鸡群健康。其他养殖场也是污染严重的场所，而且养殖过程中会产生传染病，如果相距太近，病原容易通过空气、飞鸟、啮齿动物、落叶和粉尘等进入本场，威胁鸡群安全。

6. 生产区中要分小区规划或分场规划

雏鸡和蛋鸡对环境的适应力和疾病的抵抗力有很大差异。生产区中，育雏区、育成区和蛋鸡区要严格隔离，并避免饲养管理人员互串；如果有条件，最好将育雏、育成和蛋鸡进行分场规划，各场之间保持一定距离。

7. 注重鸡舍的保温隔热设计

鸡舍保温隔热设计符合标准，可能会增加一次性投资，但由于冬季保温和夏季隔热，避免舍内温度过低或过高而对生产性能的影响。节省的燃料费和电费，增加的产品产量和减少的死亡淘汰等效益要远远大于投入，可以说是“一劳永逸”。

8. 鸡舍环境控制设备要配套，科学安装，并注意设备选型

蛋鸡舍内高密度笼养，饲养密度高，对环境要求条件也高，必须配套安装环境控制设备，以保证舍内适宜的温度、湿度、光照、气流和空气新鲜，特别是极端寒冷的冬季和炎热的夏季，环境控制设备更加重要。如果环境控制设备不配套，或者虽有各种设备，但安装不科学，都会影响其控制效果，则鸡舍内的环境条件就不能满足鸡的要求，就会影响鸡的生长和生产。设备选型时，应注意选择效率高和噪声低的设备。

9. 新建鸡舍不能立即进鸡

刚建好的鸡舍不能立即进鸡，应该等墙体、地面干燥和水泥完全凝固后，用酸性消毒液消毒两次再进鸡。倘若急着进鸡，由于墙体和地面没有干燥，舍内温度升高时，墙体和地面的水分就会逸出，使舍内湿度过大，特别是冬季鸡舍密封严密或育雏舍温度过高时，更为明显。一方面影响鸡舍的保温隔热性能和墙体寿命，另一方面不利于舍内有害气体排出。

10. 注意蛋鸡笼的质量

蛋鸡笼的质量直接影响到笼具的利用年限和蛋的破损率。选择蛋鸡笼要特别关注：一是蛋鸡笼的笼网应采用先进的热镀锌工艺，这样耐腐蚀，耐老化，寿命长，坚固美观；二是蛋鸡笼笼钢丝表面光滑，无裂伤和划痕及其他有害缺陷，鸡笼网片成型后，可有效预防鸡只足部损伤，防止因钢丝裂伤使鸡只足部感染而导致的葡萄球菌病的发生；三是底网的结构和倾斜度，底网由经纬丝组成，纬线在下相距 5 厘米，经线相距 2.5 厘米，前壁高 40 厘米，后网高 35 厘米，使底网形成 9° ～ 10° 倾斜，端部向前伸出笼外，呈凹状作为集蛋笼。底网的

倾斜度大于10° 蛋滚出时因冲力而易破损，若小于7° 鸡蛋不易滚出。

二、雏鸡引进的细节管理

1. 了解蛋鸡品种的概况和市场需求

选择品种时，要了解本地区消费特点、消费习惯、市场需求、发展趋势以及本场饲养条件等，选择适销对路的适宜品种。

2. 掌握供种单位情况

同样的品种，供种单位不同，其品质、价格等可能都有较大差异。所以，在引进雏鸡时，要全面了解掌握供种单位的情况，如供种单位的设施条件、饲料质量、管理水平、隔离卫生和防疫情况以及引种渠道等，选择饲养条件好，隔离卫生好，引种渠道正规的，信誉高，服务质量好的供种单位引种。

3. 注重雏鸡的内部品质

雏鸡的内部品质直接影响其产蛋潜力和以后生产性能的表现。购买雏鸡不仅要注重体重健壮和均匀情况，也要注重雏鸡的内在品质，如品种高产（高产杂交配套品种）、纯正（来源于种鸡的核心群，种鸡场管理良好）以及抗体水平均匀一致等。

4. 加强雏鸡选择

雏鸡选择直接关系到雏鸡的成活率和生长发育。雏鸡出壳后总会有一部分属于弱雏，这些弱雏无论是由于病原体感染造成的或是孵化不良、种蛋质量不好造成的都属于先天性缺陷，这些弱雏都应该淘汰处理，坚决不能购买和饲养。

选择雏鸡时：一要注意品种，具有高产的潜力；二要注意雏鸡来源，来源于信誉高、质量好的种鸡场或孵化场，批次的孵化率和健雏率要高；三是雏鸡的品质优良，雏鸡应由经过净化的相同日龄和品系的种鸡所产的且大小一致的种蛋孵化出来，保证统一雏鸡体重（较高的均匀度）、统一抗体水平（提高特异性免疫力）、统一健康状况和统一品种品系。

5. 尽量缩短运输时间

雏鸡出壳后开食饮水越早，越有利于雏鸡的生长发育。路途运输中很难让雏鸡开食饮水，除了雏鸡出壳后要尽早起运外，还要尽量缩短运输时间，使雏鸡尽早进入育雏舍开食饮水。要注意选择快而稳的运输工具，准备好承运雏鸡的相关手续和证明，尽量安排在夜间，选择畅通的大道以及运输途中不停车等，快速安全地到达目的地。

三、饲料选择、加工和饲喂的细节

1. 不使用发霉变质的饲料

霉变的饲料饲喂蛋鸡，可以引起曲霉菌病或霉菌毒素中毒，轻者影响蛋鸡的生长和生产，严重的危害健康而起死亡。蛋鸡饲料配制过程中使用的饲料原料容易发霉变质的是玉米、花生饼等，要严格注意其质量变化。被霉菌污染、发霉变质后不要使用，如使用，要进行彻底的除霉脱毒处理。

2. 控制非常规饲料原料的用量

目前，饲料原料价格较高，特别是豆粕、鱼粉等优质蛋白质饲料原料价格，许多养殖场户和饲料厂家为降低饲料成本，大量使用非常规饲料原料，如棉籽粕、菜籽粕、蓖麻粕、芝麻粕、羽毛粉、制革粉等，严重影响饲料质量和饲养效果。在配制饲料时，要注意非常规饲料原料的用量，可以适当使用，但不能过量使用。

3. 注意饲料原料营养成分的变化

饲料原料的营养成分直接关系到配制日粮质量，所以，在配制蛋鸡日粮时，注意配制日粮的饲料原料营养成分含量及变化，必要时进行化验，以保证配制的日粮营养含量稳定。原料质量不好或不稳定很难获得良好的饲喂效果。

4. 选择优质的育雏期预混料

体重重要，胫骨等骨架的发育更加重要。蛋鸡的胫骨发育也必须

满足对有机钙、磷、氨基酸和粗蛋白的需要。必须注意选择优质的育雏期预混料。一是预混料内添加富含充足有机钙、磷的鱼粉、骨粉，满足了幼小雏鸡对有机钙、磷的依赖（磷酸氢钙属无机钙磷，幼年雏鸡吸收利用率较低）。二是富含氨基酸、赖氨酸和蛋白添加（鱼粉、骨粒），满足了雏鸡对氨基酸、粗蛋白的需要。三是含有充足的生物素（软黄金），减少鸡裂爪现象，增加了采食量和饲料消化率。

5. 加强饲料的质量管理

饲料质量关系到蛋鸡的生产成绩和健康。要保证饲料质量，必须注意如下问题。一是把好原料质量关。原料质量不良是目前蛋鸡生产中饲料问题的根源。如玉米，杂质含量、水分含量、颗粒完整性、是否发霉等都会影响饲料质量。二是混合均匀。混合不均匀会严重降低饲养效果，甚至出现营养问题。三是注意饲料的保存。饲料保存过程中，温、湿度不适宜，保存时间过久都会降低饲料的营养价值。要低温、干燥、避光，保存时间不超过 2 ～ 3 个月。在潮湿季节可以在饲料中加防霉剂等。

6. 食料槽中的填料量要适中

食料槽中的填料量要适中，填料太多时容易在鸡采食过程中将饲料溅出槽外而造成浪费。所以在填料时，每次添料量不得超过槽深三分之一，据统计料量超过三分之二，损失料 11%；超过二分之一，浪费 4%。

7. 净槽管理

每天让鸡将料槽中的饲料吃干净一次，这样既避免饲料在槽中放置时间过长而发霉变质，又保证鸡群摄取的营养全面、均衡和鸡群旺盛的食欲。

蛋鸡饲料一般多用干粉料，不同饲料原料颗粒大小不一样，鸡喜欢啄食颗粒较大的饲料。保证每天净槽，鸡不仅啄食大颗粒饲料，也啄食细小颗粒饲料，这样摄取的饲料营养更全面；舍内温度高、湿度大，空气中微粒和维生素含量高，加之鸡在饮水时容易将水滴落到料槽中，长时间不净槽，料槽中饲料就会氧化甚至霉变污染，鸡更不喜欢吃，吃了可能危害健康。

四、饮水的细节

1. 饮水的质量

在选择场地时要进行水质监测，保证水源的水质达到标准，使用过程中，饮用水容易被污染，也要时刻关注饮水质量。生产中常见问题如下。一是饮水中细菌总数超标。原因是水源被污染或供水系统污染或饮水系统卫生条件差等，鸡饮用污染的水容易发生腹泻，使用抗生素治疗后有所好转，停药后几天又开始腹泻，形成顽固性腹泻。二是水质混浊。水井壁和底部处理不好或深度不够导致水质混浊，容易在水管内形成沉积或水垢，影响乳头饮水器的出水。三是矿物质含量高。水中矿物质含量高不仅导致水垢生成和影响水阀的密闭性，而且影响蛋鸡产蛋和蛋壳质量。保证良好水质，其措施：一是使用深井水；二是定期检测水质，每个1个月检测一次，有问题及时解决；三是在水管上安装过滤器，将水中杂质过滤；四是消毒处理。供水系统必须定期清洗消毒，防止藻类和细菌滋生，饮水定期消毒。

2. 饮水卫生

在养鸡生产中，饮水是一个非常重要的环节。俗话说“病从口入”，经过调查，有一半以上的疫病都是由于饮水不洁而引起的，鸡场饲养员对水槽一般都擦得很干净，但在水槽的上边缘和水槽开头处却是易被遗忘的角落，成了细菌附着的好场所。因此，对水槽的各个角落都要擦净，并且要进行定期消毒。封闭的饮水系统要注意定期进行消毒。

3. 充足饮水

水是重要的营养素，水的质和量都会影响蛋鸡的健康和生产，必须供给充足的饮水。生产中要注意饮水不足问题，其原因如下。一是乳头饮水器安装位置不合理。常见的情况是位置偏高鸡只啄不到出水乳头，位置偏低则鸡需要低头，出水乳头向前倾斜不便于饮水。二是

水压不足。饮水系统水管内水压偏低，在鸡啄出水乳头的时候出水很少。三是冬季水管内结冰。密闭式鸡舍采用纵向通风方式而又没有加热设备的情况下，启动风机后进风口附近温度急剧下降导致水管内结冰，水无法流动。四是供水系统故障。如停电时间长，水箱内的水得不到补充，供水系统维修时间过长造成停水时间长等。必须注意这些方面问题，保证充足供水和饮水。

4. 乳头饮水器要及时供水

鸡入舍前乳头饮水器中要供水，使鸡入舍后一啄乳头就出水，可以饮到水，形成条件反射，渴了就去啄。否则，鸡入舍后，由于新奇，用喙去啄乳头饮水器，结果啄不出水，就不啄了，以后给了水也不知道去啄，会影响正常饮水。

5. 对饮水进行合适管理

水是生命的基础，鸡在采食和消化、成长、产蛋过程中都需要水，水也是降温和补充维生素、疫苗防疫、药物治疗的有效途径。家禽饮水必须是适合人饮用的合格水质，要定期分析水中成分，水温一般为15～25℃，雏鸡在1周龄内水温应为20℃。鸡的采食和饮水是相互关联的，鸡群有问题时，饮水量的异常比采食量的异常表现得更明显，处于开产期的鸡，水消耗量的增加比采食量的增加更快。因此，要检查每口的饮水消耗量，如果能使用可以记录每口饮水消耗量的设备，对饮水的管理会达到更好的效果。

6. 加强供水管理

供水管理的目标是保证、方便鸡饮水，各处水都能均衡供应，减少水的抛洒和泄露，供水设备不影响笼门的开启关闭，夏季水管不曝晒，冬季水管不结冰。生产中供水系统容易出现的问题是乳头漏水，不仅淋湿鸡的羽毛，影响机体热平衡，而且导致粪便稀薄，都会危害鸡群健康。需要注意：一是合理设计乳头饮水器位置，乳头饮水器安装在鸡笼顶网的前1/5处，出水阀的位置与鸡笼网片保持3厘米位置；二是笼顶的水管要固定牢靠，保证出水阀位置稳定，避免出水阀偏斜漏水；三是选用优质设备；四是及时更换漏水的出水阀；五是保证水质良好。

7. 时刻关注饮水量变化

饮水量变化是反映鸡群状况的一个重要指标，要时刻关注和分析（最好在鸡舍入水端安装一个水表），及时发现问题加以解决。饮水量变化的原因如下。一是环境温度。温度高时饮水量增加，反之减少。二是饲料中盐含量。正常情况下饮水量稳定，饲料中盐含量高饮水量增加。三是饮水质量。水污染后会使饮水量减少。四是健康状况。鸡群发病时表现饮水量大增或骤减。五是其他因素。

五、雏鸡饲养过程中的细节

1. 温度管理

温度是育雏的首要条件。雏鸡的体温调节机能较差，体内各脏器器官功能不健全，早期雏鸡怕冷，对温差的适应能力比较差，所以在早期给雏鸡舍控制温度的时候，一定要让鸡感到很舒服，能够自由的在育雏床上来回走动，不扎堆，不朝着有火源的地方挤，不断地叽叫、觅食，且有 2% ～ 3% 的鸡张口呼吸，为此必须根据鸡舍和鸡群的状况，将温度控制在 33 ～ 36℃，雏鸡舍的温差要控制在 2℃以内。

育雏期间鸡舍的温度要稳定、适宜。夏天每两天降 1℃，冬天每三天降 1℃，一定要注意不要在晚上降温，要选择在中午降温，可以先降半度，尽可能地让鸡感觉不到降温，要尽可能多放几个温度计或温控探头，但不能放置在火源边上，这样所能看到的温度比较准确，放置高度应在鸡背上 15 厘米，每两个小时看一次温度，避免出现比较大的温差变化。

2. 湿度控制

湿度应保持在 65% ～ 70%，过高过低均会对鸡群的健康造成危害。过低，易引发鸡群的呼吸道感染，雏鸡也容易脱水。过高会引起雏鸡感冒，以及呼吸系统和循环系统感染，每周湿度下调 5% 直到降至 50% 即可。

3. 光照控制

对于光照的控制前三天越亮越好，因为前三天雏鸡的视力比较差，光照强度控制在50勒克斯（相当于每平方分米5～8瓦的白炽灯光线），以后光照强度为30勒克斯，2周以后保持在15～20勒克斯。前三天光照时间保持在23小时，三天以后每天降一个小时，直至8小时光照（密闭舍），如是有窗鸡舍，4周龄以后保持14小时光照时间。

鸡舍光线分布要均匀，平面育雏，光源分布均匀，可以交叉分布。采用育雏笼的情况下，需要在四周墙壁靠1米高度的位置安装适量的灯泡，以保证下面2层笼内雏鸡能够接受合适的光照。

4. 密度控制

密度决定着雏鸡的成活率、整齐度和增重，根据不同育雏方式、鸡舍构造以及鸡群用途设计合理的密度，蛋鸡商品代平养育雏，第一周每平方米50只，第二周每平方米30只，第五周每平方米18只，脱温后，条件允许的话，密度越低越好。

两周龄前要保证每只鸡3厘米的料槽位，1厘米的水槽位，注意当槽位比较少时，每天要多加几次料，多加几次水，保证每只雏鸡都能正常进食进水，避免有吃不到喝不到的雏鸡。

5. 适量通风

通风能促进空气流通，降低鸡舍病原菌和有害气体，给鸡提供新鲜空气，要注意在保证温度的前提下，加大通风，但不可以被贼风侵袭。

6. 开饮开食

一般程序是雏鸡到达自己的鸡场后先不要进鸡场，首先要对运雏车选用800倍稀释的复合碘水溶液进行喷洒消毒，然后才可进入鸡场，或者在鸡场门口用自己的运雏车把鸡苗接进去，放到鸡舍后，先不要把鸡倒出盒子，要随机的抽查几盒，检查雏鸡数量和质量，之后再倒入育雏笼，注意不要把装着鸡的盒子直接放在地上。大约让雏鸡休息半小时后开饮，开饮原则是越早越好，最早可在雏鸡出壳后毛干3小时后饮水最好，最晚不要超过48小时，否则会导致雏鸡的脱水，雏鸡要喝 18 ～ 20℃的热水，这样可以降低肠道疾病的发生。水中要加入 5% 的葡萄糖或 8% 的蔗糖，给鸡补充能量，同时使肠道有益菌增殖，促进胎粪排出。在鸡喝水的过程中发现不会喝水的鸡，应及时调教，总之，在开饮时必须让每一只鸡都能喝到水。注意饮水器一定要摆放在光线比较强的地方且能反光，这样鸡才能发现水，才能去喝水。

开食，雏鸡饮水后 3 个小时开食，给鸡加饲料时，首先要检查饲料的状态，看有无发霉的饲料，确定饲料新鲜后加料，加料时要注意撒在开食盘上，也就是说加料时要有声音，让鸡对加料的声音形成反射，慢慢地就会习惯采食。加料次数第一周应每天添加 8 次，到第 6 周时每天喂 4 次即可。

开饮开食后，要每天洗水球，擦料盘，以保证鸡喝的、吃的都是干净的，且从第一周开始称重，一般抽取比例为 5%，一般在鸡空腹时进行，多数选择在晚上。注意一定要准确称重，计算整齐度，因为这两项指标对蛋鸡后期的生产性能影响非常大。

7. 减小断喙应激

断喙是育雏期间比较重要的一个环节，是防止啄癖和减少饲料浪费的重要措施，断喙一般在 9 ～ 12 日龄进行，断喙前两天饲料里要多加维生素 K_3 和维生素 C，防止出血，提高鸡群抗应激能力，料槽里应尽可能有多的饲料，避免鸡采食时，伤口碰到料槽。断喙的标准为上喙断二分之一，下喙断三分之一。注意断喙时刀片颜色要呈樱桃红色，温度在 700℃左右，不要断到鸡的舌头，避开免疫接种，在保证鸡群健康的状况下进行。

8. 加强雏鸡的称重管理

要了解雏鸡生长发育情况，需要进行称重。雏鸡从 3 周龄开始就要进行称重，称重时必须注意：一是选择代表性区域随机取样，每层笼都要取样，抽测群体的 5%，最少称 80 只；二是称量用具要准确；三是围起来称重的鸡只无论大小都要逐只称重；四是每一周同一时间称重；五是做好称重编号和记录；六是称重后要注意计算调整。

9. 做好胫骨体重双达标工作

胫骨在 12 周后发育基本停止，在此之前越早达到 90 毫米，预示

全身骨骼发育就越好；且体重胫长双达标的蛋鸡一生产死淘率低、脱肛少，蛋壳质量好，整体效益高。为了实现胫骨体重双达标，着重做好换料工作和雏鸡预混料的选择。

10. 做好蛋鸡 35 天定终生工作

蛋雏鸡器官的发育具有严格的顺序性，1 ～ 6 周天是免疫消化器官发育的关键阶段。35 天体重大，胃、肠道、肝脏、脾脏和免疫器官的淋巴丛结、法氏囊等发育良好，机体生长发育迅速，体质好，免疫应答良好，终生死淘率低；35 天体重与开产体重密切相关，35 天体重越大，开产时体重越大，体成熟与性成熟同步；35 天的体重跟终生产蛋性能呈正相关，35 天体重大，终生产蛋性能好，产蛋量越多。

育雏阶段要着重做好光照管理、开水、开料和温湿度管理等项工作，特别是要根据雏鸡的生理特点做好开口料的选择，奠定 15 天的体重基础，满足营养需要。现代新品种蛋鸡对开口料要求很高。一是开口料要符合品种的营养生长发育需要。小鸡生长发育迅猛、采食量低，需要高营养。为了满足育雏早期高营养的需要，开口料要使用优质豆油、膨化玉米、膨化大豆、大豆豆奶宝、鱼粉等原料，确保能量在 2900 兆焦 / 千克以上，粗蛋白 20% 以上，蛋氨酸≥ 0.45%，赖氨酸≥ 1%。二是小鸡消化能力差，开口料要易于消化。这样就要求优质开口料要使用膨化豆粕、膨化玉米甚至进行了超微粉处理，以符合雏鸡早期的生理特性。三是开口料要具有增强体质的良好作用。小鸡抗病力差，且在 15 ～ 25 天属于免疫空白期，极容易感染病原微生物而发病，所以要把增强机体的抗病力作为设计开口料的重点。高档开口料要添加进口鱼粉、免疫球蛋白、高含量的维生素 E、维生素 C 等，帮助养殖户完成雏鸡健康、成活率高的生产目标。

11. 病雏的隔离和治疗

育雏过程中发现病雏要及时拣出放入专门的病雏笼内，如果不及时拣出则可能会成为传染源危害同群内其他雏鸡，病雏也会死亡快。隔离出来的病雏要及时进行诊断，对症下药。对病情严重或无治疗价值的个体进行无害化处理，避免病原的传播扩散。

12. 病死雏鸡的处理

育雏期间病死的雏鸡有相当一部分是感染了传染病，如果这样的病死雏不能及时进行无害化处理则会成为传染源加剧疫病传播。饲养过程中，要及时拣出病死雏，避免死雏接触健康雏鸡或死雏被啄食而使其他雏鸡感染。死雏可以投入炉内焚烧或将死雏挖坑深埋。坑要远离育雏舍，深度不少于80厘米，填埋的深度不少于40厘米，将死雏放入后喷洒消毒药物或撒布新鲜的生石灰再填埋。

13. 减少意外伤亡

防止野生动物伤害。育雏舍要密闭，窗户和进气口要设置铁纱，晚上要有专门的值班人员；减少挤压死伤。保持适宜的育雏温度和鸡舍安静，避免拥挤、惊吓造成死伤；防止人为伤亡。饲养管理人员工作要细致、认真，动作轻柔，避免工作过程中造成人为伤亡；避免中毒死亡。容易发生中毒的原因有一氧化碳和药物。加温时注意将煤气导出育雏舍，并注意通风换气。严格按照药物使用的剂量、方法进行使用，并注意拌料或饮水均匀。

14. 弱雏的复壮

饲养过程中会出现一些弱雏，弱雏容易吃不到饲料和饮不到水，容易被其他雏鸡踩踏或挤压而影响生长发育，甚至导致死亡。所以，要加强管理，使弱雏尽快强壮起来，减少死亡，使群体更加均匀一致。饲养人员在饲喂、饮水和巡视雏鸡群时要注意观察，及时发现弱雏并拣出放在弱雏笼（或圈）内。将弱雏笼内的温度提高1～2℃，这样有利于增强弱雏活力。对拣出的弱雏提供充足的活动空间和采食位置，充足饲喂，适当提高日粮营养浓度，也可以添加适量糖、复合维生素、口服补液盐等，以增加其营养。可以给以适量的抗生素进行预防和治疗，以促进康复。

六、育成鸡饲养过程中的细节

1. 育成阶段的温度控制

7～9周龄的青年鸡20～28℃、9周龄以后的青年鸡15～28℃

是适宜的，有利于育成鸡的生长发育、健康和提高饲料利用率。寒冷季节舍温不低于 12℃（温度过低容易发生呼吸道病），高温季节舍温不高于 32℃（温度过高容易发生热应激）。育成阶段虽然对外界气候有较强的适应能力，但环境温度不适宜也会影响其生长发育。特别是夏季温度高，育成鸡舍缺乏降温设施，舍内温度高，严重影响育成鸡生长，甚至发生热应激而导致死亡。所以，必须注重育成阶段的温度控制，保持适宜的环境温度，使育成鸡能够按照生长发育标准要求顺利的发育成长。

雏鸡的脱温要注意外界气温情况和雏鸡适应能力，不能盲目进行。脱温时要逐渐进行，或白天脱温，晚上再加温，同时密切关注天气变化，如遇寒流要注意鸡舍保暖和升温，避免舍内温度过低或突然遭受冷应激。如果鸡群 6 周龄时处于冬季或早春的低温季节，脱温时间要推迟，至少保证 10 周龄以前舍内温度不低于 18℃。

2. 关注饲料问题

现代高产蛋鸡品种，育成期的生长发育和管理至关重要，不能粗放饲养，特别要注意饲料的质量，否则，饲养不好容易影响以后生产性能发挥。青年鸡饲料问题表现：一是饲料中维生素含量不足，造成有些青年鸡健康状况不好；二是饲料中蛋白质含量低，前期鸡群体重发育不好；三是饲料中钙含量偏高，造成开产后的鸡群粪便稀薄；四是品质差的饲料原料用量过大，可能损伤肠道。

3. 必要限制饲养

适当的限制饲养，可以促进骨骼发育，防止鸡体过肥，抑制性成熟，增强机体的消化机能，提高饲料报酬。限制饲喂一般从 6 ～ 8 周龄开始，16 ～ 18 周龄结束。限饲时应注意：一是鸡群体重必须超标，加强雏鸡饲养管理，促进体重发育，使鸡群在 5 周龄体重超标；生产中由于饲料和饲养问题导致雏鸡体重很难达标，所以影响限制饲养；二是限饲前应剔出病、弱、残鸡；三是保证足够的食槽和水槽；四是注意鸡群健康，一旦发生疫病流行，即停止限饲。

4. 及时补钙

体内骨骼储存钙（髓质钙）在鸡群产蛋期间处于一种动态变化过

程。在蛋壳形成的过程中，可将分解的钙离子释放入血中用于形成蛋壳，白天在非蛋壳形成期采食饲料后又可合成。育成鸡在16周龄时，髓质钙的合成能力增强，这一阶段，提高饲料中的钙含量可以促进髓质钙的大量沉积，为青年鸡开产提供充足的钙质。如果饲料中钙含量不足，影响髓质钙的沉积，体内髓质钙沉积不足，则早产蛋的鸡就会缺钙，产蛋高峰期的鸡群容易发生笼养鸡产蛋疲劳症。

5. 使性成熟和体成熟更趋一致

日常饲养管理中会强调体成熟与性成熟的一致性，这样才能确保产蛋性能的持续性。从罗曼褐为例，在8周龄以前，应完全注重骨架（胫长）的发育，从9周龄起到准备开产，注重每一周所应增加的体重，进入初产前开始点灯刺激时，要有1440克的体重（商品鸡为1400克），17周龄起将大鸡料换成产前料。每周必须称体重，在鸡舍的不同位置挑选至少10笼的样本鸡，选择早上尚未饲喂之前空腹称重。笼养时必须将样本鸡的笼位做好记号，以后称重都选这些样本鸡。在光照方面，8～18周龄使用恒定光照计划，其中使用遮黑式鸡舍效果最为理想，其优点是：育成期间容易实施恒定的光照程序，鸡群均匀度好，性成熟与体成熟容易同步而且产蛋高峰很快会达到且产蛋高峰高、死淘率低。

6. 分群管理

鸡群发育中会出现分化，个体大小不一致。通过大小分群、强弱分群和公母分群，对不同群体给以不同的饲养管理，如个体小的群体加强饲养，增加营养，细致管理，使其尽快生长，赶上标准和要求；个体大的群体，可以适当限制饲养。这样可以使鸡群整体发育更加均匀整齐，为以后高产奠定基础。

7. 转群管理

育成阶段需要进行多次转群移舍，如育雏结束转入育成舍，育成结束转入蛋鸡舍。转群对鸡是一种较大应激，必须加强转群管理，以减少应激。转群管理注意事项如下。一是做好转群准备。转群前对鸡舍进行清洁消毒，检修饮水系统、饲喂系统和光照系统等，保证正常启用。在转群前2小时，开启光照系统，使舍内明亮，料槽内放上饲料，并正常供水，使鸡入舍后可以采食饮水，缓解应激。二是转群时

间安排在晚上，鸡群比较安静。三是抓鸡时抓鸡的双腿。抓鸡、运输、入笼等动作要轻柔，不能粗暴，减少对鸡的伤害和应激。四是要进行大小分群和淘汰残次鸡。

8. 有效控制地面蛋

在平养的鸡舍中，对地面蛋的管理往往很难做到位。平养时，17周龄后再将母鸡移入产蛋舍，当发现第1个蛋后才应该打开产蛋箱，千万不要让贼风吹过蛋箱。料槽与水槽应放置在距蛋箱3～4米远的地方，而且蛋箱应该处于鸡舍中央，防止鸡在饮水器或料槽下方产蛋。尽可能将饮水器置于蛋箱前，在鸡产蛋的时间不要开动自动料槽，并防止灯光直接照入蛋箱。如在清晨就发现有床面蛋，应检查光照程序。当床面蛋突然增多时，要考虑是疾病的征兆。另外，要保证鸡不到蛋箱里休息，从育成期间就开始训练鸡。

七、产蛋期的细节

（一）开产蛋鸡面临的问题

刚开产的蛋鸡面临的问题：一是开产蛋鸡面临环境改变、内分泌变化等诸多应激；面临着提升产蛋率、增加蛋重、储存营养和体重增长的多重营养需要（蛋鸡18周到淘汰增重一般不超过500克，而其中的85%以上是开产到32周发育完成的）；二是开产蛋鸡存在采食量没有达到生理性最大采食化的现实问题（32周龄肠管发育才能完成），极容易出现营养需求多而摄入不足的营养负平衡，表现为：①产蛋高峰上升缓慢；②体重下降（上高峰体重决不能降低）；③上高峰过程出现莫名其妙的产蛋率下降，高峰时间短；④体质差易发病等。所以，必须重视这些问题。

（二）及时更换蛋鸡饲料

当蛋鸡产蛋率上升到30%以后要更换蛋鸡高峰饲料，粗蛋白浓度达到18%以上。选择优质的饲料原料，如鱼粉、豆粕，减少菜籽粕、棉籽粕等非常规饲料原料的用量，并增加多种维生素的添加量。

（三）充足饲喂

开产前期，如果不注意及时增加喂料量，使鸡群的营养摄入量不够，就不能满足鸡群体重增加、蛋重增加和产蛋率上升等需要，造成产蛋上升缓慢。所以，要充足饲喂，使营养走在前面，满足营养需要，保证产蛋上升。每天早上要注意观察料槽中剩料情况，如果槽中有很多饲料，说明头一天喂料量多；如果槽内很干净，说明头一天喂料少；如果槽中仅剩有一层料末，说明头天喂料适宜。

（四）密切注意刚开产的蛋鸡

刚开产的蛋鸡生理变化剧烈，容易发生烦躁不安、啄肛和应激而导致伤亡。如发生脖子被别在笼格内、下喙被固定料槽的钢丝头挂住、鸡冠别在笼顶网上以及啄癖，如果不注意观察，及时发现解救，就会导致死亡。

（五）细致观察鸡群状况

细致观察鸡的精神状态、行为表现、采食情况、粪便状态和产蛋情况，可以及时发现问题并加以解决，将隐患消灭在萌芽状态，最大限度地降低损失。

1. 鸡群状况观察

一般在喂料时观察鸡群的采食情况、精神状态、是否有俯卧在笼底等；白天观察呼吸行为，有无甩头情况，晚上关灯后细听鸡群有无异常的呼吸声音；拣蛋时观察有无啄肛和啄羽现象。健康高产鸡的鸡冠较大、红润、直立或上部倾向一侧。如果发黄、萎缩可能是营养不良、消化不良与和寄生虫病等，如果发紫可能患有发热性传染病，冠发白且有皮屑则可能是住白细胞病；健康的鸡眼大有神，反应灵敏，人员靠近会将注意力集中到人员的行为上。如果将手伸入鸡笼鸡会呈半蹲的姿势。病鸡表现为眼睛半睁半闭、低头缩颈，反应迟钝；健康的鸡采食速度快，没有异常呼吸声音和表现。不健康的鸡采食速度慢且无力，有的表现伸脖仰头或甩头行为，患卵黄性腹膜炎的母鸡呈现鸭的站立姿势。

2. 粪便情况

鸡群的粪便多种多样，正常情况下的粪便主要表现为灰色带有适量白色的尿酸盐。总的说鸡群不同情况下的粪便颜色主要有白色、黑色、红色、黄色、绿色及酱黄色稀便和水样粪便。

（1）白色粪便　一是石粉或骨粉添加量过多，鸡群吸收不完通过粪便以尿酸盐形式排出：二是蛋白质饲料添加过多，鸡群吸收不了未经消化排出：三是某些药物中毒症，如磺胺类药物使用过量排出牛奶色粪便；四是一些疾病导致的白色粪便出现如法氏囊炎早期、肾型传支早期等。

（2）黑色粪便　主要是个别鸡慢性肠道疾病所致。长期的肠道疾病造成肠道消化功能障碍，肠道有益菌群大量消失，饲料在肠道内消化缓慢，燥热的肠道内环境导致衰老的肠黏膜脱落并伴随粪便排出。因此在黑色粪便经常出现的鸡群中应注意在饲料中补充活菌制剂，更要解决引发慢性肠道病的主要根源如坏死性肠炎等。

（3）红色粪便　是鸡群发生球虫病的最主要标志。随着粪便中血液含量多少不等，鸡红色粪便有血便、血丝便、肉色便等。球虫病对鸡群的危害因球虫类型不同而异。最为严重的球虫类型叫柔嫩艾美尔球虫，它引发严重的盲肠球虫病，导致盲肠严重出血；其次是巨型艾美尔球虫，它引发严重的小肠球虫病，造成小肠肿胀，肠内充滞大量的血便及脱落的肠黏膜；再其次是一些堆型艾美尔球虫，它造成肠道消化功能障碍及肠壁大小不等数量不一的小点及绿豆粒大小的片状出血。球虫病防治药物有很多，但不离地克珠利和马杜霉素两大类及磺胺类药物等。

（4）黄色粪便　是鸡群在严重的肝功能障碍后排出的一种粪便。最常见于盲肠肝炎，在马立克病、新城疫病发生后也常见。通常情况下，有黄色粪便的鸡群情况应当是较为严重的，黄色粪便的鸡预后不良。

（5）绿色粪便　见于任何鸡群，一些经验不多的养殖者常把绿色粪便与新城疫病相联系，实际上只对了一部分。首先绿色粪便的出现直接与鸡消化功能障碍有关。众所周知在鸡的肝脏下部有一胆囊，胆囊有一胆管与鸡十二指肠肠襻相连，胆汁借由胆管进入小肠内以其胆汁中的重金属盐、胆碱、胆酸等物质参与肠内容物中的脂肪转化、蛋

白质转化等。当鸡群出现诸如沙门菌、新城疫、禽流感、马立克病、受凉等时，肠道消化功能发生障碍，胆汁不能够在肠道内充分氧化即随肠内容物排出形成绿便。所以应多方面分析导致鸡消化不良的根本原因，针对根本原因解决问题是解决绿色粪便的最有效手段。

（6）酱黄色稀便　最常见于温度变色剧烈的鸡群，也就是说冷热不均的鸡群，它是鸡群受凉后肠道消化机能紊乱，肠道有益菌群失衡引起的。因此采取肠道吸收能力差的药物进行治疗是最好的选择，之后再配合活菌制剂协助治疗效果倍增。

（7）水样粪便　包括两个方面。一是因疾病引发的水样粪便，如食盐中毒和肾型传支，其中食盐中毒有明确的饲料更换史且喝水多拉水多，肌肉呈水煮状，而肾型传支则有典型的肾脏花斑状变化，虽然喝水多，拉水多，但肌肉无变化。二是非疾病因素引发，这就是笼养鸡特有的现象，常见于二、三层笼内鸡出现此种现象，此种鸡采食正常，生产性能正常，仅仅排水样粪便，有一种说法称此种现象为习惯性拉稀。处于中上层笼内的鸡比处于低层笼内的鸡接触的空气温度稍高且光照强度也稍强，长期的温度和光度的积累使鸡的代谢水平提高、饮水量增多、排泄也就多于低层笼内的鸡。所以，解决此种问题的方法主要是定期补水，收敛药止泻，适当配合应用抗生素，有一些病例采取更换饲料的方法效果更好。

3. 产蛋情况

加强对鸡群产蛋数量、蛋壳质量、蛋的形状及内部质量等方面的观察，可以掌握鸡群的健康状态和生产情况。鸡群的健康和饲养管理出现问题，都会在产蛋方面有所表现。如营养和饮水供给不足、环境条件骤然变化、发生疾病等都能引起产蛋下降和蛋的质量降低。

（六）拣蛋管理

拣蛋环节，主要是降低鸡蛋的破损率。具体措施如下。第一是增加拣蛋次数，每天拣蛋 2 ～ 3 次。第二是盛鸡蛋器具，改蛋托为蛋箱集蛋，每天可降低破损 2%。第三是拣蛋时将破蛋、薄壳蛋、软壳蛋、双黄蛋等单独放置，避免破损。第四是注意拣蛋和运蛋时动作要轻柔，避免动作幅度过大。

（七）舍得淘汰低产鸡

在生产中，养鸡户一般舍不得淘汰低产鸡，认为它多少能生几个蛋。殊不知低产鸡产蛋少而吃料并不少。为节约饲料，提高经济效益，及时淘汰低产鸡十分必要。低产鸡的判断标准是：冠黄、冠小、苍白，主翼羽脱落；腹腔小，耻骨间距小，泄殖腔小而干燥。

八、鸡场的记录管理的细节

（一）记录管理的作用

1. 鸡场记录反映鸡场生产经营活动的状况

完善的记录可将整个鸡场的动态与静态记录无遗。有了详细的鸡场记录，管理者和饲养者通过记录不仅可以了解现阶段鸡场的生产经营状况，而且可以了解过去鸡场的生产经营情况。有利于加强管理，有利于对比分析，有利于进行正确的预测和决策。

2. 鸡场记录是经济核算的基础

详细的鸡场记录包括了各种消耗、鸡群的周转及死亡淘汰等变动情况、产品的产出和销售情况、财务的支出和收入情况以及饲养管理情况等，这些都是进行经济核算的基本材料。没有详细的、原始的、全面的鸡场记录材料，经济核算也是空谈，甚至会出现虚假的核算。

3. 鸡场记录是提高管理水平和效益的保证

通过详细的鸡场记录，并对记录进行整理、分析和必要的计算，可以不断发现生产和管理中的问题，并采取有效的措施来解决和改善，不断提高管理水平和经济效益。

（二）鸡场记录的原则

1. 及时准确

及时是根据不同记录要求，在第一时间认真填写，不拖延、不积

压，避免出现遗忘和虚假；准确是按照鸡场当时的实际情况进行记录，既不夸大，也不缩小，实实在在。特别是一些数据要真实，不能虚构。如果记录不精确，将失去记录的真实可靠性，这样的记录也是毫无价值的。

2. 简洁完整

记录工作繁琐就不易持之以恒地去实行，所以设置的各种记录簿册和表格力求简明扼要，通俗易懂，便于记录；完整是记录要全面系统，最好设计成不同的记录册和表格，并且填写完全、工整，易于辨认。

3. 便于分析

记录的目的是为了分析鸡场生产经营活动的情况，因此在设计表格时，要考虑记录下来的资料便于整理、归类和统计，为了与其他鸡场的横向比较和本场过去的纵向比较，还应注意记录内容的可比性和稳定性。

（三）鸡场记录的内容

鸡场记录的内容因鸡场的经营方式与所需的资料而有所不同，一般应包括如下内容。

1. 生产记录

鸡群生产情况记录（鸡的品种、饲养数量、饲养日期、死亡淘汰、产品产量等）、饲料记录（将每日不同鸡群，或以每栋或栏或群为单位所消耗的饲料按其种类、数量及单价等记载下来）、劳动记录（记载每天出勤情况、工作时数、工作类别以及完成的工作量、劳动报酬等）。

2. 财务记录

包括收支记录（出售产品的时间、数量、价格、去向及各项支出情况）和资产记录（固定资产类，包括土地、建筑物、机器设备等的占用和消耗；库存物资类，包括饲料、兽药、在产品、产成品、易耗品、办公用品等的消耗数、库存数量及价值；现金及信用类，包括现金、存款、债券、股票、应付款、应收款等）。

3. 饲养管理记录

饲养管理程序及操作记录（饲喂程序、鸡群的周转、环境控制等记录）和疾病防治记录（包括隔离消毒情况、免疫情况、发病情况、诊断及治疗情况、用药情况、驱虫情况等）。

（四）鸡场生产记录表格

见表 7-1 ～表 7-9。

表 7-1　产蛋和饲料消耗记录

品种＿＿＿＿＿＿＿　鸡舍栋号＿＿＿＿＿＿　填表人＿＿＿＿＿＿

日期	日龄	鸡数/只	死亡淘汰/只	饲料消耗/千克		产蛋量				饲养管理情况	其他情况
				总耗量	只耗量	数量/枚	重量/千克	破蛋率/%	只日产蛋量/克		

表 7-2　疫苗购、领记录表　　填表人：

购入日期	疫苗名称	规格	生产厂家	批准文号	生产批号	来源（经销点）	购入数量	发出数量	结存数量

表 7-3　饲料添加剂、预混料、饲料购、领记录表　　填表人：

购入日期	名称	规格	生产厂家	批准文号或登记证号	生产批号或生产日期	来源（生产厂家或经销点）	购入数量	发出数量	结存数量

表 7-4　疫苗免疫记录表　　填表人：

免疫日期	疫苗名称	生产厂	免疫动物批次日龄	栋号	免疫数/只	免疫次数	存栏数/只	免疫方法	免疫剂量（毫升/只）	责任兽医

表 7-5　消毒记录表　　　　填表人：

消毒日期	消毒药名称	生产厂家	消毒场所	配制浓度	消毒方式	操作者

表 7-6　鸡场入库的药品、疫苗、药械记录表

日期	品名	规格	数量	单价	金额	生产厂家	生产日期	生产批号	经手人	备注

表 7-7　鸡场出库的药品、疫苗、药械记录表

日期	车间	品名	规格	数量	单价	金额	经手人	备注

表 7-8　购买饲料原料记录表

日期	饲料品种	货主	级别	单价	数量	金额	化验结果	化验员	经手人	备注

表 7-9　收支记录表格

收入		支出		备注
项目	金额 / 元	项目	金额 / 元	
合计				

（五）鸡场记录的分析

通过对鸡场的记录进行整理、归类，可以进行分析。分析是通过一系列分析指标的计算来实现的。利用成活率、母鸡存活率、蛋重、日产蛋率、饲料转化率等技术效果指标来分析生产资源的投入和产出产品数量的关系以及分析各种技术的有效性和先进性。利用经济效果指标分析生产单位的经营效果和赢利情况，为鸡场的生产提供依据。

九、消毒的细节

（一）建立严格的消毒制度

消毒的目的就是杀死病原微生物，防止疾病传播。各个鸡场要根据各自的实际情况，制订严格规范的消毒制度，并认真执行。消毒剂的选择、配比要科学，喷雾方法要有效，消毒记录要准确。同时，室内消毒和室外环境的卫生消毒也十分重要，如果只重视室内消毒而忽视室外消毒，往往起不到防病治病和保障鸡健康的作用。

（二）消毒注意事项

1. 消毒需要时间

一般情况下，高温消毒时，60℃就可以将多数病原杀灭，但汽油喷灯温度达几百度，喷灯火焰一扫而过，也不会杀灭病原，因为时间太短。蒸煮消毒在水开后30分钟即可以将病原杀死。紫外线照射必须达到五分钟以上。

注意：这里说的时间，不单纯是消毒所用的时间，更重要的是病原体与消毒药接触的有效时间；因为病原体往往附着于其他物质上面或中间，消毒药与病原接触需要先渗透，而渗透则需要时间，有时时间会很长。这个我们可以把一块干粪便放到水中，看一下多长时间能够浸透。

2. 消毒需要药物与病原接触

消毒药喷不到的地方的病原也不会被杀死，消毒育雏舍地面时，如果地面有很厚的一层粪和污染物，消毒药只能将最上面的病原杀死，而在粪便深层的病原却不会被杀死，因为消毒药还没有与病原接触。要求鸡舍消毒前先将鸡舍清理冲洗干净，就是为了减轻其他因素的影响。

3. 消毒需要足够的剂量

消毒药在杀灭病原的同时往往自身也被破坏，一个消毒药分子可

能只能杀死一个病原，如果一个消毒药分子遇到五个病原，再好的消毒药也不会效果好。关于消毒药的用量，一般是每平方米面积用 1 升药液；生产上常见到的则是不经计算，只是用消毒药将舍内全部喷湿即可，人走后地面马上干燥，这样的消毒效果是很差的，因为消毒药无法与掩盖在深层的病原接触。

4. 消毒需要没有干扰

许多消毒药遇到有机物会失效，如果将这些消毒药放在消毒池中，池中再放一些锯末，作为鞋底消毒的手段，效果就不会好了。

5. 消毒需要药物对病原敏感

不是每一种消毒药对所有病原都有效，而是有针对性的，所以使用消毒药时也是有目标的，如预防禽流感时，碘制剂效果较好，而预防感冒时，过氧乙酸可能是首选，而预防传染性胃肠炎时，高温和紫外线可能更实用。

注意：没有任何一种消毒药可以杀灭所有的病原，即使我们认为最可靠的高温消毒，也还有耐高温细菌不被破坏。这就要求我们使用消毒药时，应经常更换，这样才能起到最理想的效果。

6. 消毒需要条件

如火碱是好的消毒药，但如果把病原放在干燥的火碱上面，病原也不会死亡，只有火碱溶于水后变成火碱水才有消毒作用，生石灰也是同样道理。福尔马林熏蒸消毒必须符合三个条件：一是足够的时间，24 小时以上，需要严密封闭；二是需要温度，必须达到 15℃以上；三是必须足够的湿度，最好在 85% 以上。如果脱离了消毒所需的条件，效果就不会理想。一个鸡场对进场人员的衣物进行熏蒸消毒，专门制作了一个消毒柜，但由于开始设计不理想，消毒柜太大，无法进入屋内，就放在了舍外；夏秋季节消毒没什么问题，但到了冬天，他们仍然在舍外熏蒸消毒，这样的效果是很差的。还有的在入舍消毒池中，只是例行把水和火碱放进去，也不搅拌，火碱靠自身溶解需要较长时间，那刚放好的消毒水的作用就不确实了。

（三）消毒存在的问题

1. 光照消毒

紫外线的穿透力是很弱的，一张纸就可以将其挡住，布也可以挡住紫外线，所以，光照消毒只能作用于人和物体的表面，深层的部位则无法消毒；另一个问题是，紫外线照射到的地方才能消毒，如果消毒室只在头顶安一个灯管，那么只有头和肩部消毒彻底，其他部位的消毒效果也就差了，所以不要认为有了紫外线灯消毒就可以放松警惕。

2. 高温消毒

时间不足是常见的现象，特别是使用火焰喷灯消毒时，仅一扫而过，病原或病原附着的物体尚没有达到足够的温度，病原是不会很快死亡的；这也就是为什么蒸煮消毒要 20 ～ 30 分钟以上的原因。

3. 喷雾消毒

喷雾消毒的剂量不足，当你看到喷雾过后地面和墙壁已经变干时，那就是说消毒剂量一定不够；一个鸡场规定，喷雾消毒后一分钟之内地面不能干，墙壁要流下水来，以表明消毒效果。

4. 熏蒸消毒，封闭不严

甲醛是无色的气体，如果鸡舍有漏气时无法看出来，这就使鸡舍熏蒸时出现漏气而不能发现；尽管甲醛比空气重，但假如鸡舍有漏气的地方，甲醛气体难免从漏气的地方跑出来，消毒需要的浓度也就不足了；如果消毒时间过后，进入鸡舍没有呛鼻的气味，眼睛没有青涩的感觉，就说明一定有跑气的地方。

（四）怎样做好消毒

正常的消毒要分三步，清、冲、喷，如果是空舍消毒还需要增加熏、空两个环节。

清是指清理，是把脏物清理出去。因为病原生存需要环境，细菌需要附着于其他物质上面，而病毒则必须依附在活细胞上才能生存，清理是把病原生存所依附的物质清理出去，病原也就一起清理出了鸡

舍。如果不清理就消毒，会出现三个后果：一是因消毒药物剂量不足使消毒不彻底；二是增加消毒费用；三是增加舍内湿度，这三个后果都不是我们想看到的。冲是冲洗，是把清理剩下的脏物用水冲走；一个养鸡高手介绍经验时，说他们对鸡舍消毒时，会用高压水枪将鸡舍冲洗干净，不留一点脏污。喷也就是喷雾或喷洒消毒。这里出现了一个喷洒消毒，是因为尽管我们采用清、冲的办法使鸡舍脏物清理出去，但一般并不能做得很彻底，特别是地面饲养时。喷洒消毒使用的药量更大，速度也更快，而且设备也便于购置。喷雾消毒适用于消毒频繁而且需要控制湿度的鸡舍。熏是熏蒸消毒，一般使用甲醛熏蒸。空是把鸡舍变干燥，经历过清、冲、消、熏的病原，处于一个非常不适应的环境中，会很快死亡，这是一个被人们忽视的消毒方式。如果鸡舍在进鸡前能空闲一周，转群时的许多问题都会迎刃而解。

上面的五步骤关键是能否执行到位，再好的措施执行不到位也没有好效果。

（五）消毒常见的漏洞

1. 进场人员的消毒

进场人员的消毒是防止疾病入场的重要手段，特别是从其他场返回的人员、与其他鸡场人员接触过的人员、外来的参观学习人员、新招来的职工等，这些人因与其他鸡场人员接触，难免身上带有其他场的病原；平时的消毒措施，不管是紫外线灯照射，还是身上喷雾，都不可能把衣服里边的病原杀死。所以针对进场人员，最好的办法是更换衣服，并洗澡；需要在场里工作的人员，则要将衣物进行熏蒸消毒，这样的消毒才是最彻底的。

2. 玉米的消毒

秋冬季玉米在大路上晾晒，各种车辆从旁边过，如果有拉鸡车甚至是垃圾车，车上不慎掉下一些东西，这些东西里面可能含有病原。鸡场收购的玉米往往不去杂，现购现用，可能里面会含有病原，不进行消毒，病原直接让鸡吃进肚子里而引发疫病。所以，要对玉米进行消毒。玉米消毒处理的方法：一是将购进的玉米进行过风或过筛去杂，

因即使有病原一般也是在杂质里面；二是把玉米存放一段时间后使用，病原脱离了生存条件后，也会很快死亡。这两种措施并不复杂，大多数鸡场都可以采用。

3. 笼具的消毒

笼具由于结构复杂，缝隙较多，容易隐藏污染物和病菌，如果消毒不严格，很可能有大量病原存在。首先要将笼具拆开，进行冲洗，干净后再进行消毒。

十、免疫接种中的细节

1. 保持较好的抗体水平

抗体水平的降低轻者导致产蛋率下降，重者引发传染病。200 天左右的鸡是刚上高峰不久的鸡群，这些鸡体能消耗巨大，抗体水平下降快，抗体水平低。在这种情况下，如果没有及时免疫接种，再加上天气变化、光照不足、玉米含水量高、饲喂量不足等不利因素的影响，出现产蛋率下降就会非常正常与普遍。处理措施：及时做好免疫接种。要在产蛋高峰期稳定后 1 个月左右，做好新城疫和禽流感（H_9）的免疫接种，每只鸡注射 0.5 毫升 / 只灭活苗。间隔 10 ～ 15 天后做禽流感（H_5）的免疫接种。之后 3 ～ 4 个月免疫一次。新城疫活疫苗的免疫时间要根据鸡群的表现来安排，如果有蛋鸡颜色变淡或有暗斑、粪便变稀、个别鸡鸡冠发绀、向料槽吐水的增多等现象的有 2 ～ 3 项，就要重新免疫新城疫疫苗。有条件的可以根据抗体检测去做好新城疫和 H_9 及 H_5 的免疫接种工作，确保新城疫、H_9 抗体水平在 9lg2 以上，离散度不超过 3；H_5 抗体水平在 7lg2 以上。

2. 选择优质疫苗

疫苗质量直接影响免疫效果。购买疫苗时注意：一是注意生产厂家和经销商，选择信誉高、产品质量好的疫苗生产厂家和规模比较大的经销商；二是要注意疫苗名称、批准文号、生产日期、包装剂量、生产场址等，要符合《兽药标签和说明书管理办法》的规定，要选用

近期生产的新鲜疫苗，不要使用陈旧或过期疫苗。

3. 正确稀释

冻干苗的瓶盖是高压盖子，稀释的方法是先用注射器将5毫升稀释液缓缓注入瓶内，待瓶内疫苗溶解后再打开瓶塞倒入水中，这就避免真空的冻干苗瓶盖突然打开，瓶内压力会突然增大，使部分病毒受到冲击而灭活；要严格按要求使用稀释液，如生理盐水、凉开水、井水或配备的专用红色的（马立克）、蓝色的（传支）稀释液；稀释量要准确。点眼、滴鼻、滴口的疫苗最终稀释量要准确到0.1毫升，可先取3毫升稀释液，用针头或滴管实际测量有多少滴，然后计算出鸡群接种需要的疫苗液滴数，推算出需加多少毫升稀释液。饮水免疫前先测出免疫前鸡群全天的饮水量，按2小时的饮水量稀释疫苗，保证鸡在2小时内饮完疫苗液。喷雾免疫要根据每分钟喷雾量、鸡群大小和需要喷雾的时间来推算稀释液用量。刺种免疫一般每100只鸡需刺种液1毫升。疫苗应现用现配，在阴暗处稀释，疫苗瓶应多次用稀释液冲洗，尽量将瓶内疫苗稀释到防疫液中。稀释温度一般在25～30℃。

4. 使用免疫增效剂

为延长疫苗（病毒）的活力，可加入免疫增效剂。如饮水免疫时可在每千克饮水中加入2.4克脱脂奶粉，脱脂奶粉的主要成分是蛋白质和糖类，其中蛋白质的直径在1～2纳米，其水溶液是胶体溶液，病毒的直径一般在20～30纳米，蛋白质分子比病毒小，所以病毒粒子处于蛋白质分子的包围之中，可阻止病毒粒子的聚合，有利于吸收和转化。

注意不要在疫苗稀释液中添加抗生素和电解多维，抗生素能改变稀释液的渗透压或pH值，电解多维能加快疫苗、病毒的火活，从而降低疫苗效价。

5. 正确操作

点眼、滴鼻、滴口免疫时，针头或滴管要距离鸡眼、鼻、口1～2厘米。滴鼻时要用手指封住鸡的一侧鼻孔。滴口免疫最好每只鸡滴2滴，待疫苗吸干后才能放手。进行滴鼻、点眼、饮水、喷雾、滴口等免疫前后各24小时内不要进行喷雾消毒和饮水消毒。

饮水免疫前，冬季停止供水 2 ～ 4 小时，夏季停止供水 1 ～ 2 小时。饮水器数量增加 1 倍，置于阴凉处。稀释液用纯水或深井水，不得含消毒剂和金属离子。为增加疫苗的活性，可加入 0.2% ～ 0.3% 的脱脂奶粉，饮水免疫开始半小时后轻轻驱赶鸡群，让所有的鸡都饮上疫苗水。进行新城疫、传染性支气管炎疫苗免疫时，疫苗水要淹没鸡的鼻孔及眼睛部位。

喷雾免疫的鸡群要确认健康，尤其不能有呼吸道疾病感染，喷雾免疫要在密闭的情况下进行，光线要暗，最好在夜间关灯后操作。喷雾免疫要做到高温、高湿、少尘，湿度不宜低于 70%。在鸡群上方 50 厘米处喷雾。喷雾 20 分钟后及时通风换气。

鸡痘刺种部位在鸡翅内侧无血管处，第二次接种在另一侧相应部位。接种后一周内检查接种部位有无结痂或红肿，如没有应重新接种。最好每栏或每 50 只鸡更换一次刺种针。

免疫接种前后 2 ～ 3 天尽量不用抗菌药物、消毒剂、抗球虫药物，以免影响免疫效果。

十一、兽医操作技术规范的细节

1. 避免针头交叉感染

鸡场在防疫治疗时要求 1 只鸡 1 个针头，以避免交叉感染。但在实践中，往往不容易做到。许多鸡场一群鸡无论多少，一个针头用到底，这些很容易交叉感染。在当前规模养鸡场，因注射器使用不当，导致鸡群中存在着带毒、带菌鸡以及鸡之间的交叉感染，为鸡群的整体健康埋下很大的隐患。因此，规模养鸡场应建立完善的兽医操作规程，确实做到病鸡使用的针头与健康鸡使用的针头区别开来，尽量做到 1 鸡 1 针头，切断人为的传播途径。

2. 建立严格的消毒制度

消毒的目的就是杀死病原微生物，防止疾病传播。各个鸡场要根据各自的实际情况，制订严格规范的消毒制度，并认真执行。消毒剂的选择、配比要科学，喷雾方法要有效，消毒记录要准确。同时，室内消毒和室外环境的卫生消毒也是十分重要的，如果只重视室内消毒而忽视室外消毒，往往起不到防病治病和保障鸡健康的作用。

3. 严把投入品质量关，严防假冒伪劣

不合格的药品、生物制品、动物保健品和饲料添加剂等投入品的进场使用，会使鸡重大的传染病和常见病得不到有效控制，鸡群持续感染病原在场内蔓延。规模鸡场应到有资质的正规单位购药，通过有效途径投药，并观察药品效价，达到安全治病的目的。

4. 坚持全进全出

一旦发生传染病，很快就会殃及全群鸡。科学的养鸡方法是把成鸡和育成鸡、雏鸡分开饲养，绝对禁止把不同日龄的鸡放在同一鸡舍内饲养，最好做到全进全出。

十二、经营管理中的细节

1. 正确决策

决策正确与否直接关系到鸡场的成败和效益多少。包括经营方向、生产规模、鸡舍建筑、饲养方式、雏鸡的购进、日常管理和鸡群淘汰等。

如经营方向决策。从事养鸡生产，首先要确定本场的终端产品是什么。养鸡分为养种鸡和商品鸡两类。以繁育优良鸡种，向市场推广种蛋、种雏为主要产品的为种鸡场。可分为原种、曾祖代、祖代和父母代种鸡场。据不同的用途又区分为蛋用型种鸡场和肉用型种鸡场。以饲养商品鸡、向市场提供鲜蛋和肉仔鸡为主产品的为商品鸡场。可分为商品蛋鸡场和商品肉鸡场。根据社会发展，可以一条龙企业同时经营，即种鸡、孵化、饲料、商品鸡屠宰加工、出口等，使各场成为有机联合体。总之，在做经营决策时必须实事求是，根据当地情况和社会需要及资金情况，搞好结合分析，然后做出决策。

如饲养方式的决策。饲养方式的选择，主要根据所养鸡的品种、规模、当地气候条件、资金和技术力量等来确定。目前主要有密闭式

和开放式两种。密闭式鸡舍，可以人为地控制鸡舍内的“小气候”，满足不同生长阶段鸡对温度、湿度、光照、通风等条件的要求，有利于充分发挥鸡的生产性能，使生产稳定，管理方便。但投资大，耗电多，对电的依赖性强。开放式鸡舍，受自然环境影响较大，鸡群的生产性能不能充分发挥出来，但投资少，节省电。

如淘汰鸡的决策。产蛋率降到多少，有无新母鸡补充，鸡蛋和淘汰鸡的市场价格以及鸡场鸡群的周转计划等都会影响蛋鸡淘汰时间的确定。

如蛋鸡产蛋高峰时间安排，如果将产蛋高峰安排在一年中鸡蛋价格最高的季节内，就可以额外获得较多的收入等。

2. 保证鸡场人员的稳定性

随着养鸡业集约化程度越来越高，鸡场现有管理技术人员及饲养员的能力与现代化养鸡需求之间的差距逐步暴露出来，因此养鸡人员的地位、工资福利待遇及技术培训也受到越来越多的关注。由于鸡场存在封闭式管理环境、高养殖技术等特殊需求，因此要建立和完善一整套合理的薪酬激励机制，实施人性化管理措施，稳定鸡场人员，保持良好的爱岗敬业精神和工作热情。

3. 增强饲养管理人员责任心

责任心是干好任何事的前提，有了责任心才会想到该想到的，做到该做到的。责任心的增 强来源于爱。有了责任心才能用心，才能想到各个细节。

饲养员的责任心体现应是爱鸡，应是保质保量地完成各项任务，尽到自己应尽的责任；车间主任或场长责任心的体现：一是爱护饲养员，给职工提供舒心的工作空间，并注意加强人文关怀（你敬人一尺，人敬你一仗）；给鸡提供舒适的生存场所。

4. 员工的培训为成功插上翅膀

员工的素质和技能水平直接关系到鸡场的生产水平。职工中能力差的人是弱者，鸡场职工并不是清一色的优秀员工，体力不足的有，智力不足的有，责任心不足的也有，技术不足更是鸡场职工的通病，这些人都可以称为弱者，他们的生产成绩将整个鸡场拉了不来，我们就要培训这一部分员工或按其所能放到合适的岗位。通过技术培训，提高员工素质和技能，适应现代养鸡业的需要。

5. 舍得淘汰

生产过程中，鸡群内总会出现一些没有生产价值的个体或一些老弱病残，这些个体不能创造效益，要及时淘汰，减少饲料、人力和设备等消耗，降低生产成本，提高养殖效益。生产中有的鸡场舍不得淘汰或管理不到位而忽视淘汰，虽然存栏数量不少，但养殖效益不仅不高，反而降低。

第八招 注重常见问题处理

【提示】

生产中的问题直接影响蛋鸡群的生产性能，时刻注意发现问题并及时解决，有利于提高养殖水平和生产效益。

一、品种选择时的问题及处理

（一）盲目选择品种

品种是蛋鸡高产的基础，没有优良的品种就不可能获得高产。优良品种是指符合一定地区条件、气候条件和市场条件的适宜品种。现在蛋鸡品种很多，生产中，有些鸡场在选择品种时有很大的盲目性，如不了解某一品种的实际表现而引种、不了解种鸡场或孵化场的管理情况而引种、不了解市场对蛋品规格、色泽等要求而引种等，导致生产性能差，产品销售不畅，影响养殖效益。

处理措施：选择品种前要进行一定的调查分析，避免盲目性，根据市场需要、饲养和饲料条件、品种的实际表现选择最佳品种。

（二）购买鸡苗贪图方便和便宜

目前，我国种鸡场和孵化场较多，管理不完善。种鸡场和孵化场有的规模较大，也有的规模较小，有的是经过有关部门检查、验收合格、审批并颁发有《种禽种蛋经营许可证》的，有的是没有经过有关部门检查验收无证经营的，有的孵化场孵化自己种鸡场的种蛋，有的孵化场没有种鸡场需要外购种蛋。这样就导致孵化出的雏鸡品种鱼目混珠，质量参差不齐。

即使是同一鸡种，由于引种渠道、种鸡场的设置（如场址选择、规划布局、鸡舍条件、设施设备等）、种鸡群的管理（如健康状况、免疫接种、日粮营养、日龄、环境、卫生、饲养技术和应激情况等）、孵化（孵化条件、孵化技术、雏鸡处理等）和售后服务（如运输）等，初生雏鸡（鸡苗）的质量也有很大的差异。有的种鸡场引种渠道正常，设备设施完善，饲养管理严格，孵化技术水平高，生产的肉用仔鸡内在质量高。而有的种鸡场引种渠道不正常，环境条件差（特别是父母代场，场址选择不当、规划布局不合理、种鸡舍保温性能差、隔离防疫设施不完善、环境控制能力弱而造成温热环境不稳定、病原污染严重）、管理不严格（一些种鸡场卫生防疫制度不健全，饲养管理制度和种蛋雏鸡生产程序不规范，或不能严格按照制度和规程来执行，管理混乱，种鸡和种蛋、雏鸡的质量难以保证）、净化不力（种鸡场应该对沙门菌、支原体等特定病原进行严格净化，淘汰阳性鸡，并维持鸡群阴性。农业部畜牧兽医局严格规定了切实有效净化养鸡场沙门菌的综合措施，但少数种鸡场不认真执行国家规定，不进行或不严格进行鸡的沙门菌检验，也不淘汰沙门菌检验阳性的母鸡，致使种蛋带菌，并呈现从祖代—父母代—商品代愈来愈多的放大现象，使商品肉仔鸡污染严重；鸡支原体病已成为危害生产的重要疾病，我国商品鸡群支原体感染率较高与种鸡场的污染密不可分，严重影响了商品鸡群生产潜力的发挥，极大增加了养鸡业的成本）、孵化场卫生条件差等，生产的雏鸡质量差。

有些养殖户（场）缺乏科技专业知识和技术指导，观念和认识有

偏差，不注重经济核算，考虑眼前利益多，考虑长远利益少，或贪图方便（就近订购）和便宜（中小型种鸡场和孵化场肉用雏鸡价格较低），到不符合要求的［鸡场和孵化场环境条件极差，管理水平极低，甚至就没有登记注册，没有种禽种蛋经营许可证（即使有也是含有“水分”的）］的中小型种鸡场和孵化场订购肉用雏鸡，结果是“捡了个芝麻，丢了个西瓜”。

处理措施：一是注意咨询了解，咨询有关专家和技术人员，或其他有经验的养殖人员，了解鸡的鸡苗价格和生产场家的具体情况，做到心中有数；二是到大型的、有种禽种蛋经营许可证的、饲养管理规范和信誉度高的种鸡场订购雏鸡，他们出售的雏鸡质量较高，售后服务也好；虽然其价格高一些，但雏鸡清洁卫生，品质优良，生产性能好，饲料消耗少一些，疾病死亡少一些，增加的收入要远远多于购买雏鸡的支出，另外选购的品种也有保证；三是要签订购销合同，以便以后有问题和争议时有据可查。

（三）购买雏鸡时不签订合同或不注意保存合同和发票

现在是市场经济，雏鸡也是商品，在订购雏鸡时必须要签订订购合同，以规定交易双方的责任和权力。但生产中，有的养殖户在购买雏鸡时不注意签订合同，或虽然签订有合同，但雏鸡购回后不注意保存而遗失，购买雏鸡的交款发票也不注意索要和保存，结果等到有问题或争议时没有证据，不利于问题的解决和处理，给自己造成一定的损失。

处理措施如下。一是提前订购雏鸡。据自己鸡场生产计划安排，选择管理严格、信誉高、有种蛋种禽生产经营许可证和肉用雏鸡质量好的场家定购。二是签订定购合同。合同内容应包括蛋鸡的品种、数量、日龄、供货时间、价格、付款和供货方式、雏鸡的质量要求、违约赔付等内容，这样可保证养殖户按时、按量、按质的获得雏鸡。无论购销双方是初次交易，还是多次配合默契的交易，每次交易都要签订合同。这样可避免出现问题时责任不明。三是交纳鸡款时应索要发票，既可以减少国家税款流失，又有利于保护自己的权益。并注意保存合同和发票。四是饲养过程中出现问题，要及早诊断。如果是自己的饲养管理问题，应尽快采取措施纠正解决，减少损失。如找不到原因或怀疑是育成鸡本身问题，可到一些权威机构进行必要的实验室诊断、化验，确诊问题症结所在。如是雏鸡的问题，可以通过协商或起诉方式进行必要索赔，降低损失程度。

二、饲料选择和配制中的问题及处理

（一）饲料原料选择不当

饲料原料质量直接关系到配制的全价饲料质量，同样一种饲料原料的质量可能有很大差异，配制出的全价饲料饲养效果就很不同。有的养殖户在选择饲料原料时存在注重饲料原料的数量而忽视质量的误区，甚至有的为图便宜或害怕浪费，将发霉变质、污染严重或掺杂使假的饲料原料配制成全价饲料，结果是严重影响全价饲料的质量和饲养效果，甚至危害蛋鸡的健康。

处理措施：

1. 注意保持各种饲料原料的适宜比例

各种饲料在家禽日粮中的用量见表 8-1。

表 8-1　各种饲料在家禽日粮中的用量

饲料种类	比例 /%
谷物饲料（玉米、小麦、大麦、高粱）	40 ～ 60
糠麸类	10 ～ 30
植物性蛋白饲料（豆粕、菜籽粕）	15 ～ 25
动物性蛋白饲料（鱼粉、肉骨粉等）	3 ～ 10
矿物质饲料（食盐、石粉、骨粉）	3 ～ 7
干草粉	2 ～ 5
微量元素及维生素添加剂	0.05 ～ 0.5
青饲料（按精料总量添加，用维生素添加剂时可不用）	30 ～ 35

2. 注重饲料原料的质量

要选择优质的、不掺杂使假、没有发霉变质的饲料原料，以各种

饲料原料的质量指标及等级作为选择的参考。常见的饲料原料质量指标和等级如下。

（1）玉米　要求籽粒整齐、均匀，色泽呈黄色或白色，无发酵霉变、结块及异味异臭。一般地区玉米水分不得超过 14.0%，东北、内蒙古、新疆等地区不得超过 18.0%。不得掺入玉米以外的物质（杂质总量不超过 1%）。质量控制指标及分级标准见表 8-2。

表 8-2　玉米的质量指标及等级

质量指标 /%	一级（优等）	二级（中等）	三级
粗蛋白质	≥ 9.0	≥ 8.0	≥ 7.0
粗纤维	＜ 1.5	＜ 2.0	＜ 2.5
粗灰分	＜ 2.3	＜ 2.6	＜ 3.0

注：玉米各项质量指标含量均以 86% 干物质为基础。低于三级者为等外品。

（2）小麦　我国国家饲用小麦质量指标分为三级。见表 8-3。

表 8-3　饲料用小麦质量标准

质量指标 /%	一级	二级	三级
粗蛋白质	≥ 14	≥ 12	≥ 10
粗纤维	＜ 2	＜ 3	＜ 3.5
粗灰分	＜ 2	＜ 2	＜ 3

注：小麦各项质量指标含量均以 86% 干物质为基础。低于三级者为等外品。

（3）小麦麸　小麦麸呈细碎屑状，色泽新鲜一致，无发酵、霉变、结块及异味异臭。水分含量不得超过 13.0%。不得掺入小麦麸以外的物质。质量指标及分级标准见表 8-4。

表 8-4　小麦麸的质量指标及等级

质量指标 /%	一级	二级	三级
粗蛋白质	≥ 15.0	≥ 13.0	≥ 11.0
粗纤维	＜ 9.0	＜ 10.0	＜ 11.0
粗灰分	＜ 6.0	＜ 6.0	＜ 6.0

注：小麦麸各项质量指标含量均以 86% 干物质为基础。低于三级者为等外品。

（4）鱼粉。鱼粉的卫生指标应符合饲料卫生标准的规定，鱼粉中不得有虫寄生。质量要求和分级标准见表 8-5。

表 8-5　鱼粉的质量要求和分级标准

项目		特级品	一级品	二级品	三级品
感官指标	色泽	红鱼粉呈黄棕色、黄褐色等正常鱼粉颜色；白鱼粉呈黄白色			
	组织	膨松，纤维状组织较明显，无结块，无霉变	较膨松，纤维状组织较明显，无结块，无霉变		松软粉状物，无结块，无霉变
	气味	有鱼香味，无焦灼味和油脂酸败味	具有鱼粉正常气味，无异臭，无焦灼味和油脂酸败味		
理化指标	粗蛋白质 /%	≥65	≥60	≥55	≥50
	粗脂肪 /%	≤11（红鱼粉） ≤9（白鱼粉）	≤12（红鱼粉） ≤10（白鱼粉）	≤13	≤14
	水分 /%	≤10	≤10	≤10	≤10
	盐分（以 NaCl 计）/%	≤2	≤3	≤3	≤4
	灰分 /%	≤16（红鱼粉） ≤18（白鱼粉）	≤18（红鱼粉） ≤20（白鱼粉）	≤20	≤23
	砂分 /%	≤1.5	≤2	≤3	≤3
	赖氨酸 /%	≥4.6（红鱼粉） ≥3.6（白鱼粉）	≥4.4（红鱼粉） ≥3.4（白鱼粉）	≥4.2	≥3.8
	蛋氨酸 /%	≥1.7（红鱼粉） ≥1.5（白鱼粉）	≥1.5（红鱼粉） ≥1.3（白鱼粉）	≥1.3	≥1.3
	胃蛋白酶消化率 /%	≥90（红鱼粉） ≥88（白鱼粉）	≥88（红鱼粉） ≥86（白鱼粉）	≥85	≥85
	挥发型盐基氮（VBN）/（毫克 /100 克）	≤110	≤130	≤150	≤150
	油脂酸价（KOH）/（毫克 / 克）	≤3	≤3	≤7	≤7

续表

项目		特级品	一级品	二级品	三级品
理化指标	尿素 /%	≤ 0.3	≤ 0.7	≤ 0.7	≤ 0.7
	组胺 /%	≤ 300（红鱼粉） ≤ 40（白鱼粉）	≤ 500（红鱼粉） ≤ 40（白鱼粉）	≤ 1000（红鱼粉） ≤ 40（白鱼粉）	≤ 1500（红鱼粉） ≤ 40（白鱼粉）
	铬（以 6 价铬计）/（毫克 / 千克）	≤ 8	≤ 8	≤ 8	≤ 8
	粉碎粒度	粉碎粒度至少 98% 能通过筛孔为 2.80 毫米的标准筛			
	杂质 /%	鱼粉中不允许添加非鱼粉原料的含氮物质，诸如植物油饼粕、皮革粉、羽毛粉、尿素、血粉等。亦不允许添加加工鱼粉后的废渣			

（5）大豆粕　呈黄褐色或淡黄色不规则的碎片状（饼呈黄褐色饼状或小片状），色泽一致，无发酵、霉变、结块及异味异臭。水分含量不得超过 13.0%。不得掺入大豆粕（饼）以外的物质，若加入抗氧化剂、防霉剂等添加剂时，应做相应的说明。质量指标及分级标准见表 8-6。

表 8-6　大豆粕（饼）质量指标及分级标准

质量指标 /%	一级	二级	三级
粗蛋白质	≥ 44.0（41.0）	≥ 42.0（39.0）	≥ 40.0（37.0）
粗纤维	＜ 5.0（5.0）	＜ 6.0（6.0）	＜ 7.0（7.0）
粗灰分	＜ 6.0（6.0）	＜ 7.0（7.0）	＜ 8.0（8.0）
粗脂肪	＜（8.0）	＜（8.0）	＜（8.0）

注：大豆粕（饼）各项质量指标含量均以 87% 干物质为基础。低于三级者为等外品；表中括号内的数据为大豆饼的指标。大豆粕没有粗脂肪指标。

（6）菜籽粕　呈黄色或浅褐色，碎片或粗粉状，具有菜籽粕油香味，无发酵、霉变、结块及异味异臭（饼呈褐色，小瓦片状、片状或饼状）。水分含量不得超过 12.0%。不得掺入菜籽粕以外的物质。质量指标及分级标准见表 8-7。

表 8-7　菜籽粕（饼）质量指标及等级

质量指标 /%	一级	二级	三级
粗蛋白质	≥ 40.0（37.0）	≥ 37.0（34.0）	≥ 33.0（30.0）
粗纤维	＜ 14.0（14.0）	＜ 14.0（14.0）	＜ 14.0（14.0）
粗灰分	＜ 8.0（12.0）	＜ 8.0（12.0）	＜ 8.0（12.0）
粗脂肪	＜（10.0）	＜（10.0）	＜（10.0）

注：菜籽粕（饼）各项质量指标含量均以 87% 干物质为基础。低于三级者为等外品；括号中的数据为菜籽饼的指标。菜籽粕没有粗脂肪指标。

（7）花生粕　以脱壳花生果为原料经预压浸提或压榨浸提法取油后的所得花生粕（饼）。花生粕呈色泽新鲜一致的黄褐色或浅褐色碎屑状（饼呈小瓦片状或圆扁块状），色泽一致，无发酵、霉变、结块及异味异臭。水分含量不得超过 12.0%。不得掺入花生粕（饼）以外的物质。质量指标及分级标准见表 8-8。

表 8-8　花生粕质量指标及分级标准

质量指标 /%	一级	二级	三级
粗蛋白质	≥ 51.0（48.0）	≥ 42.0（40.0）	≥ 37.0（36.0）
粗纤维	＜ 7.0（7.0）	＜ 9.0（9.0）	＜ 11.0（11.0）
粗灰分	＜ 6.0（6.0）	＜ 7.0（7.0）	＜ 8.0（8.0）

注：花生粕（饼）各项质量指标含量均以 88% 干物质为基础。低于三级者为等外品。表中括号内指标是饼的质量指标。

（8）棉籽粕（饼）　棉籽粕呈色泽新鲜一致的黄褐色，饼呈小瓦片状或圆扁块状，色泽一致，无发酵、霉变、结块及异味异臭。水分含量不得超过 12.0%。不得掺入棉籽粕（饼）以外的物质，若加入抗氧化剂、防霉剂等添加剂时，应做相应的说明。质量指标及分级标准见表 8-9。

（9）食盐　含钠 39%，含氯 60%。不得含有杂质或其他污染物，纯度应在 95% 以上，含水量不超过 0.5%，应全部通过 30 目筛孔。

（10）石粉　饲用石粉要求含钙量不得低于 33%，镁元素不高于 0.5%，铅含量 0.001% 以下，砷含量 0.001% 以下，汞含量 0.0002% 以

下。禽用石粉的粒度为 26 ～ 28 目。

表 8-9　棉籽粕（饼）质量指标及等级

质量指标 /%	一级	二级	三级
粗蛋白质	≥ 51.0（40.0）	≥ 42.0（36.0）	≥ 37.0（32.0）
粗纤维	＜ 7.0（10.0）	＜ 9.0（12.0）	＜ 11.0（14.0）
粗灰分	＜ 6.0（6.0）	＜ 7.0（7.0）	＜ 8.0（8.0）

注：棉籽粕各项质量指标含量均以 88% 干物质为基础。低于三级者为等外品。表中括号内数据是饼的质量指标。

（11）磷酸氢钙　饲料级的磷酸氢钙，国家质量标准见表 8-10。

表 8-10　饲料级磷酸氢钙国家质量标准

指标名称	指标	指标名称	指标
磷含量 /%	≥ 16	重金属 /（%，铅计）	≤ 0.002
钙含量 /%	≥ 21	氟 /%	≤ 0.18
砷含量 /%	≤ 0.003		

（二）鸡饲料维生素选择和使用不当

维生素是一组化学结构不同，营养作用、生理功能各异的低分子有机化合物，维持机体生命活动过程中不可缺少的一类有机物质，包括脂溶性维生素（如维生素 A、维生素 D、维生素 E 及维生素 K 等）和水溶性维生素（如 B 族维生素和维生素 C 等），它的主要生理功能是调节机体的物质和能量代谢，参与氧化还原反应。另外，许多维生素是酶和辅酶的主要成分。青饲料中含有大量维生素，散放饲养条件下，鸡可以自由采食青菜、树叶、青草等青饲料，一般不宜缺乏，规模化舍内饲养，青饲料供应成为问题，人们多以添加人工合成的多种维生素来满足蛋鸡需要。但在添加使用中存在一些误区。一是选购不当。市场上维生素品种繁多，质量参差不齐，价格也有高有低。饲养者缺乏相关知识，不了解生产厂家状况和产品质量，选择了质量差或含量低的多种维生素制品，影响了饲养的效果。二是使用不当。①添加剂量不适宜。有的过量添加，增加饲养成本，有的添加剂量不足，

影响饲养效果，有的不了解使用对象或不按照维生素生产厂家的添加要求盲目添加等。②饲料混合不均匀。维生素添加量很少，都是比较细的物质，有的饲养者不能按照逐渐混合的混合方法混合饲料，结果混合不均匀。③不注意配伍禁忌。在鸡发病时经常会使用几种药物和维生素混合饮水使用。添加维生素时不注意维生素之间及在其他药物或矿物质间的拮抗作用，如维生素 B_{12} 与氨丙啉不能混用，链霉素与 VC 不能混用等，影响使用效果；④不能按照不同阶段鸡特点和不同维生素特性正确合理的添加。

处理措施如下。一是选择适当的维生素制剂。不同的维生素制剂产品其剂型、质量、效价、价格等均有差异，在选择产品的时候要特别注意和区分。对于维生素单体要选择较稳定的制剂和剂型；对于复合多维产品，由于检测成本的关系，很难在使用前对每种单体维生素含量进行检测，因此在选择时应选择有质量保证和信誉好的产品。同时还应注意产品的出厂日期，以近期内出厂的产品为佳。二是正确把握蛋鸡对维生素的需要量。蛋鸡的种类、性质、品种以及饲养阶段不同，对各类维生素的需要量就不同。饲料中多种维生素的添加量在可按生产厂家要求的添加量的基础上增加 10% ～ 15% 的安全阈量（在使用和生产维生素添加剂时，考虑到加工、储藏过程中所造成的损失以及其他各种影响维生素效价的因素，应当在蛋鸡需要量的基础上，适当超量应用维生素，以确保蛋鸡生产的最佳效果）。另外，蛋鸡的健康状况及各种环境因素的刺激也会影响蛋鸡对维生素的需要量。一般在应激情况下，蛋鸡对某些维生素的需要量将会提高。如在接种疫苗、感染球虫病以及发生呼吸道疾病时，各种维生素的补充均显得十分重要。在高温季节，要适当增加脂溶性维生素和 B 族维生素的用量，尤其要注意对维生素 C 的补充。蛋鸡和种鸡在产蛋后期应注意补充维生素 A、维生素 D 和维生素 C。如开食到一周龄期间的雏鸡胆小，抵抗力弱。外界环境任何微小的变化都可能使其产生应激反应，同时也极容易受到外界各种有害生物的侵袭而感染疾病。所以在育雏前期添加维生素 C 对雏鸡而言是极为有益的。雏鸡在 2 ～ 6 周龄期间生长发育快，代谢旺盛，需要大量的酶参与。因此，作为酶的重要组成部分的 B 族维生素的需要量应同时增大。此时需根据实际情况额外补充一些 B 族维生素。当鸡群发生疾病时，添加维生素作为治疗的辅助措施具

有十分重要的作用，特别是添加维生素A、维生素C、维生素K。有研究表明，维生素E、维生素C能增强机体的免疫功能，提高机体对各种应激的耐受力，促进病后恢复和生长发育。维生素K能缩短凝血时间，减少失血，因此对一些有出血症状的疾病能起到减轻症状，减少死亡的作用。三是注意维生素的理化特性，防止配伍禁忌。使用维生素添加剂时，应注意了解各种维生素的理化特性，重视饲料原料的搭配，防止各饲料成分间的相互拮抗，如抗球虫药物与维生素B_1；有机酸防霉剂与多种维生素；氯化胆碱与其他维生素等之间均应避免配伍禁忌。氯化胆碱有极强的吸湿性，特别是与微量元素铁、铜、锰共存时，会大大影响维生素的生理效价。所以在生产维生素预混料时，如加氯化胆碱则须单独分装。四是正确使用与储藏。维生素添加剂要与饲料充分混匀，浓缩制剂不宜直接加入配合饲料中，而是先扩大预混后再添加。市售的一些维生素添加剂一般都已经加有载体而进行了预配稀释。选用复合维生素制剂时，要十分注意其含有的维生素种类，千万不要盲目使用。购进的维生素制剂应尽快用完，不宜储藏太久。一般添加剂预混料要求在1～2个月用完，最长不得超过6个月。储藏维生素添加剂应在干燥、密闭、避光、低温的环境中。五是采用适当的措施防止霉菌污染。在高温高湿地区，霉菌及其毒素的侵害是普遍问题。饲料中霉菌及其毒素不仅危害禽健康，而且破坏饲料中的维生素。但如果为了控制霉菌而在饲料中使用一些有机酸类饲料防霉剂，则将导致天然维生素含量的大幅度降低。

（三）饲料添加剂选用不当

饲料添加剂具有完善日粮的全价性，提高饲料利用率，促进鸡生长发育和生产，防治某些疾病，减少饲料储藏期间营养物质的损失或改进产品品质等作用。添加剂可以分为营养性添加剂和非营养性添加剂。营养性添加剂除维生素、微量元素添加剂外，还有氨基酸添加剂；非营养性添加剂有抗生素和中草药添加剂、酶制剂、微生态制剂、酸制剂、寡聚糖、驱虫剂、防霉剂、保鲜剂以及调味剂等。但在使用饲料添加剂时，也存在一些误区：一是不了解饲料添加剂的性质特点盲目选择和使用；二是不按照使用规范使用；三是搅拌不匀；四是不注意配伍禁忌，影响使用效果。

处理措施如下。一是正确选择。目前饲料添加剂的种类很多，每种添加剂都有自己的用途和特点。因此，使用前应充分了解它们的性能，然后结合饲养目的、饲养条件、鸡的品种及健康状况等选择使用。选择国家允许使用的添加剂。二是用量适当。用量少，达不到目的，用量过多会引起中毒，增加饲养成本。用量多少应严格遵照生产厂家在包装上所注的说明或实际情况确定。三是搅拌均匀。搅拌均匀程度与饲喂效果直接相关。具体做法是先确定用量，将所需添加剂加入少量的饲料中，拌和均匀，即为第一层次预混料；然后再把第一层次预混料掺到一定量（饲料总量的 1/5 ～ 1/3）饲料上，再充分搅拌均匀，即为第二层次预混料；最后再次把第二层次预混料掺到剩余的饲料上，拌匀即可。这种方法称为饲料三层次分级拌合法。由于添加剂的用量很少，只有多层分级搅拌才能混匀。如果搅拌不均匀，即使是按规定的量饲用，也往往起不到作用，甚至会出现中毒现象。四是混于干饲料中。饲料添加剂只能混于干饲料（粉料）中，短时间储存待用才能发挥它的作用。不能混于加水的饲料和发酵的饲料中，更不能与饲料一起加工或煮沸使用。五是注意配伍禁忌。多种维生素最好不要直接接触微量元素和氯化胆碱，以免降低药效。在同时饲用两种以上的添加剂时，应考虑有无拮抗、抑制作用，是否会产生化学反应等。六是储存时间不宜过长。大部分添加剂不宜久放，特别是营养添加剂、特效添加剂，久放后易受潮发霉变质或氧化还原而失去作用，如维生素添加剂、抗生素添加剂等。

（四）预混料选用不当

预混料是由一种或多种营养物质补充料（如氨基酸、维生素、微量元素）和添加剂（如促生长剂、驱虫剂、抗氧化剂、防腐剂、着色剂等）与某种载体或稀释剂，按配方要求比例均匀配制的混合料。添加剂预混料是一种半成品，可供配合饲料工厂生产全价配合饲料或浓缩料，也可供有条件的养鸡户配料使用。在配合饲料中添加量为 0.5% ～ 3%。养殖户可根据预混料厂家提供的参考配方，利用自家的能量饲料、蛋白质补充料与和预混料配合成全价饲料，饲料成本比使用全价成品料和浓缩料都要低一些。预混料是鸡饲料的核心，用量虽然小，但作用大，直接影响到饲料的全价性和饲养效果。但在选择和

使用预混料方面存在一些误区。一是缺乏相关知识，盲目选择。目前市场上的预混料生产厂家多，品牌多，品种繁多，质量参差不齐，由于缺乏相关知识，盲目选择，结果选择的预混料质量差，影响饲养效果。二是过分贪图便宜购买质量不符合要求的产品。俗话说“一分价钱一分货”，这是有一定道理的。产品质量好的饲料，由于货真价实，往往价钱高，价钱低的产品也往往质量差。三是过分注重外在质量而忽视内在品质。产品质量是产品内在质量和外在质量的综合反映。产品的内在质量是指产品的营养指标，如产品的可靠性、经济性等；产品的外在质量是指产品的外形、颜色、气味等。有部分养殖户在选择饲料产品时，往往偏重于看饲料的外观、包装如何，其次是看色、香、味。由于饲料市场竞争激烈，部分商家想方设法在外包装和产品的色、香、味上下功夫，但产品内在质量却未能提高，养殖户不了解，往往上当。四是不能按照预混料的配方要求来配制饲料，随意改变配方。各类预混料都有各自经过测算的推荐配方，这些配方一般都是科学合理的，不能随意改变。例如，豆粕不能换成菜籽粕或者棉粕，玉米也不能换成小麦，更不能随意增减豆粕的用量，造成蛋白质含量过高或不足，影响生长发育，降低经济效益。五是混合均匀度差。目前，农村大部分养殖户在配制饲料时都是采用人工搅拌。人工搅拌，均匀度达不到要求，严重影响了预混料的使用效果。六是使用方式和方法欠妥。如不按照生产厂家的要求添加，要么添加多，要么添加少，有的不看适用对象，随意使用，或其他饲料原料粒度过大等，影响使用效果。

处理措施如下。一是正确选择。根据不同的使用对象，如不同类型的蛋鸡或不同阶段的蛋鸡正确选用不同的预混料品种。选择质量合格产品。根据国家对饲料产品质量监督管理的要求，凡质量合格的产品应符合如下条件。①要有产品标签，标签内容包括产品名称、饲用对象、批准文号、营养成分保证值、用法、用量、净重、生产日期、厂名、厂址。②要有产品说明书。③要有产品合格证。④要有注册商标。二是选择规模大、信誉度高的厂家生产的质量合格、价格适中的产品。不要一味考虑价格，更要注重品质。长期饲喂营养含量不足或质量低劣的预混料，禽会出现拉稀、腹泻现象，这样既阻碍禽的正常生长，又要花费医药费，反而增加了养殖成本，捡了“芝麻”，丢了

"西瓜"，得不偿失。三是正确使用。按照要求的比例准确添加，按照预混料生产厂家提供的配方配制饲料，不要有过大改变。用量小不能起到应有的作用，用量大饲料成本提高，甚至可能引起中毒。饲料粒度粉碎合适（雏鸡饲料粒度为1毫米以下，中鸡饲料粒度为1～2毫米，成鸡饲料粒度为2～2.5毫米）。四是搅拌均匀。添加剂用量微小，在没有高效搅拌机的情况下，应采取多次稀释的方法，使之与其他饲料充分混匀。如1千克添加剂加100千克配合饲料时，应将1千克添加剂先与1～2千克配合饲料充分拌匀后，再加2～4千克配合饲料拌匀，这样少量多次混合，直到全部拌匀为止。五是妥善保管。添加剂预混料应存放于低温、干燥和避光处，与耐酸、碱性物质放在一起。包装要密封，启封后要尽快用完，注意有效期，以免失效。储放时间不宜过长，时间一长，预混料就会分解变质，色味全变。一般有效期为夏季最多3天，其他季节不得超过6天。

（五）饲料配制不当

饲养营养是保证鸡快速生长的基础，配方设计合理与否直接关系到日粮的质量。蛋鸡配合饲料配方设计中存在一些误区。一是注重蛋白质水平而忽视能量水平。由于蛋白质是蛋鸡营养中的重要组成部分，蛋白质不足影响蛋鸡生产性能，一些饲养者只求满足粗蛋白的要求，而忽视能量水平。另外，蛋白质是国家饲料质量检测的重要指标，出售饲料的企业都不敢在蛋白质上做文章，蛋白质基本能达到国家要求。但出于降低成本需要，能量往往不足。结果导致蛋鸡采食量增大，摄入蛋白质过多，由于蛋白质代谢增加鸡的负担，另外产生热增耗，夏天加剧热应激，因而低能高蛋白饲料对蛋鸡反而不利。二是注重蛋白质含量，忽视蛋白质质量。现代动物营养技术表明，蛋白质的营养就是氨基酸营养，因而添加蛋白质饲料是要满足氨基酸需要，而不是单单满足粗蛋白需要。在有些地区，由于受到饲料原料来源限制的影响，因而往往过多地使用单一原料，造成氨基酸不平衡，影响蛋鸡生产水平。忽视蛋白质的质量问题表现在不注重氨基酸平衡性和不考虑氨基酸消化率两个方面；很多饲料原料蛋白质含量很高，如羽毛粉、皮革粉、血粉等，但氨基酸消化率低，影响家禽消化吸收。三是忽视配合饲料原料的消化率。由于鱼粉、豆粕、花生粕等优质蛋白质饲料价格过高。为

了降低饲料价格，大量使用一些非常规饲料原料，影响饲料的消化吸收率。四是饲料配方计算不准确，各种饲料原料的比例随意性大。

处理措施：一是保持适宜的蛋白能量比；二是考虑饲料中可利用氨基酸的含量和各种氨基酸的比例；三是不要用不易消化利用的非常规饲料原料。

三、鸡场建设中存在的问题及处理

（一）场址选择不当

场地状况直接关系到鸡场隔离、卫生、安全和周边关系。生产中由于有的场户忽视场地选择，选择的场地不当，导致生产中出现许多问题，严重影响生产。如有的场地距离居民点过近，甚至有的养殖户在村庄内或在生活区内养鸡，结果产生的粪便污水和臭气影响到居民的生活质量，引起居民的反感，出现纠纷，不仅影响生产，甚至收到环境部门的叫停通知，造成较大损失；选择场地时不注意水源选择，选择的场地水源质量差或水量不足，投产后给生产带来不便或增加生产成本；选择的场地低洼积水，常年潮湿污浊，靠近噪声大的企业、厂矿，鸡群经常遭受应激，或靠近污染源，疫病不断发生。

处理措施：选择场址时，一要提高认识，必须充分认识到场址对安全高效生产的重大影响；二要科学选择场址，地势要高燥，背风向阳，朝南或朝东南，最好有一定的坡度，以利光照、通风和排水。鸡场用水要考虑水量和水质，水源最好是地下水，水质清洁，符合饮水卫生要求。与居民点、村庄保持 500 ～ 100 米距离，远离兽医站、医院、屠宰场、养殖场等污染源和交通干道、工矿企业等。

（二）规划布局不合理

规划布局合理与否直接影响场区的隔离和疫病控制。有的养殖场（户）不重视或不知道规划布局，不分生产区、管理区、隔离区，或生产区、管理区、隔离区没有隔离设施，人员相互乱串，设备不经处理随意共用。鸡舍之间间距过小，影响通风、采光和卫生。储粪场靠近鸡舍，甚至设在生产区内，没有隔离卫生设施等；有的养殖小区缺乏科学规划，区内不同建筑物摆布不合理，养殖户各自为政等，使养殖场或小区不能进行有效隔离，病原相互传播，疫病频繁发生。

处理措施如下。一是要了解掌握有关知识，树立科学观念。二是要进行科学规划布局。规划布局时注意：①鸡场、孵化场、饲料厂等要严格地分区设立。②要实行“全进全出制”的饲养方式。③生产区的布置必须严格按照卫生防疫要求进行。④生产区应在隔离区的上风处或地势较高地段。⑤生产区内净道与污道不应交叉或共用。⑥生产区内鸡舍间的距离应是鸡舍高度的3倍以上。⑦生产区应远离禽类屠宰加工厂、禽产品加工厂、化工厂等易造成环境污染的企业。

（三）鸡场绿化不好

鸡场的绿化需要增加场地面积和资金投入，由于对绿化的重要性缺乏认识，许多鸡场认为绿化只是美化一下环境，没有什么实际意义，还需要增加投入，占用场地等，设计时缺乏绿化设计的内容，或即使有设计，为减少投入不进行绿化，或场地小没有绿化的空间等，导致鸡场光秃秃，夏季太阳辐射强度大，冬季风沙大，场区小气候环境差。

处理措施如下。

一是高度认识绿化的作用。绿化不仅能够改变自然面貌，改善和美化环境，还可以减少污染，保护环境，为饲养管理人员创造一个良好的工作环境，为禽创造一个适宜的生产环境。良好的绿化可以明显改善蛋鸡场的温热、湿度和气流等状况。夏季能够降低环境温度。因为：①植物的叶面面积较大，如草地上草叶面积是草地面积的25～35倍，树林的树叶面积是树林的种植面积的75倍，这些比绿化面积大几十倍的叶面面积通过蒸腾作用和光合作用可吸收大量的太阳辐射热，从而显著降低空气温度；②植物的根部能保持大量的水分，也可从地面吸收大量热能；③绿化可以遮阳，减少太阳的辐射热。茂盛的树木能挡住50%～90%的太阳辐射热。在鸡舍的西侧和南侧搭架种植爬蔓植物，在南墙窗口和屋顶上形成绿荫棚，可以挡住阳光进入舍内。一般绿地夏季气温比非绿地低3～5℃，草地的地温比空旷裸露地表温度低得多。冬季可以降低严寒时的气温日较差，昼夜气温变化小。另外，绿化林带对风速有明显的减弱作用，因为气流在穿过树木时被阻截、摩擦和过筛等作用，将气流分成许多小涡流，这些小涡流

方向不一，彼此摩擦可消耗气流的能量，故可降低风速，冬季能降低风速20%，其他季节可达50%～80%，场区北侧的绿化可以降低寒风的风力，减少寒风的侵袭，这些都有利于鸡场温热环境的稳定。良好的绿化可以净化空气。绿色植物等进行光合作用，吸收大量的二氧化碳，同时又放出氧气，如每公顷阔叶林，在生长季节，每天可以吸收约1000千克的二氧化碳，生产约730千克的氧；许多植物如玉米、大豆、棉花或向日葵等能从大气中吸收氨而促其生长，这些被吸收的氨，占生长中的植物所需总氮量的10%～20%，可以有效降低大气中的氨浓度，减少对植物的施肥量。有些植物尚能吸收空气中的二氧化硫、氟化氢等，这些都可使空气中的有害气体大量减少，使场区和禽舍的空气新鲜洁净。另外，植物叶子表面粗糙不平，多绒毛，有些植物的叶子还能分泌油脂或黏液，能滞留或吸附空气中的大量微粒。当含微粒量很大的气流通过林带时，由于风速的降低，可使较大的微粒下降，其余的粉尘和飘尘可被树木的枝叶滞留或黏液物质及树脂吸附，使大气中的微粒量减少，使细菌因失去附着物也相应减少。在夏季，空气穿过林带，微粒量下降35.2%～66.5%，微生物减少21.7%～79.3%。树木总叶面积大，吸滞烟尘的能力很大，好像是空气的天然滤尘器；草地除可吸附空气中的微粒外，还能固定地面的尘土，不使其飞扬。同时，某些植物的花和叶能分泌一种芳香物质，可杀死细菌和真菌等。含有大肠杆菌的污水流过30～40米的林带，细菌数量可减少为原有的1/18。场区周围的绿化还可以起到隔离卫生作用。

二是留有充足的绿化空间。在保证生产用地的情况下要适当留下绿化隔离用地。

三是科学绿化。

① 场界林带设置　在场界周边种植乔木和灌木混合林带，乔木如杨树、柳树、松树等，灌木如刺槐、榆叶梅等。特别是场界的西侧和北侧，种植混合林带宽度应在10米以上，以起到防风阻砂的作用。树种选择适应北方寒冷特点的。

② 场区隔离林带设置　主要用以分隔场区和防火。常用杨树、槐树、柳树等，两侧种以灌木，总宽度为3～5米。

③ 场内外道路两旁的绿化　常用树冠整齐的乔木和亚乔木以及某些树冠呈锥形、枝条开阔、整齐的树种。需根据道路宽度选择树种的

高矮。在建筑物的采光地段，不应种植枝叶过密、过于高大的树种，以免影响自然采光。

④ 遮阴林的设置　在鸡舍的南侧和西侧，应设 1 ～ 2 行遮阴林。多选枝叶开阔，生长势强，冬季落叶后枝条稀疏的树种，如杨树、槐树、枫树等。

四、鸡舍建设方面的问题及处理

（一）鸡舍过于简陋，不能有效保温和隔热，舍内环境不易控制

目前鸡饲养多采用舍内高密度饲养，舍内环境成为制约鸡生产性能发挥和健康的最重要条件，舍内环境优劣与鸡舍有着密切关系。由于观念、资金等条件的制约，人们没有充分认识到鸡舍的作用，忽视鸡舍建设，不舍得在鸡舍建设中多投入，鸡舍过于简陋（如有些鸡场鸡舍的屋顶只有一层石棉瓦），保温隔热性能差，舍内温度不易维持，鸡遭受的应激多。冬天舍内热量容易散失，舍内温度低，鸡采食量多，饲料报酬差。要维持较高的温度，采暖的成本极大增加；夏天外界太阳辐射热容易通过屋顶进入舍内，舍内温度高，鸡采食量少，产蛋率低。要降低温度，需要较多的能源消耗，也增加了生产成本。

处理措施如下。

1. 科学设计

根据不同地区的气候特点选择不同材料和不同结构，设计符合保温隔热要求的鸡舍。现以东北寒冷地区鸡舍设计为例说明鸡舍的保温隔热设计。

采用砖墙白灰水泥砂浆，内粉刷，屋顶为石棉瓦顶（δ_1），瓦下设容重 100 千克 / 米^3 的聚乙烯泡沫塑料保温层（δ_2），保温层下贴 10 毫米厚石膏板（δ_3）。设计墙体和屋顶保温层的厚度。如果砖墙厚度大于 0.37 米时，可考虑设保温层。

第一步：绘墙和屋顶的简图（图 8-1），由表查出各层材料的导热系数 λ 并列出其厚度 δ。

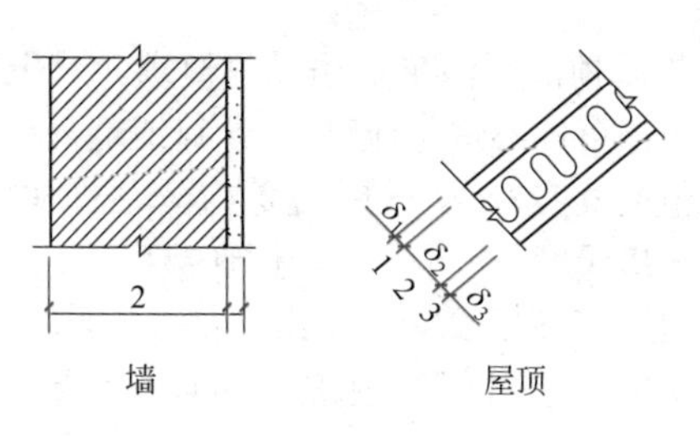

图 8-1　墙和屋顶结构简图

第二步：计算或查表得出东北地区墙和屋顶的冬季低限热阻值。如哈尔滨地区的墙体为 0.89 米 ²• 摄氏度 / 瓦；屋顶为 1.32 米 ²• 摄氏度 / 瓦。

第三步：设计墙的砖砌厚度 δ_2，以求得的墙的 R_0min 值作为墙的总热阻值，查表知道墙的冬季内、外表面换热阻 α_n=0.115 和 α_w=0.043，将其与图 8-1 的有关值代入下式，得：

$$墙R_{0\min} = R_n + \frac{\delta_1}{\lambda_1} + \frac{\delta_2}{\lambda_2} + R_w$$

$$0.89 = 0.115 + \frac{0.02}{0.7} + \frac{\delta_2}{0.81} + 0.043$$

$$\delta_2 = (0.89 - 0.1866) \times 0.81 = 0.5698 \approx 0.57米$$

砖墙计算的厚度已超过 0.5 米，可采用 0.24 米墙，内表面加聚乙烯泡沫塑料、钢丝网抹灰的构造方案。0.24 米砖墙的热阻值为 0.24÷0.81=0.2963 米 ²• 摄氏度 / 瓦，则聚乙烯泡沫塑料（λ=0.047）层厚度应为 (0.89−0.158−0.2963)×0.047 ≈ 0.02 米。

第四步：确定屋顶保温层厚度 λ_2。以求得的屋顶的 R_0min 值作为屋顶的总热阻值，查表得知屋顶的冬季内、外表面换热阻 α_n=0.115 和 α_w=0.043，将其与图 8-1 的有关值代入下式，得屋顶保温层的厚度为 0.06 米。

$$屋顶R_{0\min} = R_n + \frac{\delta_1}{\lambda_1} + \frac{\delta_2}{\lambda_2} + \frac{\delta_3}{\lambda_3} + R_w$$

$$1.32 = 0.115 + \frac{0.01}{0.52} + \frac{\delta_2}{0.047} + \frac{0.01}{0.33} + 0.043$$

$$\delta_2 = (1.32 - 0.2075) \times 0.47 = 0.0551 \approx 0.060米$$

第五步：检验屋顶能否满足夏季隔热要求（对于开放舍，夏季墙体的隔热作用较弱，可以不进行计算）。计算或查表可以知道哈尔滨地区夏季低限热阻值为 0.7272 米²•摄氏度 / 瓦，屋顶内、外表面夏季换热阻为 0.143 米²•摄氏度 / 瓦和 0.054 米²•摄氏度 / 瓦。根据设计的冬季保温屋顶结构，按照下列公式可以得出屋顶的夏季总热阻为 1.5231 米²•摄氏度 / 瓦，远远大于夏季低限热阻值，可以保证夏季的隔热要求。

$$
\begin{aligned}
R_0 &= R_n + R_1 + R_2 + R_3 + R_w \\
&= 0.143 + \frac{0.01}{0.52} + \frac{0.06}{0.047} + \frac{0.01}{0.33} + 0.054 \\
&= 1.5231\text{米}^2\cdot\text{摄氏度}/\text{瓦}
\end{aligned}
$$

2. 严格施工

设计良好的鸡舍如果施工不好也会严重影响其设计目标。严格选用设计所选的材料，按照设计的构造进行建设，不偷工减料；鸡舍的各部分或各结构之间不留缝隙，屋顶要严密，墙体的灰缝要饱满。

（二）忽视通风换气系统的设置，舍内通风换气不良

舍内空气质量直接影响鸡的健康和生长，生产中许多鸡舍不注重通风换气系统的设计，如没有专门通风系统，只是依靠门窗通风换气，为保温舍内换气不足，空气污浊或通风过度造成温度下降，或出现“贼风”，冷风直吹鸡体引起伤风感冒等；夏季通风不足，舍内气流速度低，蛋鸡热应激严重等。处理措施如下。

1. 科学设计通风换气系统

冬季由于内外温差大，可以利用自然通风换气系统。设计自然通风换气系统时需注意进风口设置在窗户上面，排气口设置的屋顶，这样冷空气进入舍内下沉温暖后再通过屋顶的排气口排出，可以保证换气充分，避免冷风直吹鸡体。排风口面积要能够满足冬季通风量的需要。夏季由于内外温差小，完全依赖自然通风效果较差，最好设置湿帘 - 通风换气系统，安装湿帘和风机进行强制通风。自然通风换气系统设计方法举例说明。

如河南某蛋鸡场蛋鸡舍，三列四走道，总长66米，宽10.5米，共22间，容纳蛋鸡10000只（体重2千克）。南北各设置两个高1.8米，宽1.2米的窗户。检验采光窗能否满足夏季通风要求？设计冬季通风系统（风管距地面高度按6米计）。

第一步：求夏季每间通风量。某一端留一间工作间（放置饲料和饲养人员值班），蛋鸡占的间数为21间。查表蛋鸡所需要通风量为4米³/小时·千克，则每间需要的通风量为：L=10000×2×4÷21 ≈ 3810米³/小时。

第二步：求采光窗夏季热压通风量。南北窗均为单开口通风，上排下进，进排气口垂直距离H是高的1/2，则：

南北窗H=1.8米÷2=0.9米（利用窗户通风，H为窗户高度的1/2）。

南窗排风口面积F_1=1.8米×1.2米×2÷2=2.16米²(利用窗户通风，F_1为南面窗户面积的1/2)。

北窗排风口面积F_2=1.8米×1.2米×2÷2=2.16米²(利用窗户通风，F_2为北面窗户面积的1/2)。

查表郑州的舍外通风计算温度t_w=32℃，则舍内t_n=32+3℃。

则：

$$L = 3600uF\sqrt[2]{\frac{2gH(t_n - t_w)}{(273 + t_w)}} = 7968.9F\sqrt[2]{\frac{H(t_n - t_w)}{(273 + t_w)}}$$

$$= 7968.9 \times (2.16 + 2.16)\sqrt[2]{\frac{0.9(35 - 32)}{273 + 32}}$$

=3239米³/小时

由此可知，窗户的通风量小于需要的通风量，可以设置地窗或利用冬季屋顶通风系统增加通风量。

第三步：冬季通风设计。查表知冬季通风换气参数为0.70米³/小时·千克，则每间鸡舍需10000×2×0.70÷21 ≈ 667米³/小时；查表鸡舍冬季t_n=13℃，舍外冬季计算t_w=0℃，则t_n−t_w=13−0=13℃。

查表得知风管上口距地面6.0米时，1000米³/小时通风量需要的风管面积为0.23米²，则667米³/小时需0.153米²的风管面积。

一间设置一个排风管，设成圆形，风管半径$=\sqrt{0.153 \div 3.14}$ =

0.221 米

进气口面积 =0.153×70%=0.107 米 ^{2}。在南北窗上设置高为 0.12 米的进气口各一个，则宽度为 0.107÷2÷0.12 ≈ 0.45 米。

2. 加强通风换气系统的管理

保证换气系统正常运行，保证设备、设施清洁卫生。最好能够在进风口安装过滤清洁设备，以使进入舍内的空气更加洁净。安装风机时，每个风机上都要安装控制装置，根据不同的季节或不同的环境温度开启不同数量的风机。如夏季可以开启所有的风机，其他季节可以开启部分风机，温度适宜时可以不开风机（能够进行自然通风的鸡舍）。负压通风时要保证鸡舍具有较好的密闭性。

（三）忽视鸡舍的防潮设计和管理，舍内湿度过高

湿度常与温度、气流等综合作用对鸡产生影响。低温高湿加剧鸡冷应激，高温高湿加剧鸡的热应激。生产中人们较多关注温度，而忽视舍内的湿度对鸡的影响。不注重鸡舍的防潮设计和防潮管理，舍内排水系统不畅通，特别是冬季鸡舍封闭严密，导致舍内湿度过高，影响鸡的健康和生长。

处理措施：一是提高认识，充分认识湿度，特别是高湿度对鸡的影响；二是加强鸡舍的防潮设计，如选择高燥的地方建设鸡舍，基础设置防潮层以及其他部位的防潮处理等，舍内排水系统畅通等；三是加强防潮管理；四是保持适量通风等（详见前面舍内湿度控制内容）。

（四）忽视鸡舍内表面的处理，内表面粗糙不光滑

鸡代谢率高，机体屏障薄弱，加之饲养密度高，疫病容易发生，鸡舍的卫生管理就显得尤为重要。鸡饲养中，要不断对鸡舍进行清洁消毒，鸡淘汰后的间歇，更要对鸡舍进行清扫、冲洗和消毒，所以，建设鸡舍时，舍内表面结构要简单，平整光滑，具有一定耐水性，这样容易冲洗和清洁消毒。生产中，有的鸡场的鸡舍，为了降低建设投入，对鸡舍不进行必要处理，如内墙面不摸面，裸露的砖墙，粗糙，凸凹不平，屋顶内层使用苇笆或秸秆，地面不进行硬化等，一方面影响到舍内的清洁消毒，另一方面也影响到鸡舍的防潮和保温隔热。

处理措施：一是屋顶处理，根据屋顶形式和材料结构进行处理，如混凝土、砖结构平顶、拱形屋顶或人字形屋顶，使用水泥沙浆将内表现抹光滑即可；如果屋顶是苇笆、秸秆、泡沫塑料等不耐水的材料，可以使用石膏板、彩条布等作为内衬，既光滑平整，又有利于冲洗和清洁消毒；二是墙体处理，墙体的内表面要用防水材料（如混凝土）抹面；三是地面处理，地面要硬化。

（五）为减少投入或增加鸡饲养数量，鸡舍面积过小，饲养密度过高

鸡舍建筑费用在鸡场建设中占有很高的比例，由于资金受到限制而又想增加养殖数量，获得更多收入，建筑的鸡舍面积过小，饲养的鸡数量多，饲养密度高，采食空间严重不足，舍内环境质量差。育成期生长发育不良，体重不达标，群体大小不一，抵抗力差，育成新母鸡质量差；产蛋期应激严重，产蛋量少，破壳蛋多。虽然养殖数量增加了，结果养殖效益降低了，适得其反。

纠正措施如下。一是科学计算鸡舍面积。鸡的日龄不同、饲养方式不同，饲养密度不同，占用鸡舍的面积也不同。养殖数量确定后，根据选定的饲养方式确定适宜的饲养密度（出栏时的密度要求），然后可以确定鸡舍面积。如饲养5000只商品蛋鸡，采用网上平养，饲养到16周龄上笼，饲养密度为10只，则需要鸡舍面积约为500米^2，加上值班间25米^2，需要525米^{2}左右。二是如果鸡舍面积确定，应根据不同饲养方式要求的饲养密度安排鸡的数量。三是不要随意扩大饲养数量和缩小鸡舍面积，同时，要保证充足的采食和饮水位置，否则，饲养密度过大或采食、饮水位置不足必然会影响鸡的生长发育、群体均匀和产蛋。

五、废弃物处理的问题及处理

（一）废弃物随处堆放和不进行无害化处理

鸡场的废弃物主要有粪便和死鸡。废弃物内含有大量的病原微生物，是最大的污染源，但生产中许多养殖场不重视废弃物的储放和处理，如没有合理的规划和设置粪污存放区和处理区，随便堆放，也不

进行无害化处理，结果是场区空气质量差，有害气体含量高，尘埃飞扬，污水横流，蛆爬蝇叮，臭不可闻，土壤、水源污染严重，细菌、病毒、寄生虫卵和媒介虫类大量滋生传播，鸡场和周边相互污染；如病死鸡随处乱扔，有的在鸡舍内，有的在鸡舍外，有的在道路旁，没有集中在堆放区。病死鸡不进行无害化处理，有的卖给鸡贩子，有的甚至鸡场人员自己食用等，导致病死鸡的病原到处散播。

纠正措施如下。一是树立正确的观念，高度重视废弃物的处理。有的人认为废弃物处理需要投入，是增加自己的负担，病死鸡直接出售还有部分收入等，这是极其错误的。粪便和病死鸡是最大污染源，处理不善不仅会严重污染周边环境和危害公共安全，更关系到自己鸡场的兴衰，同时病死禽不进行无害化处理而出售也是违法的。二是科学规划废弃物存放和处理区。三是设置处理设施并进行处理。

（二）认为污水不处理无关紧要，随处排放

有的鸡场认为污水不处理无关紧要或污水处理投入大，建场时，不考虑污水的处理问题，有的场只是随便在排水沟的下游挖个大坑，谈不上几级过滤沉淀，有时遇到连续雨天，沟满坑溢，污水四处流淌，或直接排放到鸡场周围的小渠、河流或湖泊内，严重污染水源和场区及周边环境，也影响到本场鸡的健康。

纠正措施如下。一是鸡场要建立各自独立的雨水和污水排水系统，雨水可以直接排放，污水要进入污水处理系统。二是采用干清粪工艺。干清粪工艺可以减少污水的排放量。三是加强污水的处理。要建立污水处理系统，污水处理设施要远离鸡场的水源，进入污水池中的污水经处理达标后才能排放。如按污水收集沉淀池→多级化粪池或沼气→处理后的污水或沼液 →外排或排入鱼塘的途径设计，以达到既利用变废为宝的资源——沼气、沼液（渣），又能实现立体养殖增效的目的。

六、产蛋期的问题及处理

（一）产蛋前期体重不适宜

产蛋前期即 20 ～ 32 周龄时的体重及其一致性在很大程度上影

响鸡的产蛋性能。此阶段随着产蛋率的上升，体重应有适宜的增加。如罗曼蛋鸡 20 ～ 32 周龄增重率小于 10%，其全期产蛋性能最差（平均产蛋 268 枚，总蛋重 17.5 千克）；增重率在 10% ～ 20% 和 20% ～ 30% 之间其前期平均产蛋数、全期平均产蛋数和产蛋量较高（平均产蛋数 284 枚，总蛋重 18 千克左右）；增重率若大于 30%，其产蛋性能表现尚好，但耗料量增加，提高了饲养成本。因此，蛋鸡从开产至 32 周龄的体增重率控制在 10% ～ 30%，产蛋潜力能充分发挥，饲料报酬也好。生产中增重率过大较为少见，也易于控制；增重小的较为常见，其原因有营养、疾病等，严重影响鸡群生产性能。处理措施如下。

1. 及时更换饲料

育成料和预产料的营养水平比蛋鸡料要低，如果蛋鸡料更换过晚，影响营养物质的蓄积，虽暂且不影响产蛋上升，但会影响体重增加。所以，当鸡群体重达到开产体重时直接换成产蛋高峰料，使鸡体有足够的营养物质储备来用于产蛋和增重。或在 17 ～ 18 周龄换上预产鸡料，产蛋达到 5% 时换成产蛋高峰料。饲料更换要有 5 ～ 7 天过渡期。

2. 饲料品质优良

选用豆粕、鱼粉、酵母粉等优质原料配制饲粮，杂粕用量尽可能少。使用杂粕时一要注意氨基酸含量及氨基酸之间的平衡和氨基酸的消化吸收；二要注意杂粕中含有的各种抗营养因子和毒性因子影响其利用率和安全性，用前最好进行处理；三要注意在饲料中添加酶制剂来提高饲料利用率。选用的各种饲料原料要清洁干燥，避免霉菌污染。

3. 科学饲养

根据体重、光照和产蛋上升情况不断增加喂料量，使营养走在前头，有利于产蛋和增重。喂料量要适宜，每天要让鸡吃饱吃净，使鸡保持旺盛的食欲，并根据实际情况进行调整饲养：一是品种不同，其对营养要求也不同，最好参考品种推荐的营养水平要求设计日粮配方配制日粮；二是鸡群采食量少或天气炎热影响采食量时，要提高日粮的营养浓度，在饲料中添加脂肪、鱼粉和微量成分；三是鸡群发生应激时，在饲料或饮水中加入抗应激剂和营养剂，缓解应激对鸡体的不良影响。饮用水要清洁充足。

4. 细心管理

（1）定期称重　产蛋前期每4周称重一次，如果体重增重少，要及时采取措施加以解决。

（2）加强对体重小和冠发育差的鸡的管理　将发育差的鸡放在温度高、光线明亮、易于管理的地方，加强管理，增加营养，促使体重增加。

（3）减少应激　饲养管理程序要稳定，环境要安静，尽量减少应激。

（4）保持环境卫生　加强对环境和鸡群消毒，做好鸡群隔离，减少和防止疫病发生。

（二）鸡无产蛋高峰或高峰上不去的原因和对策

1. 雏鸡质量差

如所购雏鸡本身不是良种鸡，或鸡混杂，或未按照正规的良种繁育体系要求的配套方式和制种程序制种，或是原种纯系退化都能造成商品代质量差，产蛋期无产蛋高峰或高峰不高；雏鸡被沙门菌、支原体（引起慢性呼吸道疾病和鸡传染性滑膜炎）、淋巴性白血病、病毒性关节炎病毒等经蛋传播的病原严重污染；由于种鸡饲养管理不善、孵化场孵化条件不好或孵化不良、长时间运输引起严重脱水和饥饿导致弱雏多等都能影响以后产蛋。

处理措施：所以选购雏鸡要到有种蛋种禽经营许可证、质量高、信誉好的种鸡场和孵化场，最好对种鸡场的饲养管理情况和孵化场的卫生消毒、孵化技术有所了解。选择健雏，尽量减少运输时间，及早进入育雏舍。

2. 饲养管理不善

饲养管理不善表现如下。一是培育期饲养管理不当，体重距品种要求相差太多，均匀度低，育成质量差。育成鸡体重大小决定了鸡开产日龄。鸡群均匀度决定了鸡群产蛋高峰出现时间和高峰持续时间，

体重符合要求、均匀度高的鸡群产蛋时间一致，高峰来得快、持续时间长，均匀度低的鸡群，体重大的先开产，体重小的后开产，产蛋时间不整齐，等体重小的到高峰时，体重大的鸡可能已经到了产蛋高峰后期，会表现没有产蛋高峰或高峰不高。体重距品种要求相差太多，会直接影响产蛋率上升。二是有毒有害物质损害生殖机能。长期过量使用未经脱毒处理的棉籽饼、菜籽饼，使生殖机能受到损害；育成阶段经常使用磺胺类药物，会抑制卵巢中卵泡的发育而影响以后产蛋。三是环境条件不适宜。18 周龄的育成鸡应及时增加光照，增加光照时增加喂料量。如果不及时增加光照或渐减光照，开关灯时间不固定，增光不增加饲料，都会使蛋鸡难达产蛋高峰。温度不适宜，产蛋上升期刚好在炎热季节，通风降温措施不力，舍内温度过高，鸡采食量过少，热应激严重，影响产蛋上升。鸡舍通风不良，氨气、硫化氢等有害气体浓度高，鸡的生产潜力难以发挥。四是应激。饲料突然更换、噪声（如雷电、鞭炮等）、工作程序不稳定、光照无规律、温度过高过低等对鸡造成严重应激影响产蛋上升。

处理措施如下。一要提供优质日粮。育雏阶段日粮营养充足、全面平衡、易于消化吸收，1 ～ 2 周可用颗粒料或蛋用雏鸡料。育雏结束根据鸡群体重情况更换育成料，育成阶段日粮蛋白质可降至 14% ～ 15%，但要保持一定的能量水平和充足的微量元素、维生素，防止育成期末鸡体瘦弱，体重不达标。饲料中少用有毒有害物质含量高的原料，少用磺胺类药物，避免影响生殖机能。二要提供良好的环境条件。饲养密度适宜，切勿过大。温度要适宜，对夏季处于育成后期和产蛋上升期及高峰期的鸡群应采取有效措施，如加大通风量、安装湿帘通风系统、喷雾、遮阳等，降低舍内温度，减弱热应激。育成期光照时数要恒定或渐减，18 ～ 19 周龄时增至 13 小时，以后每周增加 30 分钟，增至 16 小时恒定，增光同时增加喂料量。通风换气良好，育成后期鸡群采食量和排泄量大，舍内空气易污浊，有害气体易超标，要定期通风换气，特别是冬季鸡舍封闭过严，更应注意，在舍温不太低时加大通风量，使舍内空气清新洁净。三要加强管理。培育期每周或每两周测体重和胫长一次，据体重和胫长情况对鸡群进行必要的调整和分群，虽然此项工作有些麻烦，但效果显著。光照制度、工作程序要稳定，饲料更换要有过渡期，防疫转群在晚上进行，在日粮或饮

水中添加抗应激剂，如速溶多维、速补-14、维生素C等，尽量避免和减弱应激。

3. 疾病

造成鸡群产蛋率达不到高峰的疾病主要有下面几种。

（1）传染性支气管炎　育雏期和育成期鸡群患过传染性支气管炎（特别是育雏期），鸡群内存在为数较多的输卵管未发育的鸡，长到成年时成为外表像产蛋鸡而实际不产蛋的假母鸡。卵巢发育正常，性腺激素正常分泌，鸡冠发育正常，耻骨也会开张，外表与产蛋鸡不易区别，剖检出现典型输卵管囊肿和输卵管萎缩，卵黄性腹膜炎的比率高，产蛋率一直在低水平徘徊不上。

（2）产蛋下降综合征　刚开产的青年蛋鸡群感染减蛋综合征后，其产蛋量达不到高峰就下降，并同时出现蛋壳粗糙、畸形、软壳蛋、无壳蛋，病愈后产蛋缓慢上升，与正常产蛋率有较大差别，鸡群采食、饮水、精神状态一般无异常。

（3）禽流感　刚开产鸡群感染温和型禽流感，鸡群采食减少，精神沉郁，有呼吸道症状，产蛋率下降，软皮蛋、退色蛋、沙壳蛋、畸形蛋明显增加。病愈后产蛋恢复慢，鸡群产蛋率高峰不高，鸡群里有许多鸡输卵管被损坏。感染慢性禽流感后，病情逐渐蔓延，先发病的鸡已经恢复，未发病鸡群才开始发病，采食量减少，产蛋率不上升，退壳蛋和沙壳蛋较多。

（4）其他　大肠杆菌和沙门菌严重感染使卵巢损伤、卵泡变性、输卵管损坏，产蛋率上不去；由于过早使用高蛋白饲料或育成期饲料中糠麸含量过高等原因而造成的水样腹泻，时间过久，腹泻严重也会使产蛋率高峰上不去。其他疾病也会影响产蛋，但疾病痊愈后产蛋率上升较快，恢复的较好。

处理措施：

（1）清洁消毒　进鸡前对育雏舍进行彻底的清理、清洗和消毒，封闭育雏，进鸡后每周2～3次带鸡消毒。对进入的人员、用具、饲料和其他所有物品都要消毒。

（2）减少应激　在免疫、转群、断喙前后加喂多种维生素，减少应激，提高鸡体抵抗力。

（3）药物防治 育雏育成期可定期在饲料中加入预防呼吸道病的中药制剂如克喘宁、慢呼散、禽喘灵、喘霸等。进行药敏试验，选择大肠杆菌和沙门菌敏感药物防治大肠杆菌病和鸡白痢。

（4）做好免疫接种工作 7～10日龄用鸡新城疫和传染性支气管（H_{120}）二联苗点眼、滴鼻，同时颈部皮下注射0.3毫升复合鸡新城疫和多价传染性支气管炎二联灭活苗；20～25日龄用鸡新城疫和传染性支气管炎（H_{52}）饮水或滴鼻；30～35日龄禽流感灭活苗皮下注射，每只鸡0.3毫升；100～110日龄禽流感灭活苗皮下注射，每只鸡0.5毫升；110～120日龄减蛋综合征灭活苗皮下注射，每只鸡0.5毫升。预防鸡新城疫、传染性支气管炎、禽流感、减蛋综合征的发生。

（三）产蛋突然下降

正常的产蛋鸡群28～30周龄产蛋率上升，达到高峰后维持一段时间，然后缓缓下降，周产蛋率下降幅度是0.4%～0.5%，如果下降幅度过大，则一定存在问题，应该高度注意。

1. 疾病

鸡感染急性传染病会使产蛋量突然下降。例如禽流感、新城疫、鸡传染性支气管炎引起产蛋率的大幅度下降，蛋壳质量差，鸡群出现明显的病态；鸡产蛋下降综合征引起产蛋骤然下降，蛋壳变薄，破壳蛋、软壳蛋、无壳蛋、畸形蛋多，但鸡群没有明显的临床症状，其发病过程的产蛋曲线呈“马鞍形”，即下降得快，上升得快。鸡的脑脊髓炎也引起产蛋下降，但蛋壳、鸡群状态都无明显变化，病程很短（一般在1周左右），产蛋恢复很快。鸡群一旦发生疾病，产蛋都会下降，不过是下降的程度不同。疾病发生的原因主要是：许多养殖户（场）相互之间的间隔距离太近，不符合卫生防疫要求，一旦一户发生疫情，相邻户（场）也随即被传染；引种渠道广、进鸡批次多、人员交往繁杂，多数养殖场缺乏有效的消毒和隔离措施，致使不同疫源进入。不重视环境卫生、消毒，即使使用消毒药物，也只求形式而不注重消毒效果。如长期使用一种消毒剂或购买便宜的劣质消毒药，这些都不能有效杀灭病菌；鸡舍内外的卫生状况差，粪便不作无害化处理而直接用作肥料或喂鱼、散播病原微生物；病鸡和死鸡随处丢弃或出售，将

病原扩散到周围污染环境、危害他人。

处理措施：鸡场要做好隔离、卫生工作，采取全进全出的饲养方式。加强卫生、消毒工作，严格控制外来人员。鸡场和鸡舍门口应设消毒池，进出人员和车辆严格消毒，并经常更换消毒液；鸡舍内应定期用高效、低毒和低刺激的季铵盐类带鸡消毒。选用优质全价饲料，加强饲养管理，减少应激，增强鸡群的抵抗力。制订合理的免疫程序，选择和使用正规厂家生产的有批准文号的疫苗。并对免疫效果进行监测，避免或减少疾病的发生。

2. 环境

环境温度过高，如夏季的突然高温，舍内没有降温设备或设备没有开启，舍内温度突然过高，鸡群又没有经过适应，产蛋率会显著下降；夏季的连续高温高湿天气，鸡群的采食量大幅减少，产蛋率也会显著下降；突然的寒流或冷风，鸡舍有无防寒防风设施和措施，寒流或大风袭击鸡体，引起产蛋率的大幅下降，而且这种下降，恢复需要很长的时间；光照的突然变化，如停电引起的光照突然停止，光照程序的不稳定或光照时间减少等；突然的噪声、突然的惊吓、舍内有害气体含量过高等也会引起产蛋率的下降。

处理措施：保持适宜的温度、湿度和新鲜空气，避免冷风吹袭，光照程序稳定，减少噪声。

3. 饲养

饲养方面的因素如下。

（1）饲料原料品质不良　配制饲料的原料品质降低或掺假，突然使用了大量的杂粕或非常规饲料原料，饲料原料的突然更换，微量添加剂掺假质次等。

（2）饲料变质或营养浓度低　饲料原料和配合饲料的发霉变质，夏季饲料的酸败等。更换的饲料营养水平低于更换前的饲料。

（3）食量不足　喂料不足、断料，或饲料粒度太细，或日粮适口性差。

（4）供水不足　供水不足也会引起鸡群产蛋率大幅度下降。

处理措施：选择优质饲料，避免变质和霉菌污染，适时更换饲料，保证充足营养和饮水。

4. 管理

（1）投药和接种疫苗　连续数天投土霉素、氯霉素或驱虫药，也会引起产蛋率下降，这主要是药物的毒副作用所引起的。接种疫苗也可能引起产蛋下降，特别是在产蛋的高峰期和注射疫苗时。

（2）转舍和调整集群　产蛋期，进行转舍和鸡群调整，都会给鸡群造成较大的应激，可能引起产蛋率降低。

处理措施：合理确定用药时间、药物种类和剂量，避免高峰期使用疫苗和毒副作用强的药物；产蛋期避免移舍转群。

（四）死亡淘汰率过高

蛋鸡产蛋期死亡淘汰率一般为7%左右，但我国蛋鸡场普遍存在着死淘率过高的问题，高达20%～25%，严重的达到30%。培育一只新母鸡投入很大，死亡淘汰不仅损失了培育费用，也损失了它将来所创造的利润，降低了鸡舍、设备和劳动力的利用率，所以产蛋期死淘率过高造成的经济损失是巨大的。了解死亡淘汰率过高原因，针对原因采取相应的措施，降低死淘率。

1. 培育的新母鸡质量差

培育的新母鸡污染严重，体型发育差，均匀度低，性成熟过早和断喙不良等不仅影响产蛋期生产性能，也会导致死淘率升高。骨骼小而体重大的肥胖鸡，骨骼小而体重轻的瘦弱鸡，鸡群均匀度出现的过大鸡和过小鸡，产蛋期内都易发生脱肛、啄肛和疾病淘汰或死亡（过大鸡和过胖鸡，腹脂过多和肛门周围组织弹性降低而使产蛋外翻的泄殖腔难以复位，且可因脱肛或复位时间延长而引起啄肛；过小鸡和瘦弱鸡因发育不良和抵抗力差而死亡或淘汰）。

处理措施：选择洁净的雏鸡，培育优质的育成新母鸡。

2. 产蛋环境不适宜

产蛋舍环境不适宜，如环境温度过高，发生热应激引起死淘。鸡场多是舍饲笼养，饲养密度高，鸡舍又是开放舍，受外界气候条件变化影响大。炎热季节舍内温度易过高，又没有采取特殊降温措施，使鸡发生热应激，生产性能下降，死淘数量多。夏季持续高温可引起慢性热应激，鸡冠发白，食欲差，零星死亡多，过度瘦弱。夏季短时高温使鸡舍内温度突然过高，特别是突然高温，鸡只没有逐渐适应过程，引起急性热应激，造成较多死亡；鸡舍卫生条件差，饲养密度高，舍内有害气体含量高，也易引起啄癖和脱肛死亡；鸡舍环境不安静或受到意外惊吓，易引起脱肛死亡。此外，光照过强也易引起啄肛死亡。

处理措施：保持舍内适宜的温度和清洁卫生，保持鸡舍安静和适宜光照。

3. 管理不善

管理不善也会引起死淘，如新母鸡在开产时，生理变化比较剧烈，性情急躁，加之笼具设计不太合理，特别容易出现挂死、卡死或致残鸡。笼前固定料槽的铁丝头外露或笼架上固定鸡笼的铁钩，极易挂住鸡的下颌部和舌头根部，挂久了可引起死亡；鸡头从鸡笼的一个栅格伸出又折回另一个栅格，卡住颈部引起死亡；鸡冠卡在笼格上吊死或鸡腿卡在笼底网上被其他鸡践踏而死伤。

处理措施：细致观察刚入笼的新母鸡，发现上述问题及时解决和解救。

4. 疾病

疾病引起死亡淘汰的比例最高。许多鸡场由于资金不足和缺乏科学养鸡观念，场址选择和规划不合理，鸡舍建筑和布局不科学，隔离、卫生和消毒设施不完善，饲养密度高，环境条件差，鸡群健康受到威胁，经常发生疾病造成较多死亡。

处理措施：从鸡场选址、规划设计等入手，搞好鸡场的隔离卫生、消毒、防疫工作，加强饲养管理，做好蛋鸡保健，减少疾病发生。

（五）产蛋鸡补钙不当或补钙过量

一般母鸡每产 1 枚蛋需要 4 ～ 4.4 克钙。若产蛋鸡摄入钙质不足，不但鸡群易出现软骨症，还会影响产蛋率和蛋壳质量；而日粮中含钙量超过 4%，就会引起尿酸盐在鸡体内蓄积，造成消化不良，引起鸡只拉稀或出现痛风症。钙含量过高还会使饲料适口性变差，使采食量和

产蛋量减少，严重影响鸡的生产性能，降低饲料利用率和养鸡生产经济效益。但生产中存在补钙不当或补钙过量，影响到蛋壳质量和生产效益。处理措施如下。

1. 科学补钙

一是在开产前两周开始补钙，且以补给碎片钙质为好。开产前两周，鸡沉积钙的能力最强，可以把大量的钙沉积于骨髓中待以后产蛋所用。所以在开产前两周开始补钙既可防止鸡体内钙质缺乏，又能保证鸡在正常产蛋期间对钙质的需求。方法是将育成料中的钙质含量从 0.9% 提高到 2.5%；产蛋后期，母鸡吸收钙能力下降，饲料中钙含量要提高到 3.8% ～ 4%。

2. 补充维生素 D

舍内笼养鸡容易缺乏维生素 D 而影响蛋壳质量，应注意补充维生素 D。产蛋鸡每千克饲料中应含维生素 D 500 国际单位，含量不足时应添加鱼肝油或合成产品。维生素 D_3 可以促进小肠对钙的吸收利用，并能促进骨髓的正常钙化，有利于提高蛋壳质量和产蛋率，及保持鸡体健康发育。

3. 饲料中钙磷比例要适当

钙磷是构成骨髓的主要物质成分，还有许多其他功能。因为鸡对钙的吸收能力受磷的影响，只有钙磷比例保持平衡时，才能更好地利用钙质。若钙质在体内过量，使体内磷、钙、锌等元素发生紊乱，含磷过量也会引起不良影响。

4. 在日粮中添加适量维生素 C

科学研究表明，维生素 C 能增加甲状腺的活动机能，有促进体内钙代谢的作用，使钙从骨髓中分泌出来，使血液中的钙量增加，从而改善蛋壳的形成，提高硬度及产蛋量。产蛋鸡日粮中的维生素 C 以每千克饲料添加 50 毫克为宜。

5. 在购买全价料时应注意质量

目前市场上的蛋鸡饲料质量参差不齐，有的小型饲料工厂为降低成本，在全价料中添加石粉，使得含钙量超过4%，喂这种料时蛋壳和产蛋量均会受到影响，会使蛋壳颜色变浅，产蛋率下降。所以，在购买全价料时，应选择正规大型厂生产的优质全价蛋鸡配合料为佳。

6. 注意应激因素的影响

研究表明，各种应激因素都能影响鸡对钙磷的吸收利用，由于应激影响可使鸡只产蛋过程和产蛋时间延长，蛋在蛋壳腺中长时间存留会增加钙的沉积，而使蛋壳颜色变得苍白。因此，在饲养过程中应尽量减少应激因素刺激，使鸡保持适宜密度和温度，可使蛋壳颜色和质量有所提高，还能确保鸡群高产稳产，增加饲养效益。

（六）脱肛

脱肛是蛋鸡产蛋期主要的泄殖腔疾病，主要症状是泄殖腔脱出肛门之外，严重时输卵管也脱出肛门。蛋鸡脱肛在开产时就会发生，并能延续整个产蛋期，如果不能及时解决，会造成较大的损失。其发生原因和处理措施如下。

1. 开产前光照时间过长，促使蛋鸡过早开产

在生产中，育成鸡应采用渐减的光照方案，光照时间不能过长。20周龄开始增加光照时间，每周增加20～30分钟，逐渐把光照时间延长到15～16小时。而有些养鸡户在育成期采用渐增的光照方案或蛋鸡开产前就采用产蛋时的光照时间，导致蛋鸡体发育尚未成熟，性成熟已经完成，提前开产，造成脱肛。

处理措施：在生产中，可采用稳定光照，降低日粮中蛋白质水平，增加能量浓度，促进体成熟来解决。

2. 后备母鸡日粮中蛋白质水平过高

严格按照蛋鸡不同生长阶段的营养需要配制日粮，是保证蛋鸡正常生长发育的重要条件。如果盲目提高日粮中蛋白质水平，就会造成蛋鸡开产时蛋过大而脱肛。

处理措施：在生产中，可采用降低日粮蛋白质水平，增加日粮能量浓度，促进体成熟的办法来解决。

3. 产蛋鸡日粮中维生素A和维生素E不足，生殖道发生炎症

蛋鸡开产后应根据营养需要供给充足的维生素A和维生素E，以防因其不足而导致输卵管道和泄殖腔上皮角质化，使抗病性能下降而发生炎症，造成输卵管狭窄，引起脱肛。

处理措施：在生产中，可以在日粮中添加一定量的抗生素和足量的维生素A、维生素E来解决。

4. 腹泻脱水导致输卵管黏膜润滑作用降低

长时间的腹泻使蛋鸡体内的水分消耗过大，严重的达到脱水的程度，致使输卵黏膜不能有效地分泌润滑液，生殖道干涩，鸡产蛋时强烈努责造成脱肛。

处理措施：在生产中，应找出腹泻原因，标本兼治以恢复各器官的正常生理功能。

5. 鸡群整齐度差

鸡采食不均造成体重过大或过小，大鸡采食过多而肥胖，致使肛门周围组织的弹性降低，腹部脂肪过多而使产蛋时外翻的输卵管难以复位时而脱肛；小鸡因营养不良而瘦弱，体成熟较差，也易引起脱肛。

处理措施：生产中可采用大小鸡分群饲养，根据肥胖程度合理配制饲喂日粮。

6. 鸡群拥挤、卫生条件差

舍内氨气浓度较高，使鸡群时刻处于应激状态。

处理措施：在生产中，一般以每平方米5～6只产蛋鸡为宜，并要注意卫生，平养要勤换垫料，加强通风换气。

7. 蛋鸡连续

处于产蛋高峰期，连续产蛋导致输卵管内分泌液减少，润滑作用降低。

处理措施：在生产中，保证供应清洁足够的饮水，可降低脱肛鸡的数量。

8. 意外惊吓等应激因素

处于产蛋状态的鸡因应激而使外翻的输卵管不能正常复位。

处理措施：在生产过程中，应尽量减少应激因素，严防鼠、猫等可能致使蛋鸡发生惊吓的动物进入鸡舍。

9. 疾病

伤寒、副伤寒、白痢等腹泻性疾病也可以引起脱肛。

处理措施：控制疾病发生。

10. 发生脱肛后的治疗方法

方法 1：患鸡肛门处用饱和盐水溶液热敷后，用 0.1% 的高锰酸钾溶液冲洗，然后轻轻托送泄殖腔复原。复原后沿肛门周围作袋口缝合，使肛门缩小。但要留 1 指宽的缝以供排粪，待 5 天后拆线。如有炎症则需服 1 片土霉素，待炎症消除后再拆线。

方法 2：对于顽固性脱肛，治愈后还有复发的可能，可采用中西医结合的方法进行治疗。100 只鸡的中药配方是：黄芪 18 克，党参、白术、当归、陈皮、枳壳、升麻、牡蛎各 12 克，炙甘草 8 克，柴胡 5 克，经混合研磨过筛后饲喂。每天 1 次，连喂 3 ～ 5 天，可有效地预防和治疗蛋鸡脱肛，治疗量为每只鸡半汤匙。

（七）水泻

近年来，蛋鸡在进入夏季后经常生一种以持续性水样腹泻为特征的疾病，细菌学检查未发现有病原菌感染，用抗生素治疗亦无明显效果。本病一般是由于肠道生理功能紊乱所致。发病鸡群最特征性的症状是拉水样粪，有“哧哧”的射水声，稀粪中有未消化的饲料。发病鸡群精神状况、采食饮水正常，死淘率亦无明显升高，但病程长，可达数月。

处理措施：

（1）清理肠道，促进消化　用大黄苏打片和干酵母片按每千克体重各 0.1 克，大群拌饲喂，每天早晚各 1 次，连用 3 ～ 5 天。

（2）缓解胃肠平滑肌痉挛，抑制肠道蠕动　用硫酸阿托品注射液按每千克体重 0.35 ～ 0.4 毫克的剂量饮服，早晚各 1 次，连饮 3 ～ 5 天。

（3）补充电解多维，适当限制饮水　鸡群全天饮服优质电解多维，补充鸡体所需营养，全天饮水量适当限制，以原饮水量的 80% 为宜。

（八）应激反应

现代蛋鸡生产，饲养密度高，生产程序复杂，应激因素多，应激反应严重，导致生产性能下降，抗病力低，诱发各种疾病，影响蛋品产量和质量，饲料报酬低和效益差。

1. 应激因素

（1）外界环境中的应激因素　主要有：高温、寒冷、阴雨、日温差过大、过度潮湿；噪声、异常声响；鼠类等小动物骚扰；各种有害气体的存在；过度照明或光照不足。

（2）饲养管理中的应激因素　由于现代养鸡多为大规模集约化生产，养殖者为了获得最大的经济效益而采取的各种措施恰恰形成了多种应激因素。主要包括：监禁（笼养、网上平养）；强制换羽；疫苗接种、驱虫及投药；断喙、截翅、烙冠；密度增加；限制饲料与更换饲料；外伤、啄伤（捕捉、转群、运输）；粪便清除不及时，引起氨中毒。

（3）鸡群自身因素　微生物潜在感染、外伤、中毒病、缺乏症、患病等。

2. 处理措施

（1）加强饲养管理　保证充足清洁的饮水，进行水质消毒工作；高温时，采用湿帘或喷水措施降低舍内温度；加强舍内通风；保持舍内光照时间及强度的稳定；减少断喙、转群中的惊扰；加强鸡舍卫生清洁及消毒工作，避免粪便过多引起氨气过浓而中毒；在疫苗接种及投药时避免惊吓；降低饲养密度；避免饲料的频繁更换；丰富饲料营养，增强鸡只抗病力。

（2）使用药物

① 维生素 C　维生素 C 在鸡体内可以合成，但鸡群处在应激状态时合成维生素 C 的能力下降，加剧应激程度，因此在饲料中加入维生素 C 可缓解应激作用，用量为每 100 千克饲料中添加维生素 C50 克。

② 碳酸氢钠（小苏打）　如果因应激而降低蛋壳质量使破蛋率

提高时，在饲料中添加小苏打，用量为每100千克饲料添加230克小苏打。

③ 琥珀盐酸（丁酸二酯） 这是一种很好的应激缓解剂，它是一种白色晶体粉末，配制时，将60克丁酸二酯碾碎，拌于10千克麦麸中，配成0.6%的添加剂，预防应激时，添加量为1%，当鸡群处于应激状态时，添加量为3%，连续饲喂20天，效果明显。

（九）痛风

痛风又称尿酸盐沉着症，是一种由于摄入过量核蛋白，蛋白质代谢发生障碍，引起体内大量尿酸盐沉着的疾病，生产中育成产蛋鸡时有发生。

1. 临床表现和病理变化

本病多呈慢性经过，早期发现的病鸡，食欲不振，饮水量增加，精神沉郁，不喜运动，脱毛，排白色石灰样稀粪，有的混有绿色或黑色粪，并污染肛门周围羽毛。以后鸡冠、肉髯苍白，贫血，有时呈紫蓝色。鸡只消瘦，嗉囊常充满糊状内容物，停食，衰竭而死。少数病鸡口流淡褐色或暗红色黏液。个别病鸡关节肿胀，运动障碍，腿发干且褪色。若严重时出现跛行，进而不能站立，腿和翅关节增大、变形。

肾脏肿大，颜色变淡，表现白色高低不平的花纹，内有尿酸盐沉着。输尿管被尿酸盐阻塞而肿胀变粗，切面可见如新鲜石灰状物，有些硬如石头。关节面和关节周围组织中有白色尿酸盐沉着，有些关节面发生糜烂。

2. 预防措施

（1）饲料中蛋白质和钙含量添加适宜　生产中由于育成鸡过早饲喂蛋鸡饲料，日粮中钙磷比例失调、缺乏等发生痛风。由于鸡体内蛋白质代谢产生氨的排泄与哺乳动物不同，不能在肝脏将其合成尿素，而只能在肝脏和肾脏内合成尿酸由尿排出，形成白色粪便；核蛋白水解后的核酸也能合成尿酸，当蛋白质在饲料里的比例过大时，生成尿酸就增多，当其超过了肾脏排泄的最大阈值时，就以尿酸盐的形式在体内沉积，形成痛风。高钙饲料可严重损害肾脏而影响尿酸的排泄，

也可导致痛风。所以要根据不同品种和周龄的鸡群提供蛋白质和钙含量适宜的饲料。

（2）加强饲料管理，防止饲料霉变　鸡采食了品质差或掺杂使假的饲料也可能引起痛风。所以要把好饲料质量关，不使用劣质原料，对饲料的加工、运输、储存、饲喂等过程，保证不受污染、妥善保管，防止霉变。避免过量饲喂动物性蛋白饲料，如动物内脏、肉屑、鱼粉等。另外，大豆粉、豌豆、菠菜、莴苣、开花甘蓝、蘑菇等植物也可引起发病。多喂新鲜青绿饲料，多给新鲜饮水，供给富含维生素或胡萝卜素的饲料。

（3）科学用药　为预防鸡群发病，滥用药物，如长期使用磺胺类药物拌料，使肾功能受损，尿酸盐排泄受阻，就会引发痛风。在鸡群发病时应按量、按疗程科学投药。另外，饲料中添加药物用于预防疾病，也应严格控制剂量和使用时间。因为多数药物是通过肾脏排出体外的，某种药物即使对肾脏无害，若长期使用治疗量也可能影响肾脏的功能。投服磺胺类药物时，控制用药周期，避免剂量过大，多给饮水以防中毒引起的结晶尿及肾组织损伤。

（4）科学饲养管理　防止饲养密度过大，供给清洁充足饮水，合理光照，保持舍内外良好的卫生环境。鸡舍要保持清洁，定期消毒，严格免疫程序，增强机体的抵抗力，防止疾病发生。

3. 治疗措施

鸡群发生痛风后，首先要降低饲料中蛋白质含量，适当给予青绿饲料。并立即投以肾肿解毒药，按说明书进行饮水投服，连用 3 ～ 5 天，严重者可增加一个疗程。然后可以使用如下药物治疗。

（1）大黄苏打片拌料　每千克体重 1.5 片，每天 2 次，连用 3 天，重病鸡可逐只直接投服或口服补盐液饮水。双氢克尿噻拌料，每只鸡每次 10 ～ 20 毫克，1 ～ 2 次 / 天，连用 3 天。

（2）中草药煎水饮服　连翘 20 克、金银花 15 克、猪苓 20 克、泽泻 15 克、车前子 15 克、甘草 5 克，此为 40 ～ 80 只鸡用量，煎水 2000 毫升，做饮水用，每日 1 剂，连用 3 ～ 5 天。

（3）中西医结合疗法　饲料中添加鱼肝油，每 100 千克饲料加 250 毫升鱼肝油，连喂 6 天；用车前草、金钱草、金银花、甘草煎水，

加入1.5%的红糖，让鸡饮用，连用3天。

（十）饲养工艺性疾病

1. 脂肪肝综合征

是种多发生在高产蛋鸡的代谢性疾病，其特征是肝细胞脂肪浸润，肝中脂肪含量高达40%～50%（正常肝含脂肪15%～20%）。摄入能量过多就会沉积脂肪，这些脂肪不能利用，时间长了就导致肝脏功能障碍。肝的颜色呈黄色或浅褐色。肝细胞充满脂肪就压迫血管，造成血管破裂。从肝腹侧面上有许多出血点就可作出判断。得脂肪肝综合征的鸡都表现普遍过肥，体重一般超过正常的25%～30%，产蛋率下降，贫血，腹泻，病鸡常因肛门破裂出血而突然死亡。在美国，脂肪肝综合征造成的死亡率平均为1.7%，气候炎热的地区达4.6%。该病的病因学复杂，它的产生涉及遗传、饲料营养、饲养管理等众多因素。

处理措施：

（1）降低日粮中的代谢能或限制采食　在对每只鸡每天营养物质绝对需要量标准化的前提下实行能量限制，避免摄入过多的能量。保持日粮中蛋氨酸、胆碱和维生素E等嗜脂因子的正常含量，以促进中性脂肪在肝中合成磷脂，避免中性脂肪在肝中沉积。

（2）控制损害肝脏的疾病发生　避免禽霍乱、黄曲霉毒素中毒等病的发生，防止引起肝脏的脂肪变性。

（3）每吨饲料中加入氯化胆碱1000克，蛋氨酸500克，维生素E 5500国际单位和维生素C 500克，使用3周，病情能够控制。

2. 产蛋鸡笼养疲劳症

笼养疲劳症的特点是：肌肉松弛、腿麻痹、骨质疏松脆弱。由于肌肉松弛，鸡翅膀下垂，腿麻痹，不能正常活动，出现脱水，消瘦而死亡。鸡群中有5%～10%的鸡表现出临床症状，产蛋鸡多出现在产蛋高峰期间。笼养疲劳症与产蛋鸡缺钙有关。产蛋高峰期，每只鸡每天形成蛋壳要从体内带走2～2.2克钙，如果不注意钙的及时补给，饲料中钙量不足，只好动用鸡骨骼中的钙。鸡体就受损，最高产的母鸡受害最大，瘫鸡最多。此病往往造成死亡。平养条件下，因有足够

的运动量，未见此病。

处理措施：预防本病是保证钙的充足和磷钙比例平衡。每天每只鸡应保证钙的总供给量为3.3～4.2克。最好在正常含钙日粮外，下午让鸡自由采食贝壳碎粒或石灰石碎粒。每千克饲料含维生素D 32500国际单位。饲料被黄曲霉污染，会发生鸡的继发性缺钙。也会促进疲劳症的发生。

3. 互啄

密集饲养条件下普遍出现的现象。因互啄造成的死亡和被迫淘汰的鸡，严重的可占鸡群的20%。雏鸡在脱绒毛时出现啄羽，啄趾，青年鸡和成年鸡啄尾羽、背羽，产蛋鸡啄肛、啄蛋等。这些都是行为恶癖，所有的鸡都会遭受互啄，轻型白壳蛋鸡最易发生，特别是开产时啄肛死淘较多。一个新的鸡群，通过发生争斗，以确立个体的地位，即个体之间的从属关系，只有这种关系建立以后，群中才有良好的气氛和协调。青年鸡和产蛋鸡也是一样。如果重新调整鸡群，放入新鸡就会破坏原来的安定格局，必然发生争斗，重新确立群序。这就是引起互啄的诱因之一。当群序建立之后，确定从属关系，互啄就会停止。

有恐惧感的鸡，是发生互啄的主要原因，恐惧感越重，互啄越厉害。笼养条件下，胆小的鸡总受欺负、受啄；外界环境因素也会促进互啄，首先，密度过大，鸡群拥挤不堪，空气污浊，最容易引起互啄。

肠炎引起鸡营养吸收差，为满足营养需要，鸡就会发生啄羽，这时要检查是否有霉菌病。鸡体有羽螨、鸡舍通风不良、光过强、母鸡过肥等都是鸡群出现啄癖的原因之一。

啄肛是因母鸡产蛋时受伤，特别是蛋过大难产或过肥引起的难产、子宫复位时间长，鸡体内有蠕虫或球虫，影响子宫的肌肉收缩力。当母鸡的肛门长时间努责脱出，别的鸡看到红色的肛门就上前啄，一旦啄出血来，群起而啄之，这就是发生啄肛的原因。被啄肛的鸡，多为开产期产双黄蛋的或蛋过大的鸡，或者产蛋窝过少，找不到窝而在窝外产蛋的鸡，往往都是产蛋好的母鸡。笼养的鸡无处可藏，被啄最厉害，损失也最重。

（十一）发病鸡群淘汰方法不当

鸡群如果发生禽流感、传染性支气管炎后，鸡群的产蛋率低，不上升。有的饲养者为了淘汰不产蛋鸡，提高产蛋率，按照传统外形选择，结果淘汰部分鸡后产蛋率仍然不上升，达不到淘汰的目的。

纠正措施：禽流感、传染性支气管炎发生后，卵巢功能正常，损伤的是输卵管，所以外形不易观察，挑选淘汰低产鸡比较困难。这种情况，可使用"记摸"淘汰法进行淘汰。即："记"是做记号。每天下午5～7点收一次鸡蛋，收鸡蛋前用笔（粉笔或彩笔）在各个笼格前的料槽外侧记上当天笼格内的产蛋数，连续3～4天，这样每格笼内的鸡数、产蛋数就清清楚楚。"摸"是在做完记号后的第二天早上鸡蛋未产出前，逐一触摸那些产蛋少的笼格里的鸡有无鸡蛋，挑出没有鸡蛋的鸡淘汰掉，这种鸡一般多是不产蛋鸡或低产鸡。触摸方法是：把拇指和并列的四指分别放在鸡的两耻骨下前方，轻触腹部，左侧有较硬的蛋状物，是产蛋鸡，如无蛋状物，是无鸡蛋的鸡，挑出淘汰。淘汰2～3周后根据鸡蛋的变化情况可确定是否再淘汰。这样可把低产鸡和不产蛋鸡淘汰，使产蛋率保持较高水平，减少饲料消耗，增加效益。

（十二）蛋壳破损率高是钙磷缺乏或不平衡

蛋鸡场的破蛋率一般要求不超过1%～3%，但现在许多鸡场鸡蛋破损率高达6%～8%，严重影响鸡场的经济效益。有的饲养者将蛋壳破损率高的原因一味归咎于钙磷缺乏或不平衡，在饲料中或额外大量的补充钙磷等，实际上也是不对的。钙磷缺乏或不平衡会严重影响蛋壳质量，但还有另外原因也可以导致蛋壳破损，如品种、环境、管理、疾病等，所以，减少蛋壳破损必须采取综合措施。

纠正破损的措施。

1. 注意品种选择

不同品种或品系，对钙磷的利用能力不同，沉积钙的能力不同，影响蛋壳质量。一般褐壳蛋比白壳蛋的超微结构好，蛋壳厚度和蛋壳强度高，破蛋率低。

2. 保证营养全面平衡

保持钙磷充足供应和平衡、添加维生素D_3、维生素C、小苏打等

添加剂；保证饲料优质，防止霉变以及黄曲霉毒素、农药及杀虫剂残留等；保证充足的饮水。据报道，断水当天破蛋率为3.9%，第2天为32.7%，第3天为10.9%。

3. 环境条件适宜

环境温度过高，蛋壳变薄变脆，破蛋率高；强烈的突然光照会使鸡只受到刺激，产破损蛋的比例增加。产蛋鸡所需的光照时间不能少于12小时，最长不能超过16～17小时，且光照时间和强度应保持恒定；噪声超过50分贝，鸡蛋破损率增加，90分贝噪声持续3分钟，破损率达3.5%。因此要保持鸡舍周围环境安静，避免各种惊吓刺激。

4. 避免疾病发生

许多疾病都可以影响蛋壳质量，如鸡群发生慢性新城疫、减蛋综合征、住白细胞原虫病、大肠杆菌病、巴氏杆菌病等，都会明显使蛋壳颜色变淡发白，蛋壳变薄变脆。病理性白蛋壳发生的原因，除一部分由于病原直接侵害生殖系统而产生白蛋壳外，还因为鸡群患病，引起消化功能紊乱，而使钙、磷吸收受阻，造成蛋壳营养缺乏，从而色泽变浅，蛋壳变薄。

5. 加强产蛋后期的饲养管理

蛋鸡随日龄增长对钙的吸收和存留能力降低，影响蛋壳质量，蛋壳薄脆，壳色变浅，破蛋率高。加强产蛋鸡后期的饲养管理对提高产蛋率和降低破损率十分重要。在饲料中添加0.01%～0.015%的维生素AD粉，对促进产蛋鸡钙的吸收很有必要。如果通过改善营养及饲养管理，也很难有所好转，这时应根据市场行情，结合鸡群饲养周龄长短，如确已接近淘汰年龄，应当机立断，采取淘汰措施，以保证整体饲养效益。

6. 笼体结构合理

鸡笼底网的铅丝过粗时，弹性会变差。底网倾斜度过大或不够，使蛋的滚动太快或延缓，都会使蛋壳破损率增加。下层鸡笼的蛋槽经常受到碰撞变形、开焊、断头等，使鸡蛋滚落地面，造成蛋壳破损。所以，笼养鸡笼的笼底网面不可太陡，铁丝不可太粗，集蛋槽前面要

安装一些缓冲垫，以减少碰撞。

7. 加强拣蛋管理

拣蛋次数影响破蛋率。据调查，每天拣蛋2次，破蛋率为5%～5.5%，拣蛋4次，破蛋率降至1.11%～1.33%，所以每天要勤拣蛋，拣蛋3～4次，在夏季和对年龄大的鸡群，更应增加拣蛋次数。拣蛋时要轻拿轻放，将完整的和质量好的蛋放在蛋筐的下边，将质量不好的蛋，如薄壳蛋、沙壳蛋、浅壳蛋等和破蛋放在蛋筐的上面，将脏蛋另外放置，可以减少人为破蛋。同时运输过程中也要注意防止蛋的破损。

（十三）饲料报酬差

蛋鸡的产蛋量是衡量产蛋性能的一个重要指标，也是一个最直观指标，人们都比较重视，会采取各种措施提高产蛋量，而忽视饲料报酬，特别是饲料的浪费。结果是产蛋量虽然很高，饲料报酬差，经济效益并不好。新乡曾有一商品蛋鸡场，产蛋率80%以上维持8个月，产蛋量很高，但年底一核算，效益很差，原因是饲料报酬差，饲料成本高。

纠正措施：除了采取措施提高产蛋量外，还要减少饲料浪费。因为蛋鸡饲养过程中开支最大的是饲料，饲料成本占总支出的70%，节约饲料，防止饲料浪费，可明显提高经济效益。

1. 减少直接浪费

（1）饲槽的构造应合理　料槽的大小和结构对饲料的浪费量影响很大，料槽过小，饲料浪费多。当给料量超过料槽深度一半时，饲料浪费迅速增加，故料槽不宜过小。太浅和无檐料槽的饲料浪费也多，一般笼养时，因料槽侧板上有2厘米宽的檐，故饲料浪费较少，平面散养用的料槽，可在上部安装能流动的木棍或铅丝，以减少饲料浪费。料槽放置高度要适宜，其放置高度以不妨碍鸡采食为宜，一般高出鸡背2厘米即可。

（2）一次添料量不宜过多　一次加入的饲料量过多，是浪费饲料的最主要原因。如果料槽加满饲料时，浪费45%；加至2/3时，浪费12%；加至1/2时，浪费5%；加至1/3时，浪费2%。故一次加料量

以不超过料槽深度的 1/3 为宜。

（3）水槽中的水位不能过高　水槽中的水位过高，特别是喂干料时，鸡嘴上的料会随水流出而造成浪费，也会污染饮水。

（4）断喙　断喙不仅能防止鸡的恶癖，而且能有效地防止饲料浪费。当加料量为料槽深度的 1/3 时，断喙的鸡浪费饲料 1%，而未断喙的鸡浪费 2%。

（5）防治鼠害　一只老鼠一年可以吃掉 8 ～ 9 千克饲料，且极易污染饲料，传播疾病，因此要千方百计消灭老鼠。

（6）不要饲养多余鸡　及时淘汰不用或不需要的公鸡、残鸡、不产蛋鸡和低产鸡等。

（7）防止饲料抛撒浪费　饲养员上料时，应注意减少饲料抛洒。

2. 减少间接浪费

（1）选择体重小的母鸡品种　产蛋量相同时，显然体重大的母鸡比体重小的母鸡耗料多。因此，应选体重小，饲料效率高的品种。

（2）保持鸡群健康　健康鸡产蛋率高，不健康鸡只采食而不产蛋或很少产蛋，故应尽可能保持鸡群良好的健康状况。

（3）按饲养标准配合日粮　特别注意蛋白质与能量比要合适，如日粮中蛋白质含量高而能量低，则鸡必然摄入过多饲料，造成蛋白质饲料浪费。

（4）注意冬季防寒保暖　冬季当鸡舍内温度过低时，鸡必然消耗过多的饲料以维持正常体温，故冬季应加强防寒保暖，防止因舍温过低而浪费饲料。

（5）妥善保管与储存饲料　饲料在保管与储存中，要避光和防潮，以防止饲料发霉和料中维生素 A、维生素 E 等被氧化而造成不应有的损失。另外，一次性购入饲料量不宜过多。不喂发霉变质饲料。

七、疾病防制方面的问题及处理

（一）疾病防制效果差

规模化蛋鸡业，饲养密度高，环境条件差，病原感染的机会极大增加，疫病成为影响蛋鸡业效益的重要因素。生产中，人们缺乏综合防治观念，存在轻视预防、重视治疗和高度依赖免疫接种及药物防治，结果导致疾病不断发生，给生产带来较大损失。

处理措施：免疫接种和药物防治是防制疾病的重要手段，但也有很大的局限性（表 8-11），单纯依靠疫苗和药物难以完全控制疾病。要控制疾病，必须树立“预防为主、防重于治”的观念，采取隔离、卫生消毒、提高抵抗力、免疫和药物等综合手段。疫病发生需要病原、传播途径和易感动物三大环节的相互衔接，如果没有病原进入鸡体就不可能发生传染病。所以要从场址选择、规划布局、防护设施（隔离墙、消毒室）设置、消毒程序、防疫制度制订和执行等环节狠下功夫，进行科学饲养管理可以提高鸡体的抵抗力，辅助疫苗的免疫接种和药物防治，从根本身上减少和控制疫病发生。

表 8-11　免疫接种和药物防治的局限性

免疫接种局限性	药物局限性
①产生的抗体具有特异性，只能中和相应抗原，防治某种疾病，不可能防治所有疾病。 ②许多疾病无疫苗或无高质量疫苗或疫苗研制跟不上病原变化，不能有效免疫接种。 ③疫苗接种产生的抗体只能有效地抑制外来病原入侵，并不能完全杀死鸡体内的病原，有些免疫蛋鸡向外排毒。 ④免疫副作用。如活疫苗毒力反强、中等毒力疫苗造成免疫抑制或发病、疫苗干扰以及非 SPF 胚制备的疫苗通常含有禽白血病、传染性贫血、网状内皮增生症、霉形体病和鸡白痢等病原，接种后不仅会影响鸡群生产性能，更会增加鸡群对多种细菌和病毒的易感性以及造成对疫苗反应抑制；免疫接种途径和方法不当可引起鸡损伤和死亡。免疫接种会引起鸡群应激，影响生长和生产性能。 ⑤影响免疫接种效果的因素甚多，极易造成免疫失败。如疫苗因素（疫苗内在质量差、储运不当、选用不当）、鸡群自身因素（遗传、应激、母源抗体、健康水平、潜在感染和免疫抑制等）、技术原因（免疫程序不合理、接种途径不当、操作失误等）都可造成免疫失败	①许多疫病无特效药物，难以防治 ②细菌性疾病极易产生耐药性，病原对药物不敏感，防治效果差 ③禽产品药物残留威胁人类健康，影响对外贸易

（二）卫生管理不善

鸡无胸膈膜，有九个气囊分布于胸腹腔内并与气管相通，这一独特的解剖特点，为病原的侵入提供了一定的条件，加之鸡体小质弱、高密度集中饲养及固定在较小的范围内，如果卫生管理不善，必然增加疾病的发生机会。生产中由于不注重卫生管理，如隔离条件不良、消毒措施不力，鸡场和鸡舍内污浊以及粪尿、污水横流等而导致疾病发生的实例屡见不鲜。

处理措施：改善环境卫生条件是减少鸡场疾病最重要的手段。改善环境卫生条件需要采取综合措施。一是做好鸡场的隔离工作。鸡场要选在地势高燥处，远离居民点、村庄、化工厂、畜产品加工厂和其他畜牧场，最好周围有农田、果园、苗圃和鱼塘。禽场周围设置隔离墙或防疫沟，场门口有消毒设施，避免闲杂人员和其他动物进入；场地要分区规划，生产区、管理区和病禽隔离区严格隔离。场地周围建筑隔离墙。布局建筑物时切勿拥挤，要保持 15 ～ 20 米的卫生间距，以利于通风、采光和禽场空气质量良好。注重绿化和粪便处理和利用设计，避免环境污染。二是采用全进全出的饲养制度，保持一定间歇时间，对蛋鸡场进行彻底的清洁消毒。三是强消毒。隔离可以避免或减少病原进入禽场和禽体，减少传染病的流行，消毒可以杀死病原微生物，减少环境和禽体中的病原微生物，减少疾病的发生。目前我国的饲养条件下，消毒工作显得更加重要。注意做好进入鸡场人员和设备用具的消毒、鸡舍消毒、带鸡消毒、环境消毒、饮水消毒等。三是加强卫生管理。保持舍内空气清洁，适量通风，过滤和消毒空气，及时清除舍内的粪尿和污染的垫草并进行无害化处理，保持适宜的湿度。四是建立健全各种防疫制度。如制订严格的隔离、消毒、引入家禽隔离检疫、病死禽无害化处理、免疫等制度。

（三）鸡舍休整期间不清洁或不彻底

现在的鸡场是谈疫色变。可能许多人都能说出许多原因来，但有一个原因是不容忽视的，上批鸡淘汰后清理不够彻底，间隔期不够长。空舍期清洁不彻底。现在人们最关心的病是禽流感，都知道它的病原毒株极易变异，在清理过程中稍有不彻底之处，则会给下批蛋鸡饲养带来灭顶之灾。目前在鸡场清理消毒过程中，很多场只重视了舍内清理工作，往往忽视舍外的清理。舍外清理也是绝对不能忽视的。

处理措施：整理工作要求做到冲洗全面干净、消毒彻底完全；淘汰鸡后的消毒与隔离要从清理、冲洗和消毒三方面去下工夫整理才能做到所要求的目的。清理起到决定性的作用，做到以下几点才能保证蛋鸡生产安全。一是淘汰完鸡到进鸡要间隔 15 天以上。二是 5 天内舍内完全冲洗干净，舍内干燥期不低于 7 天。任何病原体在干燥情况下都很难存活，最少也能明显减少病原体存活时间。三是舍内墙壁、地面冲洗干净，空舍 7 天以后，再用 20% 生石灰水刷地面与墙壁。管理重点是生石灰水刷得均匀一致。四是对刷过生石灰水的鸡舍，所有消毒（包括甲醛熏蒸消毒在内）重点都放在屋顶上，这样效果会更加明显。五是舍外也要如新场一样，污区土地面清理干净露出新土后，地面最好铺撒生石灰，所有人员不进入活动以确保生石灰所形成的保护膜不被破坏。净区地面严格清理露出的新土，并一定要撒上生石灰，但不要破坏生石灰形成的保护膜。六是舍外水泥路面冲洗干净后，洒 20% 生石灰水和 5% 火碱水各 1 次。若是土地面，应铺 1 米宽砖路供育雏舍内人员行走。把育雏期间的煤渣垫路并撒上生石灰碾平（不用上批煤渣），以杜绝上批鸡饲养过程中对地面的污染传给本批蛋鸡。七是通风。开始到接雏鸡后 20 天注意进风口每天定时消毒，确保接雏 20 天内进入舍内的鞋底不接触到土地面。八是育雏期间水泥路面洒 20% 生石灰水，每天早上吃饭前进行，可以和火 碱水交替进行。这样做会有两种作用：一起到很好的消毒作用；二路面清洁美观，人们也不忍心去污染它，万一污染了也会迫使当事者立即清理干净。

（四）消毒不科学

鸡场消毒方面存在诸多误区，如消毒前不清理污物，消毒效果差；消毒不严格，留有死角；消毒液选择和使用不科学以及忽视日常消毒工作。处理措施如下。

1. 消毒前彻底的清洁

彻底的机械清除是有效消毒的前提。消毒物体表面不清洁会阻止消毒剂与细菌的接触，使杀菌效力降低。例如鸡舍内有粪便、羽毛、

饲料、蜘蛛网、污泥、脓液、油脂等存在时，常会降低所有消毒剂的效力。在许多情况下，表面的清洁甚至比消毒更重要。进行各种表面的清洗时，除了刷、刮、擦、扫外，还应用高压水冲洗，效果会更好，有利于有机物溶解与脱落。消毒前应先将可拆除的用具运至舍外清扫、浸泡、冲洗、刷刮，并反复消毒，舍内从屋顶、墙壁、门窗，直至地面和粪池、水沟等按顺序认真清理和冲刷干净，然后再进行消毒。

2. 消毒要严格

消毒是非常细致的工作，要全方位地进行消毒，如果留有“死角”或空白，就起不到良好的消毒效果。对进入生产区的人员必须严格按程序和要求进行消毒，禁止工作人员不按要求消毒而随意进入生产区或“串舍”。制订科学合理的消毒程序并严格执行。

3. 消毒液选择和使用要科学

长期使用同一种消毒药，细菌、病毒对药物会产生耐药性，对消毒剂也可能产生耐药性，因此最好是几种不同类型的消毒剂交叉使用；在养殖场或禽舍入口池中，堆放厚厚的干石灰，这起不到有效的消毒作用。使用石灰消毒最好的方法是加水配成10%～20%的石灰乳，用于涂刷禽舍墙壁1～2次，既可消毒灭菌，又有涂白美观的作用；消毒池中的消毒液要经常更换，保持相应的浓度，才能达到预期的消毒效果；消毒液要现配现用，否则可能会发生化学变化，造成“失效”；用强酸、强碱等刺激性强的消毒药进行带禽消毒，会造成禽眼、呼吸道的刺激，严重时甚至会造成皮肤的腐蚀。空栏消毒后一定要冲洗，否则残留的消毒剂会造成禽蹄爪和皮肤的灼伤。

4. 注意日常消毒

虽然没有发生传染病，但外界环境可能已存在传染源，传染源会排出病原体。如果此时没有采取严密的消毒措施，病原体就会通过空气、饲料、饮水等传播途径，入侵易感禽，引起疫病发生，所以要加强日常消毒，杀灭或减少病原，避免疫病发生。

（五）病死鸡处理不当

病死鸡带有大量的病原微生物，是最大的污染源，处理不当很容易引起疾病的传播。处理不当的表现如下。(1)死鸡随意乱放，造成污染。很多养鸡场（户）发现死亡的鸡只不能做到及时处理，随意放在鸡舍内、舍门口、庭院内和过道等处，特别是到了冬季更是随意乱放，还经常是放置很长时间，没有固定的病死鸡焚烧掩埋场所，也没有形成固定的消毒和处理程序。这样一来，就人为造成了病原体的大量繁殖和扩散，随着饲养人员的进出和活动，大大增加了鸡群重复感染发病的概率，给鸡群保健造成很大麻烦，经常是病鸡不断出现，形成了恶性循环。(2)随意出售病死鸡或食用，造成病原的广泛传播。许多养殖场（户）不能按照国家《畜牧法》办事，为了个人一点利益，对病死鸡不进行无害化处理，随意出售或者食用，结果导致病原的广泛传播，造成疫病的流行。(3)不注意解剖诊断地点选择，造成污染。怀疑鸡群有病，尽快查找原因本无可厚非，可是不管是养鸡场（户）还是个别兽医，在做剖检时往往都不注意地点的选择，随意性很大，在距离养鸡场很近的地方，更有甚者，在饲养员住所、饲料加工储藏间和鸡舍门口等处就进行剖检。剖检完毕将尸体和周围环境做简单清理就了事，根本不做彻底地消毒，这就更增加了疫病的传播和扩散的危险性。

处理措施：①死鸡无害化处理，严禁出售或自己食用。发现死鸡最好用塑料袋封闭，放在指定地点。经过兽医人员诊断后进行无害化处理，处理方法有：焚烧法、高温蒸煮法和土埋法。②病死鸡解剖诊断等要在隔离区或远离养鸡场、水源等地方，解剖诊断后尸体要进行无害化处理，诊断场所进行严格消毒。兽医人员在解剖诊断前后都要消毒。

（六）免疫接种操作不当

1. 疫苗储存不当或在冷藏设备内存放时间过长

疫苗的质量关乎免疫效果，影响疫苗质量的因素主要有产品的质量、运输储存等。但生产中存在忽视疫苗储存或在冷藏设备内长期存放不影响使用效果的误区，严重影响到免疫效果。

纠正措施：一是根据不同疫苗特性科学保存疫苗。疫苗要冷链运输，要保存在冷藏设备内。我们知道，能用作饮水免疫的疫苗都是冻

干的弱毒活疫苗。油佐剂灭活疫苗和氢氧化铝乳胶疫苗必须通过注射免疫。油佐剂灭活疫苗和氢氧化铝乳胶疫苗可以常温保存或在 2 ～ 4℃冰箱内低温保存，不能冷冻；冻干弱毒疫苗应当按照厂家的要求储藏在 −20℃。常温保存会使得活疫苗很快失效。停电是疫苗储存的大敌。反复冻融会显著降低弱毒活疫苗的活性。疫苗稀释液也非常重要。有些疫苗生产厂家会随疫苗带来特制的专用稀释液，不可随意更换。疫苗稀释液可以在 2 ～ 4℃冰箱保存，也可以在常温下避光保存。但是，绝不可在 0℃以下冻结保存。不论在何种条件下保存的稀释液，临用前必须认真检查其清晰度和容器及其瓶塞的完好性。瓶塞松动脱落，瓶壁有裂纹，稀释液混浊、沉淀或内有絮状物漂浮者，禁止使用。二是避免长期保存。一次性大量购入疫苗也许能省时省钱。但是，由于疫苗中含有活的病毒，如果你不能及时使用，它们就会失效。要根据养鸡计划来决定疫苗的采购品种和数量。要切实做好疫苗的进货、储存和使用记录。随时注意冰箱的实际温度和疫苗的有效期。特别要做到疫苗先进先出制度。超过有效期的疫苗应当放弃使用。

2. 照搬免疫程序

免疫程序是免疫的计划，鸡场应有适合本场的免疫程序，但生产中存在随意照搬其他鸡场的免疫程序，不能根据实际情况的变化调整免疫程序，免疫程序僵化，影响免疫效果。

纠正措施：制订免疫程序，要考虑如下因素。一是疫情，即本地、种苗产地以及本场的鸡病疫情。对本地和本场尚未证实发生的疾病，必须证明确实已受到严重威胁时才能计划接种，对强毒型的疫苗更应非常慎重，非不得以不引进使用；种苗产地已经发生的传染病，也要进行免疫接种。二是鸡的用途及饲养期。不同用途和不同饲养期，疫病种类和发生情况也有很大不同。例如种鸡在开产前需要接种传染性法氏囊病灭活苗，而商品鸡则不必要。三是母源抗体。母源抗体水平影响到免疫接种的时间和抗体产生的水平。特别是对鸡马立克病、鸡新城疫和传染性法氏囊病等疫苗选择及首免时间安排等均需认真考虑。四是疫苗的剂型和产地选择。疫苗的剂型和产地不同，其免疫程序也有很大不同。例如活苗或灭活苗、湿苗或冻干苗，细胞结合型和非细胞结合疫苗之间的选择等以及所用疫苗毒（菌）株的血清型、亚型或

株的选择；国产疫苗还是进口疫苗以及疫苗生产厂家的选择等。五是疫苗的使用。疫苗剂量和稀释量的确定及某些疫苗的联合使用；不同疫苗或同一种疫苗的不同接种途径的选择；同一种疫苗根据毒力先弱后强安排（如 IB 疫苗先 H_{120} 后 H_{52}）；同一种疫苗的先活苗后灭活油乳剂疫苗的安排等。不同疫苗之间的干扰和接种时间的安排等。六是免疫监测结果。根据免疫监测结果及突发疾病的发生所作的必要修改和补充等。

3. 饮水免疫疫苗稀释不当

饮水免疫疫苗是比较方便而常用的免疫方法，但稀释不当可引起免疫失败或效果不好。

【实例一】某养殖户，饲养 2500 只蛋用雏鸡，14 日龄法氏囊中毒毒力疫苗饮水，结果是 20 日龄发生了传染性法氏囊病，死亡 300 多只，损失较大。后来了解到使用的自来水没有进行任何处理，自来水中含有消毒剂，导致免疫失败。

【实例二】新乡某养殖户，饲养 2800 只雏鸡，13 日龄法氏囊中毒毒力疫苗饮水，结果后来发生了传染性法氏囊病，死亡 200 多只。经了解，凉开水稀释疫苗，稀释用水过多，雏鸡 4 个小时还没有饮完，导致免疫效果差。

【实例三】辉县市某养殖户，饲养 3000 只雏鸡，使用新城疫疫苗和传染性支气管炎联合苗饮水，凉开水稀释疫苗，结果疫苗水在 0.5 小时内就饮完，许多雏鸡仍有渴感。后来出现了零星的新城疫病鸡。这是由于稀释液量太少，有的雏鸡没有饮到疫苗水或饮得太少，不能刺激机体产生有效抗体。

处理措施：饮水免疫，疫苗稀释至关重要。要选择洁净的、不含有任何消毒剂和有毒有害物质的稀释用水。常用的有凉开水、蒸馏水；稀释用水多少要根据实际情况确定。鸡只喝水的快慢和饮水量，与鸡的日龄成正比。鸡龄越大，喝水越多，越快。小鸡喝水慢，要喝完饮水器或水线内的全部疫苗溶液，需要的时间比大鸡长。所以，饮水免疫前先要测量一下不同年龄鸡只一次的饮水量，这样就可以避免稀释液多少造成的问题。稀释用水过多，疫苗在病毒死亡之前没有喝完是一种浪费，也会造成部分免疫失败。稀释用水过少，免疫不匀，有的

鸡多喝了，有的鸡没有喝到，同样会造成免疫失败。理想的加水量是在开饮后 1 小时左右所有的鸡把全部疫苗水喝完。超过 2 小时就会影响免疫效果，很短时间内饮完可能是稀释液过少，也会影响免疫效果；饮水免疫前的停水时间依舍温和季节而异，一般以 2 小时为宜。为了更好地了解鸡群的免疫效果，也可以放适量的无害性染料（如 0.1% 亚甲蓝溶液）于饮水疫苗中，从鸡舍被浸染的情况来观察水线各个终端疫苗的实际摄入量和鸡群的免疫比例。

4. 免疫接种时消毒和使用抗菌药物

接种疫苗时，传统做法是防疫前后各 3 天不准消毒，接种后不让用抗生素，造成该消毒时不消毒，有病不能治，小病养成了大病；有些养殖户使用病毒性疫苗对鸡进行滴鼻、点眼、注射等接种免疫时，习惯在稀释疫苗的同时加入抗菌药物，认为抗菌药对病毒没有伤害，还能起到抗菌、抗感染的作用。须知，由于抗菌药物的加入，使稀释液的酸碱度发生了变化，引起疫苗病毒失活，效力下降，从而导致免疫失败。

处理措施：接种前后各 4 小时不能消毒，其他时间不误。疫苗接种后 4 小时可以投抗生素，但禁用抗病毒类药物和清热解毒类中药；不应在稀释疫苗时加入抗菌药物。

5. 联合应用疫苗

有的养殖（场）户认为联合使用疫苗可以减少免疫接种的次数，降低劳动强度，所以将两种以上疫苗联合使用或同时接种，影响到免疫效果。

纠正措施：多种疫苗同时使用或在相近的时间接种时，应注意疫苗间的相互干扰。因为多种疫苗进入鸡体后，其中的一种或几种抗原所产生的免疫成分，可被另一种抗原性最强的成分产生的免疫反应所遮盖；疫苗病毒进入鸡体内后，在复制过程中会产生相互干扰作用。如同时接种鸡痘疫苗和新城疫疫苗，两者间会相互干扰，导致免疫失败。再如传染性支气管炎病毒对新城疫病毒有干扰作用，若这两种疫苗接种时间安排不合理，会使新城疫疫苗的免疫效果受到影响。

（七）免疫接种后的异常反应

家禽疫苗接种是一种预防疾病的有效手段，尤其是对预防一些重大动物疫病，早已被临床广泛采用和认可，但在临床实践中往往因人为因素或非人为因素的影响，致使防疫不能达到理想的效果，甚至出现接种后仍然发病的情况，使许多养殖户开始对疫苗接种的效果产生怀疑。疫苗的应激反应是指在疫苗接种过程中，在产生免疫应答的同时，机体本身也受到一定程度的损伤。此外，疫苗的使用方法不当也可给机体造成较为严重的应激反应。

疫苗在接种时，尤其是在接种一些毒性较强的疫苗（如新城疫Ⅰ系、传染性支气管炎苗 H_{52}、传染性法氏囊炎中毒苗、传染性喉气管炎苗）后，往往会出现甩鼻、喷嚏等呼吸道症状，这是正常的疫苗应激反应，说明疫苗在体内发挥作用，若没有病原体继发感染，一般在出现应激反应两三天后，症状会自行消失。但因疫苗（一般是指活性苗）本身是病毒，也有一定的毒性和刺激性，接种后，在引起疫苗应激性呼吸道反应的同时还降低了机体及呼吸道的抵抗力，结果使细菌、支原体容易乘虚而入，造成感染，引起传染性呼吸道疾病。而此时正是疫苗刺激机体产生抗体的时候，若此时呼吸道疾病不能及时控制，就会降低此次的防疫效果，甚至会继发一连串的疾病，出现难以控制的后果。

大多数疫苗的异常反应都是由不正确、不合理、不科学的免疫方法、免疫程序及疫苗选择导致的。如疫苗选择不当，该用弱毒苗却用了中毒苗；免疫时间不当，如在10日龄之内用传染性法氏囊炎中毒苗、育雏期或产蛋期用新城疫Ⅰ系等；接种方法不当，如首免新城疫要滴鼻、点眼，不可采用饮水等方法；不同疫苗之间的免疫间隔时间不合理，造成疫苗之间的相互干扰，如新城疫弱毒苗和法氏囊苗之间至少要间隔5天以上。此外，免疫抑制性疾病或免疫抑制因素存在也是目前引起免疫失败的重要原因，如传染性法氏囊炎、球虫病、网状内皮细胞增生病、饲料中缺乏维生素E或饲料霉变等。常见的异常反应如下。

1. 冻干活苗的免疫应激反应

活苗免疫的应激反应常见的有甩头、流泪、打喷嚏、呼噜、咳嗽

等症状。这种反应一般在免疫后第 2 ～ 4 天出现，再过 5 ～ 6 天反应较重，以后逐渐减轻；有时出现精神不振，采食减少，拉绿色粪便等现象。常引起免疫反应的有传染性喉气管炎疫苗、传染性法氏囊炎疫苗和新城疫疫苗等。

影响冻干苗免疫应激反应的因素如下。一是母源抗体水平。当母源抗体水平较低或不整齐时，鸡群的免疫反应表现得较为严重，并可持续较长时间。当母源抗体水平较高、整齐一致时，对免疫反应有抵抗力，免疫应激较小。但是母源抗体水平过高，疫苗能中和母源抗体，不能产生足够的保护，所以免疫前应进行抗体检测，以确定最佳免疫日龄。二是疫苗毒力和免疫剂量，疫苗的毒力或残留毒力，也是造成疫苗反应的重要原因。三是鸡群健康状况，鸡群只有在健康的情况下，才能产生良好的免疫应答。四是鸡舍卫生条件和空舍时间长短。鸡舍消毒不彻底，空舍时间达不到要求，病原微生物会大量滋生，一旦受到免疫应激，特别是免疫冻干苗后，鸡群就发生严重的疫苗反应，引起呼吸道炎症、拉稀、产蛋下降、残淘增加等。五是非 SPF（无特定病原体）来源的活毒疫苗。由于目前市场上大部分的活毒疫苗来源于普通鸡胚，鸡群接种此种疫苗后，常常发生慢性呼吸道病、沙门菌病、免疫抑制病等。使用 SPF 来源的疫苗可减小疫苗反应的程度。六是免疫途径。相同的疫苗，免疫途径不同，应激反应的大小也不同，如新城疫Ⅳ系气雾免疫时，应激强烈，容易诱发支原体病等；采用点眼、滴鼻应激相对较小；饮水免疫时，应激反应很轻。

2. 灭活苗的免疫应激反应

（1）注射部位肿胀、糜烂　注射部位表现为肿胀、发炎、坏死，切开可见有肉芽肿、干酪样物。病鸡表现精神不振，采食下降，易继发大肠杆菌病、支原体病等，抗体水平达不到预期效果。

（2）肿头、肿脸　注射部位太靠近头部或针头方向朝着头部时，常引起头部和脸部肿胀，严重者如猫头鹰状。切开肿胀部位有干酪样物和肉芽肿。鸡群精神较好，采食、饮水轻度下降，无死亡。一般 5 ～ 7 天可恢复，严重的 2 周后才能恢复。

（3）硬脖　将油苗注射到颈部肌肉内，可造成颈部肿胀、变粗。病鸡表现采食下降，闭眼缩颈，排黄绿色稀粪，逐渐消瘦死亡。由于

颈部肌肉较少，神经和血管比较丰富，油苗注射到颈部肌肉中，易造成神经和血管坏死，从而引起硬脖。

（4）注射部位出现游离肿块　寒冷季节出现的概率较大，主要原因是油苗注射前不进行预温，注射后容易导致局部毛细血管收缩，时间长了局部坏死，出现炎症，疫苗被包起来形成游离的肿块。这种情况疫苗吸收不良，不能产生良好的免疫应答，所以寒冷季节注射油苗前要预温，达到 20 ～ 30℃。

（5）产蛋鸡免疫后引起产蛋下降　免疫油苗所造成的产蛋下降多数与鸡群体质差、抓鸡动作过于粗暴、注射疫苗所选择的时间不当等因素有关。

（6）瘫痪　腿肌注射后易损伤坐骨神经，容易出现瘫痪。另外，消毒不严可引起注射部位感染，部分鸡出现瘫痪。

（7）急性死亡　胸部肌内注射时针头过长或注射过深，刺破肝脏导致大出血，或在腿的内侧注射时刺破了大动脉血管，都可导致急性死亡。

（8）其他免疫异常反应的表现形式

① 家禽在接种疫苗后，很快发生相应的疾病死亡，一般是将疫苗接种在相应疾病的潜伏期内所致。

② 家禽在接种疫苗后，两三天后发生其他疾病，一般有两种原因：第一，因防疫引起的应激，导致机体抵抗力下降，环境常在菌（如大肠杆菌、支原体等）乘虚而入引发疾病；第二，选用的疫苗为劣质活疫苗，内含有其他病原体。

③ 接种疫苗后 1 周左右发生相应疾病。一般是由于禽舍或环境中存在该病原体，而防疫后有一段时间的免疫空白期，此时机体无保护力，病原体乘虚而入且在体内繁殖速度快于抗体产生的速度，引发疾病。

④ 接种后，在疫苗保护期内发生相应疾病（多为非典型）或检测抗体滴度不高，表明疫苗接种没达到效果。常有以下原因：母源抗体中和；新城疫首免饮水；漏免或免疫不均；免疫同时用了影响防疫的药物（如抗病毒药、消毒药或对免疫系统有干扰性的药物）；两种不同疫苗间的干扰；发病过程的防疫；动物有免疫抑制病；疫苗质量不过关；环境存在超强毒株或变异株等。接种后虽然不发生相应的疾病，

但常引起机体抵抗力降低，对其他疾病易感性增强，多是因疫苗毒力过强，且过早使用，使机体免疫器官受损，免疫力和抗病力下降。如10日龄之内用传染性法氏囊炎中毒苗、育雏期用新城疫Ⅰ系等。疫苗对机体直接的物理、化学刺激，引发局部炎症或影响生长和生产。如注射油苗，肌注常可导致局部组织炎症变性、瘫痪等，而颈部皮下注射若位置过前，打入后脑部皮下，可引起眼周围肿胀；产蛋高峰期接种禽流感油苗可引起短期产蛋下降。

预防措施：一是制订科学合理的免疫程序。应根据本地疫病的流行情况及发生特点、使用疫苗的类型特性、鸡群免疫水平的高低制订出一个较为科学合理的免疫程序。二是使用免疫增效剂。在免疫过程中添加，如黄芪多糖、维生素A、左旋咪唑、胸腺肽等。三是适当使用药物。在接种疫苗后，应在饮水中添加既不影响病毒苗接种效果，又对支原体和大肠杆菌等病原体有预防作用的药物，如泰乐菌素、阿莫西林、罗红霉素、氧氟沙星等。四是科学免疫操作。疫苗用量不宜过大，严格按标准剂量控制；注射部位要正确，颈部皮下注射的位置应该是鸡颈部中上段、颈背皮下，手捏起颈部皮肤，针头由鸡头部向鸡背方向刺穿鸡皮后即可注入疫苗，防止损伤神经；使用连续注射器时每注射300～500只鸡，必须更换一个已消毒的针头，防止交叉感染。五是保持适宜的舍内环境。注意舍内环境，做好日常消毒工作，保持鸡舍内适宜的温度，防止饲养密度过高，加强舍内通风换气，防止氨气等有害气体超标。六是减少免疫应激反应。在免疫接种前可在饲料或饮水中添加维生素A、维生素E、维生素C等多种维生素和抗应激反应药物，增强鸡群抗应激反应能力。

八、用药存在的误区与纠错

（一）抗菌药物使用误区与纠错

抗菌药物的不合理使用或滥用已经影响到产品的质量安全，危害到人民的身体健康。科学合理地使用抗菌药物已逐渐成为全社会的共识。使用兽用抗菌药物控制疾病是畜禽养殖过程中常采用的措施之一，但生产中存在一些误区，必须加以纠正。

1. 存在误区

（1）盲目加大药量　在生产中，仍有为数不少的养殖户以为用药量越大效果越好，在使用抗菌药物时盲目加大剂量。虽然使用大剂量的药物，有些可能当时会起到一定的效果，但却留下了不可忽视的隐患。一是造成鸡直接中毒死亡或慢性药物蓄积中毒，损坏肝、肾功能。肝、肾功能受损，鸡自身解毒能力下降，给下一步的治疗、预防疾病时用药带来困难。二是大剂量的用药可能杀灭肠道内的有益菌，破坏了肠道内正常菌群的平衡，造成鸡代谢紊乱、肠功能性水泻增多，生长受阻。三是细菌极易产生抗药性。临床上经常可见有些用了时间并不很长的药物，如环丙沙星、氟哌酸等已产生了一定的耐药性，按常规药量使用这些药物疗效很差，究其原因与大剂量使用该药造成细菌对该药耐受性增强，耐药株产生有关。四是加大了养殖业的用药成本，一般药物按常规剂量使用即能达到治疗和预防的目的，如盲目加大剂量，则人为地造成用药成本的增加。

（2）用药疗程不科学　一般抗菌药物用药疗程为 3 ～ 6 天，在整个疗程中必须连续给予足够的剂量，以保证药物在体内的有效浓度。临床上经常可见到这一现象，一种药物才用 2 天，自以为效果不理想，又立即改换成另一种药物，用了不到 2 天又更换了。这样做往往达不到应有的药物疗效，造成疾病难以控制。另一种情况是，使用某种药物 2 天，产生较好的效果，就不再继续投药，从而造成疾病复发，治疗失败。

（3）药物配伍不当　合理的药物配伍，能起到药物间的协同作用，但如果无配伍禁忌知识，盲目配伍，则会造成不同程度的危害，轻者造成用药无效，重者造成蛋鸡中毒死亡。如有的养殖户将青霉素和磺胺类药物、四环素类药物合用，氟哌酸和氯霉素合用，盐霉素和支原净合用等严重错误的用药配伍。这是因为：①青霉素是细菌繁殖期杀菌剂，而磺胺类、四环素类药物为抑菌剂，能抑制细菌蛋白质的合成，使细菌处于静止状态，造成青霉素的杀菌作用大大下降；②氯霉素可以起拮抗氟哌酸作用，主要原因是氯霉素抑制了核酸外切酶的合成；③盐霉素和支原净合用能大大增加盐霉素的毒性，造成中毒发生。

（4）重视药物治疗，轻预防　许多人预防用药意识差，多在鸡发

病时才使用药物来治疗。从根本上违背了“防重于治”的原则。这样带来的后果是，疾病多到了中、后期才得到治疗，严重影响了治疗效果且增大了用药成本，经济效益亦大幅下降。正确的方法是：要清楚地了解本地常发病、多发病，制订出明确的早期预防用药程序，做到提前预防，防患于未然，减少不必要的经济损失。

（5）对“新药”情有独钟　还有些养殖户对“新药”过于迷信，不管药物的有效成分是什么，片面地认为新出产或新品名的药品就比常规药物好，殊不知有些药物只是其商品名不同而已。此类所谓“新药”其成分还是普通常规药物，价格却比常用药的价格高出许多，无形中增加了养殖成本却茫然不知。也有的确是新药，疗效也很好，但那些常规用药便能解决的疾病并不需要群体使用新药预防治疗。这样不仅增加了养殖成本，而且新药使用后，普通的药物使用起来就很难达到预期效果。常见的头孢类抗生素二代、三代使用后，使用其他常规抗生素效果大大不如从前就是这个道理。还有些药品生产厂家出产的“新药”在出厂说明书上没有清楚标明药物的有效成分，却标注能治疗百病，从而误导消费者，造成养殖户用药的混乱。

（6）缺少用药“安全”意识　随着人民生活水平的提高，食品安全愈来愈受到广大人民群众的关注。但是大多数养殖户食品安全意识淡薄，有的甚至根本没有这方面的概念。不遵守《兽药管理条例》违规违禁使用药物，使用国家明令禁止的药物，不严格执行休药期制度等。也有的人认为人用药品比兽药制作精良，效果更好，使用人用药品等。

2. 纠正措施

（1）树立抗菌药物用药安全意识。意识决定行动，树立安全意识，注意掌握了解用药知识，按照《兽药使用规范》用药，不使用违禁药物等。

（2）注意药物配伍。两种以上药物同时使用时，可以互不影响，但在许多情况两药合用总有一药或两药的作用受到影响，其结果可能有：一是协同作用（比预期的作用更强）；二是拮抗作（用减弱一药或两药的作用）；三是毒性反应（产生意外的毒性）。药物的相互作用，可发生在药物吸收前、体内转运过程、生化转化过程及排泄过程中。

在联合用药时，应尽量利用协同作用以提高疗效，避免出现拮抗作用或产生毒性反应。菌药物配伍禁忌表见表 8-12。

表 8-12　药物配伍禁忌表

类别	药　物	禁忌配合的药物	变　化
抗生素	青霉素	酸性药液如盐酸氯丙嗪、四环素类抗生素的注射液	沉淀、分解失效
		碱性药液如磺胺药、碳酸氢钠的注射液	沉淀、分解失效
		高浓度酒精、重金属盐	破坏失效
		氧化剂如高锰酸钾	破坏失效
		快效抑菌剂如四环素、氯霉素	疗效减低
	红霉素	碱性溶液如磺胺、碳酸氢钠注射	沉淀、析出游离碱
		氯化钠、氯化钙	混浊、沉淀
		林可霉素	出现拮抗作用
	链霉素	较强的酸、碱性液	破坏、失效
		氧化剂、还原剂	破坏、失效
		利尿酸	对肾毒性增大
		多黏菌素 E	骨骼肌松弛
	多黏菌素 E	骨骼肌松弛药	毒性增强
		先锋霉素 I	毒性增强
	四环素类抗生素如四环素、土霉素、金霉素、强力霉素	中性及碱性溶液如碳酸氢钠注射液	分解失效
		生物碱沉淀剂	沉淀、失效
		阳离子（一价、二价或三价离子）	形成不溶性难吸收的络合物
	氯霉素	铁剂、叶酸、维生素 B_{12}	抑制红细胞生成
		青霉素类抗生素	疗效减低
	先锋霉素 Ⅱ	强效利尿药	增大对肾脏毒性

续表

类别	药　物	禁忌配合的药物	变　化
化学合成抗菌药	磺胺类药物	酸性药物	析出沉淀
		普鲁卡因	疗效减低或无效
		氯化铵	增大对肾脏毒性
	氟喹诺酮类药物如诺氟沙星、环丙沙星、洛美沙星、恩诺沙星等	氯霉素、呋喃类药物	疗效减低
		金属阳离子	形成不溶性难吸收的络合物
		强酸性药液或强碱性药液	析出沉淀
消毒防腐药	漂白粉	酸类	分解放出氯
	酒精	氯化剂、矿物质等	氧化、沉淀
	硼酸	碱性物质	生成硼酸盐
		鞣酸	疗效减弱
	碘及其制剂	氨水、铵盐类	生成爆炸性碘化氮
		重金属盐	沉　淀
		生物碱类药物	析出生物碱沉淀
		淀粉	呈蓝色
		龙胆紫	疗效减弱
		挥发油	分解失效
	阳离子表面活性消毒药	阴离子如肥皂类、合成洗涤剂	作用相互拮抗
		高锰酸钾、碘化物	沉　淀
	高锰酸钾	氨及其制剂	沉　淀
		甘油、酒精	失　效
		鞣酸、甘油、药用炭	研磨时爆炸
	过氧化氢溶液	碘及其制剂、高锰酸钾、碱类、药用炭	分解、失效
	过氧乙酸	碱类如氢氧化钠、氨溶液	中和失效
	氨溶液	酸及酸性盐	中和失效
		碘溶液如碘酊	生成爆炸性的碘化氮

续表

类别	药　物	禁忌配合的药物	变　化
抗蛔虫药	左旋咪唑	碱类药物	分解、失效
	敌百虫	碱类、新斯的明、肌松药	毒性增强
	硫双二氯酚	乙醇、稀碱液、四氯化碳	增强毒性
抗球虫药	氨丙啉	维生素 B_1	疗效减低
	二甲硫胺	维生素 B_1	疗效减低
	莫能菌素或盐霉素或马杜霉素或拉沙洛菌素	泰牧霉素、竹桃霉素	抑制动物生长，甚至中毒死亡
中枢兴奋药	咖啡因（碱）	盐酸四环素、鞣酸、碘化物	析出沉淀
	尼可刹米	碱类	水解、沉淀
	山梗菜碱	碱类	沉淀
镇静药	氯丙嗪	碳酸氢钠、巴比妥类钠盐，氧化剂	析出沉淀，变红色
	溴化钠	酸类、氧化剂	游离出溴
		生物碱类	析出沉淀
	巴比妥钠	酸类	析出沉淀
		氯化铵	析出氨、游离出巴比妥酸
镇痛药	吗啡	碱类	毒性增强
	盐酸哌替啶（度冷丁）	巴比妥类	析出沉淀
解热镇痛药	阿司匹林	碱类药物如碳酸氢钠、氨茶碱、碳酸钠等	分解、失效
	水杨酸钠	铁等金属离子制剂	氧化、变色
	安乃近	氯丙嗪	体温剧降
	氨基比林	氧化剂	氧化、失效
麻醉药与化学保定药	水合氧醛	碱性溶液、久置、高热	分解、失效

续表

类别	药 物	禁忌配合的药物	变 化
麻醉药与化学保定药	戊巴比妥钠	酸类药液	沉淀
		高热、久置	分解
	苯巴比妥钠	酸类药液	沉淀
	普鲁卡因	磺胺药、氧化剂	疗效减弱或失效、氧化、失效
	琥珀胆碱	水合氯醛、氯丙嗪、普鲁卡因、氨基糖苷类抗生素	肌松过度
	盐酸二甲苯胺噻唑	碱类药液	沉淀
调节自主神经药物	硝酸毛果芸香碱	碱性药物、鞣质、碘及阳离子表面活性剂	沉淀或分解失效
	硫酸阿托品	碱性药物、鞣质、碘及碘化物、硼砂	分解或沉淀
	肾上腺素、去甲肾上腺素	碱类、氧化物、碘酊	易氧化变棕色、失效
		三氯化铁	失效
		洋地黄制剂	引起心律失常
强心药	毒毛旋花子苷K	碱性药液如碳酸氢钠、氨茶碱	分解、失效
	洋地黄毒苷	钙盐	增强洋地黄毒性
		钾盐	对抗洋地黄作用
		酸或碱性药物	分解、失效
		鞣酸、重金属盐	沉淀
止血药	安络血	脑垂体后叶素、青霉素G、盐酸氯丙嗪	变色、分解、失效
	止血敏	抗组胺药、抗胆碱药	止血作用减弱
		磺胺嘧啶钠、盐酸氯丙嗪	混浊、沉淀
	维生素K	还原剂、碱类药液	分解、失效
		巴比妥类药物	加速维生素K_3代谢
抗凝直药	肝素钠	酸性药液	分解、失效
		碳酸氢钠、乳酸钠	加强肝素钠抗凝血

续表

类别	药　物	禁忌配合的药物	变　化
抗凝直药	枸橼酸钠	钙制剂如氯化钙、葡萄糖酸钙	作用减弱
抗贫血药	硫酸亚铁	四环素类药物	妨碍吸收
		氧化剂	氧化变质
祛痰药	氯化铵	碳酸氢钠、碳酸钠等碱性药物	分解
		磺胺药	增强磺胺对肾毒性
	碘化钾	酸类或酸性盐	变色游离出碘
平喘药	氨茶碱	酸性药液如维生素C，四环素类药物盐酸	中和反应、析出茶碱
		盐、盐酸氯丙嗪等	沉淀
	麻黄素（碱）	肾上腺素、去甲肾上腺素	增强毒性
健胃与助消化药	胃蛋白酶	强酸、强碱、重金属盐、鞣酸溶液	沉淀
	乳酶生	酊剂、抗菌剂、鞣酸蛋白、铋制剂	疗效减弱
	干酵母	磺胺类药物	疗效减弱
	稀盐酸	有机酸盐如水杨酸钠	沉淀
	人工盐	酸性药液	中和、疗效减弱
	胰　酶	酸性药物如稀盐酸	疗效减弱或失效
	碳酸氢钠	酸及酸性盐类	中和失效
		鞣酸及其含有物	分解
		生物碱类、镁盐、钙盐	沉淀
		次硝酸铋	疗效减弱
泻药	硫酸钠	钙盐、钡盐、铅盐	沉淀
	硫酸镁	中枢抑制药	增强中枢抑制
利尿药	呋喃苯胺酸（速尿）	氨基糖苷类抗生素如链霉素、卡那霉素、新露素、庆大霉素	增强耳中毒
		头孢噻啶	增强肾毒性

续表

类别	药　物	禁忌配合的药物	变　化
利尿药	呋喃苯胺酸（速尿）	骨骼肌松弛剂	骨骼肌松弛加重
脱水药	甘露醇、山梨醇	生理盐水或高渗盐	疗效减弱
糖皮质激素	盐酸可的松、强的松、氢化可的松、强的松龙	苯巴比妥钠、苯妥英钠	代谢加快
		强效利尿药	排钾增多
		水杨酸钠	消除加快
		降血糖药	疗效降低
生殖系统药	促黄体素	抗胆碱药、抗肾上腺素药、抗惊厥药、麻醉药、安定药	疗效降低
	绒毛膜促性腺激素	遇热、氧	水解、失效
影响组织代谢药	维生素 B_1	生物碱、碱	沉淀
		氧化剂、还原剂	分解、失效
		氨苄青霉素、头孢菌素Ⅰ和Ⅱ、氯霉素、多黏菌素	破坏、失效
	维生素 B_2	碱性药液	破坏、失效
		氨苄青霉素、头孢菌素Ⅰ和Ⅱ、氯霉素、多黏菌素、四环素、金霉素、土霉素、红霉素、新霉素、链霉素、卡那霉素、林可霉素	破坏、灭活
	维生素C	氧化剂	破坏、失效
		碱性药液如氨茶碱	氧化、失效
		钙制剂溶液	沉淀
		氨苄青霉素、头孢菌素Ⅰ和Ⅱ、氯霉素、多黏菌素、四环素、金霉素、土霉素、红霉素、新霉素、链霉素、卡那霉素、氯霉素、林可霉素	破坏、灭活
	氯化钙、葡萄糖酸钙	碳酸氢钠、碳酸钠溶液	沉淀
		水杨酸盐、苯甲酸盐溶液	沉淀

续表

类别	药　物	禁忌配合的药物	变　化
解毒药	碘解磷定	碱性药物	水解为氰化物
	亚甲蓝	强碱性药物、氧化剂、还原剂及碘化物	破坏、失效
	亚硝酸钠	酸类	分解成亚硝酸
		碘化物	游离出碘
		氧化剂、金属盐	被还原
	硫代硫酸钠	酸类	分解沉淀
		氧化剂如亚硝酸钠	分解失效
	依地酸钙钠	铁制剂如硫酸亚铁	干扰作用

注：氧化剂有漂白粉、双氧水、过氧乙酸、高锰酸钾等。还原剂有碘化物、硫代硫酸钠、维生素C等。重金属盐有汞盐、银盐、铁盐、铜盐、锌盐等。酸类药物有稀盐酸、硼酸、鞣酸、醋酸、乳酸等。碱类药物有氢氧化钠、碳酸氢钠、氨水等。生物碱类药物有阿托品、安钠咖、肾上腺素、毛果芸香碱、氨茶碱、普鲁卡因等。有机酸盐类药物有水杨酸钠、醋酸钾等。生物碱沉淀剂有氢氧化钾、碘、鞣酸、重金属等。药液显酸性的药物有氯化钙、葡萄糖、硫酸镁、氯化铵、盐酸、肾上腺素、硫酸阿托品、水合氯醛、盐酸氯丙嗪、盐酸金霉素、盐酸四环素、盐酸普鲁卡因、糖盐水、葡萄糖酸钙注射液等。药液显碱性的药物有安钠咖、碳酸氢钠、氨茶碱、乳酸钠、磺胺嘧啶钠、乌洛托品等。

（3）选用最佳给药方法　同一种药，同一剂量，产生的药效也不尽相同。因此，在用药时必须根据病情的轻重缓急、用药目的及药物本身的性质来确定最佳给药方法。如危重病例采用注射；治疗肠道感染或驱虫时，宜口服给药。

（4）注意剂量、给药次数和疗程　为了达到预期的治疗效果，减少不良反应，用药剂量要准确，并按规定时间和次数给药。少数药物一次给药即可达到治疗目的，如驱虫药。但对多多数药物来说，必须重复给药才能奏效。为维持药物在体内的有效浓度，获得疗效，而同时又不致出现不良反应，就要注意给药次数和间隔时间。大多数药物1天给药2～3次，5～7天为一个疗程。

（5）选择使用过且被证明效果良好的药物

（6）注意休药期　不同药物有不同的休药期，必须严格执行。

（二）抗球虫药物使用的误区

球虫病是养鸡生产中危害严重的一种寄生虫病，但在防治球虫病用药方面存在一些误区，如不重视预防用药、不合理选用抗球虫药物、用药程序不科学、使用方法不当以及不注意药物配伍禁忌等，影响到防治效果。处理措施如下。

1. 重视预防用药

抗球虫药物大多在球虫发育史的早期（约4天）起抑、杀作用，等出现血便时用药已为时过晚。

2. 根据抗球虫药的作用阶段和作用峰期合理用药

球虫生活周期一般为7天，无性生殖期为4～5天，有性生殖期为2天，体外形成孢子化卵囊为1～2天。作用峰期在感染后第一、二天的药物其抗球虫作用较弱，一般用于预防，如喹啉类（乙羟喹啉）、克球粉、离子载体类（如莫能菌素）等，本类药物会影响对球虫免疫力的产生，蛋鸡和种鸡不宜长期使用。另外，要防止因突然停药而引起的球虫爆发。作用峰期在感染后第三、四天的药物，其抗球虫作用较强，一般用于治疗，不宜作为饲料添加剂；本类药对球虫免疫力影响不大，可用于蛋鸡和肉用种鸡（产蛋期慎用），如尼卡巴嗪、氨丙啉、常山酮、球痢灵、磺胺类、呋喃类。一些常用抗球虫药的作用峰期见表8-13。

表8-13　常用抗球虫药的作用峰期

药物名称	作用阶段	作用峰期（感染后天数）/天
喹啉类	子孢子、一代	1
盐霉素	一代早期	1
马杜霉素	一代、裂殖体	1～3
拉沙洛菌素	一代	1
莫能菌素	一代	2
常山酮	一、二代	2～3
氯羟吡啶	子孢子、一代	1

续表

药物名称	作用阶段	作用峰期（感染后天数）/ 天
地克珠利	子孢子、一代	1 ～ 3
二硝托胺	一代	3
氯苯胍	一、二代，配子体，卵囊	3
氨丙啉	一代	3
尼卡巴嗪	二代	4
磺胺类	一、二代	4
呋喃类	二代	4
甲基三嗪酮	裂殖体、配子	1 ～ 6

理想的抗球虫药应该是抗虫谱广、高效、无残留、无三致作用、价廉、能提高饲料转化率以及易于拌料或饮水的。

3. 用药程序科学

鸡的抗球虫药物使用程序见表 8-14，可以根据实际情况选用。

表 8-14　抗球虫药物使用程序

连续用药法	从雏鸡 2 周龄开始，饲料中连续添加某一药物
用量递减法或间歇法	开始用全量，以后每阶段逐渐减少 25% 药量，直到完全停药
联合用药法	抗球虫药与抗菌增效剂合用可提高治疗效果，如磺胺喹噁啉与二甲氧嘧啶，氨丙啉与乙氧酰胺苯甲酯联用。抗球虫药与抗球虫药合用也可提高效果，但合用的药物不能发生配伍禁忌，应分别作用于球虫的不同发育阶段。如马杜霉素 + 尼卡巴嗪、氯丙啉 + 磺胺喹噁啉、乙胺嘧啶 + 磺胺药、氯羟吡啶 + 苯甲氧喹噁啉

4. 注意抗球虫药的毒性与配伍

聚醚类抗球虫药毒性大小顺序：马杜霉素＞来洛霉素＞塞杜霉素＞莫能菌素＞那拉菌素＞拉沙里菌素＞盐霉素。抗球虫药的毒副作用与配伍禁忌见表 8-15。

表 8-15　抗球虫药的毒副作用与配伍禁忌

药物	鸡半数致死量 /（毫克 / 千克体重）	产生毒性拌料量 /（毫克 / 千克体重）	禁忌药物	毒副作用
马杜霉素	5.535	7.5 ～ 10	泰妙菌素	安全范围小
莫能菌素	284	121 ～ 150	泰妙菌素、竹桃霉素	
拉沙里菌素	75 ～ 112	125 ～ 150	磺胺药、赤霉素	
盐霉素	150	100	泰妙菌素、竹桃霉素	
那拉菌素	52	80 ～ 100		
妥曲珠利	1000			
氨丙啉				引起维生素 B_1 缺乏
尼卡巴嗪				引起蛋鸡热应激，对产蛋鸡毒性大
氯苯胍				鸡肉带有异味
磺胺喹噁啉				有蓄积中毒现象

5. 选择适当的给药方法

饮水给药比混饲给药好，特别是在鸡患病时。抗球虫药的使用方法见表 8-16。

表 8-16　抗球虫药的使用方法

<table>
<tr><th>类别</th><th>药名</th><th>使用浓度及方法</th><th>活性期</th><th>停药期 / 天</th><th>备注</th></tr>
<tr><td rowspan="4">离子载体类</td><td>莫能菌素</td><td>$(100 \sim 120)\times10^{-6}$ 混饲</td><td>第 2 天，一代</td><td>3</td><td rowspan="4">不与磺胺类及赤霉素合用</td></tr>
<tr><td>拉沙菌素</td><td>$(75 \sim 125)\times10^{-6}$ 混饲</td><td rowspan="3">子孢子，一代</td><td>3</td></tr>
<tr><td>盐霉素</td><td>$(50 \sim 60)\times10^{-6}$ 混饲</td><td>5</td></tr>
<tr><td>那拉霉素</td><td>$(50 \sim 70)\times10^{-6}$ 混饲</td><td></td></tr>
</table>

续表

类别	药名	使用浓度及方法	活性期	停药期/天	备注
离子载体类	马杜霉素	5×10^{-6} 混饲	子孢子，一代	5	不与磺胺类及赤霉素合用
	塞杜霉素	25×10^{-6} 混饲	一代		
	海南霉素钠	$(5\sim7.5)\times10^{-6}$ 混饲		7	
磺胺类	磺胺喹噁啉钠	$(150\sim250)\times10^{-6}$ 混饲	第4天，二代	10	与TMP、DVD合用
	磺胺二甲氧嘧啶	125×10^{-6} 饮水6天		5	
	磺胺氯吡嗪钠	300×10^{-6} 饮水3天		4	
	磺胺六甲氧嘧啶	125×10^{-6} 混饲			
酰胺类	球痢灵	$(125\sim250)\times10^{-6}$ 混饲	第3～4天，二代	5	可抑制雏鸡生长
吡啶类	氯羟吡啶	$(125\sim250)\times10^{-6}$ 混饲	第1天，子孢子	7	
喹啉类	丁氧喹啉	82.5×10^{-6} 混饲	第1天，子孢子	0	
	乙羟喹啉	30×10^{-6} 混饲		0	
	甲苄氧喹啉	20×10^{-6} 混饲		0	
胍类	氯苯胍	$(30\sim60)\times10^{-6}$ 混饲	第3天，一、二代	7	
抗硫胺素类	盐酸氨丙啉	$(100\sim250)\times10^{-6}$ 饮水	第3天，一代	7	
	二甲硫胺	62×10^{-6} 混饲	第3天，一代	3	
均苯脲类	尼卡巴嗪	125×10^{-6} 混饲	第4天，二代	9	25克尼卡巴嗪+1.6克乙氧酰胺苯甲酯

续表

类别	药名	使用浓度及方法	活性期	停药期/天	备注
均三嗪类	地克珠利	1×10^{-6} 混饲；0.5×10^{-6} 饮水	子孢子，一代		
	妥曲珠利	25×10^{-6} 饮水	裂殖及配子阶段	8	
呋喃类	呋喃唑酮	0.04% 混饲	二代	5	
植物碱类	常山酮	3×10^{-6} 混饲	一、二代	5	

九、疾病防治过程误诊与处理

近几年鸡的饲养量显著增加，但由于饲养技术水平低以及气候异常，如干燥、多风等天气，导致新城疫、温和性禽流感、传染性喉气管炎、肾型传染性支气管炎、支原体、传染性鼻炎、鼻气管炎等呼吸道疾病不分季节常年发生。饲养者或基层兽医遇到呼吸道病时，一是感到茫然，无从下手，搞不清楚是什么病，也不能拿出很好、很合理的治疗方案；另一方面容易出现误诊，治疗后效果不明显，甚至因误诊造成倒闭或整批淘汰的也较多。引起呼吸道病的病因多，采取的方法也不同，必须了解呼吸道病因，并正确诊断，才能制订正确的治疗方案。

1. 鸡呼吸道疾病的分类

包括鸡病毒性呼吸道疾病、细菌性呼吸道疾病、支原体和普通呼吸道疾病。病毒性呼吸道疾病，主要特点是有较快的传染速度或一定的传染性，部分有怪叫声和高度呼吸困难；支原体的传染性很小，几乎不易察觉。鸡群内主要是打喷嚏，咳嗽并明显有节奏很缓和的呼噜声。几天时间鸡群声音发展不明显；细菌性呼吸道疾病和支原体的类似，也容易和病毒性呼吸道疾病区别，但是鸡鼻炎传染很快，也不容易和病毒性呼吸道病区别。鼻炎的特有特点是脸部有浮肿性肿大，有一定数量的鸡流鼻液，鼻孔粘料，要通过这和病毒性呼吸道病鉴别；

普通的呼吸道疾病传染性不强。

2. 诊断要点

（1）新城疫　患新城疫鸡群，粪便内有明显的黄色的稀便，堆型有一元硬币大小。粪便内有黄色稀便加带草绿色的像乳猪料样的疙瘩粪，或加带有草绿的黏液脓状物质。非典型性新城疫虽然不出现典型的粪便变化，但解剖变化是与典型新城疫类似的。剖检变化有五个特点：一是从盲肠扁桃体往盲肠端4厘米内，有枣核样的突起，并且出血；突起的大小和出血的严重与否只是说明严重程度并与鸡的大小有关，但都是本病。突起的数量有1～3个不等。二是回肠（2根盲肠夹的地方）有突起并且出血。严重的病例突起很明显，出血也更狠，强毒的会在突起上形成一层绿色或黄绿色的很黏的渗出物附着。非典型的只是像半个黄豆那样，有的并不出血，有的只是轻微有几个出血点。三是卵黄蒂后2～6厘米（一半在4厘米处）有和回肠上一样的变化。四是有呼吸困难的鸡，气管内有白色的黏液（量的大小只是和严重程度有关），气管C状软骨出血与否无关紧要可以不考虑。包括泄殖腔和直肠条状出血也不重要。关键有一项大家要注意，这一点是很多人不知道的。就是在气管和分岔的支气管交叉处有0.5厘米长的出血，尤其强毒的。五是腺胃乳头个别肿大，出血，有的病例是看不出现变化的。

（2）温和型禽流感　温和型禽流感在腺胃上的解剖变化和新城疫几乎相同，但肠道上这一系列的变化几乎不存在，只是肠道内也有大量的绿色内容物。患鸡温和型禽流感的鸡群，临床诊断要点如下。一是呼吸道异常的声音，不同的群体表现不同。二是粪便有两类表现。一类是初期暂时不出现什么变化。另一类是拉黄白色稀粪，并夹杂有翠绿色的糊状粪便，有的加有绿色或黑色老鼠粪样的。中期出现橙色粪便。三是病的早晚期采食表现不一，初期采食轻微少，中后期采食严重变少，或不食。四是肿脸鸡的出现，有可能1000只鸡就1～2只，也可能有很多，也有可能就没有（早期）。这也是和新城疫区别的主要依据。四是剖检变化。①腺胃乳头出血或基部出血、发红等，肌胃内有绿色内容物。肠道盲肠扁桃体出血肿胀，但也有不出血的病例（这症状只是参考的，不是决定性的条件）。肠道淋巴滤泡积聚处不出现椭

圆形的出血，肿胀和隆起（这是和新城疫区别的最关键部分）。②病初就可以见到腹膜炎，占解剖鸡的90%。中期和后期主要出现败血型大肠杆菌的“三炎”症状，也有卵黄性腹膜炎。且没明显的臭味（这也是和大杆病的区别，也是诊断本病最主要的依据，容易误诊）。③肾脏肿大、出血，呈黑褐色。④胰脏坏死，有白色点状坏死，条状出血。有红黄白相间的肿胀（有人称这为“流感胰”）。⑤胸腺下（前）3～4对出血，或有出血点或有红褐色的坏死。⑥气管上部C状软骨出血（新城疫是整个气管的C状软骨出血）。⑦法氏囊轻微出血或有脓性分泌物，叫“流感囊”，胸肌有爪状出血。⑧胆囊充盈，胆汁倒流，但肠道淋巴滤泡不出现隆起出血；但十二指肠下段有淋巴滤泡条状隆起，并有点状出血。⑨肠黏膜上有散在的像小米或绿豆大的出血斑叫“流感斑”，有渗血的感觉。脾脏轻微肿大，有大理石样变化。

（3）鸡肾型传支病　主要发生于20～50日龄的小鸡，但成年鸡也有发生。主要表现是以咳嗽为主的呼吸道声音异常，精神差，多为湿性咳嗽；3天后肾脏开始出现尿酸盐沉积，皮下出血；单凭肾脏尿酸盐沉积和有咳嗽声就可以和法氏囊病、新城疫、流感区别开来。

（4）支原体（慢性呼吸道病）　患支原体病的鸡群，主要表现打喷嚏（不是咳嗽）和呼噜声，病程持久。解剖可以看到腹腔内有一定量的泡沫，肠系膜上和气囊内混浊或有白色絮状物质附着；鼻腔内鼻甲骨肿胀充血，病程长的鸡气管增厚。

（5）传染性鼻炎　传染快，这和其他细菌性呼吸道病有明显的区别。刚开始发病主要也是咳嗽，仔细看，初期鼻孔流白色或淡黄色的鼻液，使料粘在鼻孔上；脸部眼下的三角区先鼓起肿胀，严重的整个眼的周围肿胀，成浅红色的浮肿。这是和温和型流感和肿头型大肠杆菌病的区别，并且颈部皮下不出现白色纤维素样的病变。本病不出现明显的死亡鸡只，这也是和其他病区别的特点。

（6）鸡的鼻气管炎病　本病可感染任何日龄的鸡，尤其是青年鸡更严重。临床上主要表现治不好，连续治疗几次没效，用ND疫苗也无效的以咳嗽为主的呼吸道异常。主要是出现咳嗽的鸡特多，晚上有部分也有呼噜音。没有死鸡的现象，传染快，只是鸡消瘦；病程可达数月；它没有鼻炎那样的肿脸现象出现。一般以咳嗽为主的呼吸道病常见的有新城疫，肾支，支原体和鸡鼻气管炎。解剖鼻腔有点状出血，鼻甲骨肿胀有出血点，气管内有白色黏液。肺脏和气囊无任何变化，不出现鼻液、肿脸、流泪等。注意尤其不要和鼻炎混淆，用鼻炎药是无效的。

3. 处理原则

鸡病毒性呼吸道疾病的处理原则，应该是首先必须先对新城疫进行鉴别性确诊，只有新城疫的治疗方法是特异性的。新城疫用一般的抗病毒药几乎是无效。新城疫引起的呼吸道症状主要是以咳嗽为主，也有尖叫，怪叫声；只要用大量的药物不见效果，或效果不理想的必须考虑新城疫。其他的病毒性呼吸道疾病基本处理方法大同小异。肾型传染性支气管炎只是要在用药时添加肾肿解毒药。

细菌性呼吸道病和支原体可以使用抗菌药物进行治疗。普通呼吸道病由于不具有传染性，可用单独治疗呼吸道病的一般药物，同时改善环境卫生即可痊愈。

参考文献

[1] 杨宁主编 . 家禽生产学 . 北京：中国农业出版社，2010.

[2] 魏生海主编 . 蛋鸡养殖技术 . 石家庄：河北科技出版社，2011.

[3] 魏刚才主编 . 零起点学办蛋鸡养殖场 . 北京：化学工业出版社，2013.

[4] 曹顶国主编 . 高效养蛋鸡 . 北京：机械工业出版社，2015.

[5] 黄春元主编 . 最新实用养禽技术大全 . 北京：中国农业大学出版社，2003.

[6] 魏刚才等主编 . 实用养鸡技术大全 . 北京：化学工业出版社，2010.

[7] 尹燕博等主编 . 禽病手册 . 北京：中国农业出版社，2004.